부사관 실무론

정재극, 이진영

도서출판 **진 영 사**

부사관 실무론

정재극, 이진영

2013년 12월 18일 초판 인쇄
2019년 02월 28일 초판 2쇄 발행
2021년 02월 04일 초판 3쇄 인쇄
2021년 02월 08일 초판 3쇄 발행

발행인 박 진 영

발행처 도서출판 진영사
인천광역시 부평구 갈산동 185번지 풍진빌딩 303호
전화 : 032)505-4207
팩스 : 032)505-4206
E-mail : 0183734207@hanmail.net
등록 : 122-91-77317

ISBN 978-89-6541-140-6 93390
값 17,000원

머 리 말

미래 전쟁은 첨단무기체계와 과학 기술에 대한 이해, 그리고 경험, 신속정확한 판단과 의사결정능력을 요구하고 있다. 현재의 병 위주의 인력구조로는 미래 전력유지가 곤란하다는 것에 의견이 일치하고 있다. 이를 위해 군은 기술과학군에 부합된 우수인력 획득을 위해 맞춤식 전문인력 제도 발전의 일환으로 우수 부사관 획득을 위해 노력하고 있다.

미래의 군은 기술집약형구조가 될 것이며 첨단무기와 장비를 능숙하게 운용할 전문인력이 필요하게 되었다. 따라서 과학화 추세에 적합한 군 전문인력의 핵심은 부사관이 될 것이며 이를 위해 군과 협약된 학교에서는 맞춤형 교육이 실시되고 있다.

군 전투력 발휘의 중심은 부사관이다. 병사들의 복무기간이 짧아짐에 따라 실전적인 경험과 능력을 갖춘 부사관을 군에서 요구하고 있다. 그러나 직업군인이 되기 위한 장기복무 경쟁률이 치열한 만큼 철저한 준비와 부단한 노력이 요구되고 있다.

본 교재는 부사관 임관과 동시에 수행해야할 각종 직무지식을 경험하고 각 계급별 역할을 사전에 인지하여 초급부터 고급 부사관으로서 수행해야 할 직무를 구분하여 구성하였다. 제1장 대한민국 부사관, 제2장 참모직 부사관, 제3장 지휘관(자)부사관, 제4장 미래의 부사관, 제5장 병영생활 순으로 엮어 부사관의 역사로부터 계급별 역할, 실무에서 확인하여야 할 부분까지 포함하였다. 또한 군사용어를 수록하여 군대에서 수행해야 하는 각종 임무와 훈련 상황을 이해하기 쉽게 구성하였다.

호국의 간성이 될 부사관과 학생들에게 본 교재가 도움이 되기를 기원하고 하루가 다르게 변화하는 부사관의 역할과 실무를 최신화, 전문화 하여 발전적인 교재로 거듭나야겠다는 다짐을 해본다.

2013년 12월

저 자

차 례

제5장 병영생활

제6장 부록

제 1 장 대한민국 부사관

제 1 장 대한민국 부사관

제1절 부사관 역사

1. 부사관 역사

부사관은 그 고유의 기능적 측면이 고려되어 고대로부터 군대조직의 필수요원으로 인정되어 왔다. 부사관의 기원은 고대 로마군대에서부터 시작된다. 로마의 명장 시저(Caesar)가 유럽을 평정하기 위해 게르만 지역에 위치한 갈리아 전쟁을 수행하면서, 장수와 병졸간의 중간 지휘 계통을 확보하기 위한 수단으로 부사관 제도를 최초로 도입하게 된 것이 그 시초로서 로마군은 이들 부사관들, 즉 프린서펄리스(Principalis)는 '계급에 있어서 가장 중요한 것 또는 기초' 라는 의미로서, 10명의 병사를 지휘하거나, 100~600명을 지휘하는 중대장을 보좌하는 행정 · 보급업무를 담당하였다. 이들은 전장을 누비면서 병사들의 교육훈련과 사기 · 군기를 유지하였는데, 오늘날 준 · 부사관들 보다 더 큰 책임 · 권한을 가지고 있었으며, 장수들이 왕명과 군령에 의해 군대를 지휘한 반면, 이들은 주로 통솔에 바탕을 두고 병사를 지휘하였다.

그러나 로마의 몰락이후 중세 봉건시대까지는 부사관 제도가 사실상 자취를 감추게 되는데, 이는 기사(Knight) 신분의 출현으로 기사도 정신에 입각한 1대1 전투의 수행양상에 따라 부하나 중간 신분계층의 필요성이 없어졌기 때문이다.

이들 기사 때에 비해 다소 적은 땅을 받고, 그 대가로 공공근무나 병역의무를 수행하던 직위가 Sergeant 였는데, 15세기 후반 프랑스 군에서 오늘날과 같은 Sergeant 계층을 사용하게 되자, 영국 왕실이 이를 도입하게 되면서 영연방 국가에 확산하게 되었다. 현재와 같은 초급 부사관인 Corporal 제도는 19세기 초 나폴레옹 군대에서 완성되었으며, 미 육군은 독립전쟁 당시 연합군 이었던 프랑스군의 군사직제와 함께 부사관 제도를 도입하여 오늘날에 이르고 있다.

2. 우리나라 부사관 변천사

육 군 부 사 관

대한민국 부사관의 역사는 조선시대 갑오경장 이후부터이다. 고려시대나 조선 전기까지는 장교와 부사관 구분 없이 19개 무관 계급으로 운용되었다. 조선 후기시대에 이르러 1849년 고종 32년 칙령 제 10호에 의해 참교(參校), 부교(副校), 정교(正校)의 3단계로 계급을 운용하였다.

1945년 2월 광복군 창설과 동시에 "참사, 부사, 정사, 특무정사"의 4개 계급명칭을 사용하였다.

1946년 1월 15일 남조선 국방경비대가 창설되었고 1946년 12월 1일 하사관 계급 명칭을 하사, 이등중사, 이등상사, 일등상사, 특무상사 등 6계급으로 분류하여 사용하였고 1949년 1월 20일 병역 임시 조정령에 의해 하사, 중사, 상사, 특무상사 의 4단계 계급체제로 3년간 복무하는 제도가 시행되었다.

1962년 1월 10일 군 인사법 개정으로 하사, 중사, 상사 3단계 계급 운영으로 4년간 의무 복무하도록 하였다.

1967년 3월 1일 하사관 및 병 대표인 '주임상사' 제도를 제정하였고 1973년 7월 1일 '하사관단 운용 방침'을 제정하여 연대급 이상부대 하사관단 편성, 주임상사 핵심활동지침을 제정하였다.

1980년 12월 4일 군인사법 개정에 의거 단기 4년, 장기 7년으로 구분하였고 정년을 50세로 연장하였다. 1989년 2월 1일 '주임상사 휘장 운영'을 제정하였으며 동년 3월 22일에는 연령정년을 53세로 연장하였으며 계급구조도 '하사, 중사, 이등상사, 일등상사' 4단계로 구분하였다.

1994년 1월 1일 군 인사법 개정으로 이등상사는 상사, 일등상사는 원사로 계급명칭을 변경하였고 직책 명칭도 주임상사는 주임원사로 변경하였다. 특히, 연령 정년이 53세에서 55세로 연장되어 직업성 보장이 안정화 되었다.

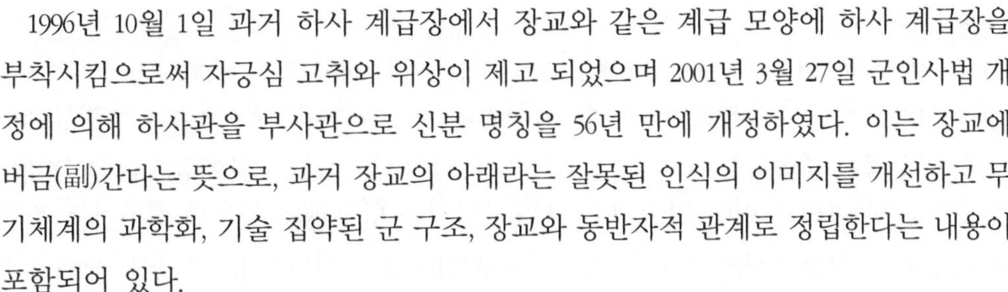

1996년 10월 1일 과거 하사 계급장에서 장교와 같은 계급 모양에 하사 계급장을 부착시킴으로써 자긍심 고취와 위상이 제고 되었으며 2001년 3월 27일 군인사법 개정에 의해 하사관을 부사관으로 신분 명칭을 56년 만에 개정하였다. 이는 장교에 버금(副)간다는 뜻으로, 과거 장교의 아래라는 잘못된 인식의 이미지를 개선하고 무기체계의 과학화, 기술 집약된 군 구조, 장교와 동반자적 관계로 정립한다는 내용이 포함되어 있다.

□ 부사관 계급의 변천사

구 분	변천사
조선시대 중기	부사용(副司勇 또는 司勇/하사), 부사맹(副司猛 또는副猛/중사), 부사정(副司正 또는 副正/상사)
조선시대 후기	종9품(展力副尉/하사), 정9품(效力副尉/중사), 종8품(信承副尉), 정8품(承義副尉/원사)
대한제국(1894)	參校(하사), 副校(중사), 正校(상사)
광 복 군 (1907~1946)	참사(하사), 부사(중사), 정사(상사), 특무정사(원사)
국 군 창 설 (1946~1962)	일등중사, 이등상사, 일등상사, 특무상사
1962~1970	하사, 중사, 상사
1971~1988	하사, 중사, 상사, 주임상사(직책)
1989~1993	하사, 중사, 이등상사, 일등상사
1994~	하사, 중사, 상사, 원사

제2절 부사관 역할과 능력

1. 부사관의 역할

한 나라의 흥망성쇠를 좌우하는 요소 중 군사력은 통상 유형전투력과 무형전투력으로 구분되어 진다. 이중 유형전투력의 핵심이 인력의 정예화라 할 수 있고 인력의 정예화는 곧 초급간부의 주력인 부사관의 정예화라 할 수 있다.

우리나라 군은 인력 구성면에서 "장교, 부사관, 병"으로 구분되어 진다. 장교는 다시 "지휘관(자), 참모"로 나누어지며, 부사관은 "참모, 지휘자"로 구분되어 주로 말단관리자의 역할을 수행하고 있다. 즉, 지휘관은 지도하고 참모는 계획하고 부사관은 운용하고 병은 행동하는 조직체인 것이다. 따라서, 부사관은 실제 장비를 조작하고 운용할 뿐만 아니라 병을 지휘 또는 지도하면서 담당부분의 업무를 집행하는 중간관리층 내지 하급관리자로서 확고한 위치를 점유하고 있다. 이러한 중간 관리층의 일반적인 임무를 「닐레스」(M.C Niles)여사는 법령, 규칙, 계획 등의 범위 내에서 위양된 일상적이고 규칙적인 업무의 처리를 구체적으로 감독하고 지시하고 통제하는 직말적 기능이라고 하였는데 이는 직장의 말단부분인 현장에서 직접생산의 지도 및 감독을 하는 업무를 말한다.

부사관의 임무는 "부대원의 안위문제, 부대환경, 병 기본훈련, 부대의 전통유지등과 같은 규범적이고 일상적인 업무와 장비를 정비, 유지하고 운용하는데 기술적으로 지도·감독·통제 또는 직접 조작함으로써 직말적이고 기술적인 기능을 수행해 나가는 것이다." 라고 정의되어 진다.

부사관의 역할은 직책에 따라 임무가 다양하게 나타나지만, 일반적으로 인식되어 지는 역할은 4가지로 분류해 볼 수 있다.

첫째 초급간부로서의 역할이다. 부사관은 부대 주요 사안의 일부에 대해서 판단하고 결정할 수 있는 권한이 제한적이지만 가지고 있으며 동시에 그에 상응하는 책임을 져야 하는 군 조직 유지의 주체자로서 장교와 병의 교량적 역할이 아니라 장교와 역할을 달리하는 독자적인 기능을 수행하는 수평적 관계로서 직업 군인이다.

부사관은 병을 직접 지휘, 통솔 감독하는 말단 지휘자이며 장교 유고 시 대리 역할을 하게 된다. 또한 전시에 초급장교가 부족할 때 소요를 위해 부사관이 현지 임관되는 것은 과거 전례에서 많이 볼 수 있고 제 1차 세계대전 이후 독일은 군비제한으로 인한 군 정예화 방안으로 전 부사관을 장교의 자질을 갖추게 한 사실로 보아 초급장교와 부사관의 중요성은 같다고 보아야 할 것이다.

부대임무 수행상의 과오를 최소화하고 성과를 극대화 하는 데는 바로 부사관이 장교 보조역할을 얼마나 성실히 수행해 주느냐에 달려 있다. 즉 부사관은 초급 장교에 비하여 다년간 야전지식 및 부대근무를 통한 산 경험을 갖고 있기 때문에 이 일은 부사관에게 부여된 당연한 임무이며, 역할로 인식된다.

둘째 부대의 전통 계승자로서 역할이다. 장교와 부사관 그리고 병을 비교하여 어

느 한 부대의 복무기간을 따져 볼 때 누구보다도 부사관이 장기적으로 근무하고 있음을 알 수 있다. 그러므로 부사관은 부대의 근간이며 고정요원으로서 부대의 전통과 뿌리를 유지, 계승하고 있다.

장교는 다양한 경력관리를 필요로 하는 반면 부사관은 한 분야에 집중하여 직무분야에 집중하여 직무분야에 대한 전문가가 되며 부대의 전통을 유지하고 지켜왔음은 물론 수시로 전입되는 병사들을 지도하고 훈련시켜 그 부대의 기본 전투력을 유지시키고, 새로 부임되는 장교들을 보좌하여 적시 적절하게 조언하는데 있다. 또한 지휘를 원활하게 할 수 있게 하여 부대단결의 핵심적인 역할을 수행한다.

셋째 군 전투력 유지의 핵심역할이다. 장차전의 전투형태가 소부대 위주의 동시다발전투로 전개될 것으로 예상된다고 볼 때, 부사관이 전투의 주역을 담당하게 되는 것은 자연스러운 귀결일 것이다. 부사관은 군에 장기간 복무하면서 얻은 경험, 특히 전투 경험을 통하여 병을 교육하고 지도하며 병들의 임무 및 기능에 대한 전문가로서 군의 전투력에 미치는 영향은 지대한 것이다. 즉 전투력의 기본이 되는 군의 기본자세는 내무생활을 통하여 교육되고 훈련되며 지도됨으로써 형성되기 때문에 병사들은 어떤 지도자로부터 어떠한 내용과 방법으로 지도를 받고 내무생활을 하여 왔는가가 군인으로서의 기본자세 확립에 중요한 역할을 하게 되는 것이다.

넷째 부대의 '어머니' 로서의 역할이다. 병사들의 "전투혼"을 하나로 묶어 승리를 창출하는 관리자로서의 부사관은 곧 병사들을 선도하는 군대 가정의 어머니 역할인 것이다. 병영의 최 일선에서 병사들과 함께 고뇌하며 동시에 엄정하면서도 열정적으로 보살펴주는 부사관들의 정성이 있기에 부대는 굳건하게 결집될 수 있는 것이다.

2. 부사관의 책임과 요구되는 능력

책임은 직책에 따라 수반되며, 따라서 이 책임은 간부로서 반드시 수행해야 하는 의무이기도 하다. 일반적으로 부사관은 소부대 전투의 직접적인 지휘를 담당하는 주역으로서 병 훈련을 전담하는 소부대 훈련의 핵심간부로서 병영생활에 활력을 직접 제공해야만 하는 책임과 능력을 가지고 있어야 하며, 이를 구체적으로 명시하면 다음과 같다[1)]

1) 정명복,'우수부사관 획득을 위한 부사관 발전방향', 영남이공대, pp.13-14

첫째, 소부대 전투 지휘자의 능력이다. 지휘관의 작전개념과 부대의 작전 계획을 이해하고, 급속한 상황 변화 속에서 부대를 효과적으로 이끄는 지휘능력을 구비해야 한다. 각개 병사의 전투준비태세를 유지하고 부대의 전투장비 및 물자를 관리하며 소대급 이하의 전투지휘와 전투근무지원 활동으로 병사의 전투능력이 최대한 발휘 되도록 한다.

둘째, 정보전, 과학전 등 미래전을 수행하기 위한 첨단무기와 장비를 운용 · 유지하는 책임과 운용병을 교육하고 지도할 수 있는 능력이 필요하다.

셋째, 풍부한 경험과 전문성을 겸비한 병 교육의 전문 교관으로서 개인훈련을 계획 · 준비 · 실시 · 평가하고, 주특기를 완성시켜 병사들의 임무수행 능력을 향상 시킨다.

넷째, 규정 및 방침과 지휘관의 지침을 조정통제 한다. 부대 일상 업무와 병 및 부사관의 인사관리를 전담하고, 병의 상담 · 신상파악 및 선도 · 기본권보장 · 상벌권 시행 등을 통해 내무생활을 지도 및 감독하며, 부대의 장비 · 시설 · 보급품을 관리하고 군기, 안전지도 및 감독 등 부대관리를 담당한다.

다섯째, 부대의 공동목표 달성을 위해 지휘관(장교)에게 전문능력과 경험을 바탕으로 조언함으로써 지휘관(장교)이 건전한 판단 및 조치를 하는데 기여한다.

여섯째, 부대의 역사와 전통을 바탕으로 부대정신과 소속감 및 전우애를 고취시킴으로써 지휘관 중심의 부대단결 및 부대전통 계승과 발전을 도모한다.

또한, 부사관은 "정통해야 따른다"는 기본인식 하에 자기직무에 최고의 전문가가 되어야 한다. 부사관의 역할을 성공적으로 수행함으로써 책임을 다하여야 하는데, 이를 위해 계급별로 요구되는 능력은 다음과 같다.

하사는 분대장, 포반장, 조종수, 기술병과 운용, 정비관 수행능력을 병기본 및 주특기 지도능력과 병의 내무생활 지도능력을 요구한다.

중사는 부소대장, 반장, 전차장 대대급 참모부 업무담당관 수행능력 그리고 병 기본 및 주특기 교관능력, 소대급 행정 및 보급 관리 능력과 대대급 참모업무 수행능력을 요구한다.

상사는 소대장, 교관, 행정보급관, 연대급 참모부 업무담당관과 병 교육 지도능력, 중대급 행정 보급관, 연대급 참모부 업무수행능력을 요구한다.

원사는 행정보급관, 신교대 중대장, 사단 참모부 업무담당관, 주임원사, 부사관단 관리능력, 사단급 참모부 업무수행능력을 요구한다.

제2장 참모직 부사관

제 2 장 참모직 부사관

제1절 부소대장

1. 개요

부소대장은 소대장의 지시를 받아 근무하고 소대장을 보좌하며 소대장 유고시 대리임무를 수행한다.

병 인사관리 업무(보직, 진급, 포상, 징계, 외출 및 외박)를 소대장 승인 후 중대 행정보급관에게 건의하며, 병 기본과제 및 주특기교육을 전담하고 중대 행정보급관의 지시를 받아 소대관리업무를 전담한다.

또한, 소대원의 애로사항을 파악하여 소대장에게 보고 및 행정보급관에게 건의하고 분대장 지도와 각종 장비, 보급품을 사용 가능한 상태로 유지하는 임무를 수행한다.

부소대장의 복무자세로서는 자신의 직무에 정통하고 소부대 전투기술 교관능력을 향상시키고 부하에게 정성을 다하는 근무 자세를 행동으로 실천하는 것이다.

2. 역할과 책임

1) 소대장 보좌

병 신상과 관련하여 특이사항과 병력의 특성을 고려하여 보직을 건의하고 소대의 사기와 군기를 확립하며 전투준비태세 수준을 유지하고 장비와 화기, 탄약 현황과 상태를 확인한다. 또한 소대 계획 수립 시 참여하며 각종 훈련 사례와 지형 및

기상을 활용할 줄 알아야 한다.

2) 병 인사관리

전입 신병 보직 부여안을 소대장 승인 후 중대에 건의하고 모범병 진급 및 포상 인원을 선정하여 소대장 승인 후 중대에 건의한다.

병 진급과 징계위원회 심사 위원 임무와 소대원의 각종휴가(청원, 위로, 외출, 외박)인원을 파악, 선정하여 소대장 승인 후 중대에 건의한다.

가. 보호 / 관심병사 관리

주요 관심병사 대상자 선정은 결손가정 출신(고아, 조부모, 편부 및 편모 슬하 성장 등), 정상적인 교육 미필(검정고시, 야간학교, 정학 및 퇴학 경험자 등), 친구가 없고 입대전 직업관계에서 일정치 않거나 유흥업소 근무자, 이성관계로 고민중인 병사, 고질적인 질병 보유 병사(관절염, 디스크, 사시 등), 운동권에 소속된 병사 등을 주요 관심병사로 분류 한다.

분류 시기는 전입시 가족분석과 면담결과를 바탕으로 관심이 필요한 경우와 참모장교와 병의 간접 면담 결과 관심이 필요한 병사이다. 또한 휴가, 외출과 외박 후 면담 결과 이상 발견시 와 기타 후송 복귀 등 주요 신상변동으로 관심을 요하는 경우이다.

보호관심 병사 구분은 첫째 기본관리 대상자로는 문제발생 소지가 없는 인원으로 예하간부를 활용하여 주기적 면담과 확인을 한다. 둘째 중점관리대상은 취약요인을 가진 병사로 충동적, 우발적 행동이 예측된 인원으로 지휘관심을 가져야 하고 가용조직을 활용하여 관찰과 면담을 병행하면서 분 · 소대장이 1일 1회 이상 면담을 하여야 한다. 셋째 특별 관리대상은 문제발생 유경험자 및 특별한 관심과 지도를 요하는 인원으로 1:1식 밀착지도와 담당간부를 임명하여 관리하고 상급 지휘관에게 보고하고 의견을 수렴하여 관리한다.

관심병사의 예상되는 사고를 예측하고 예방활동을 하는 방법으로는 첫째 개인문제 파악이다. 개인 신상이나 가정 사정, 진로와 이성문제, 교우와 건강상태를 확인한다. 둘째 장병 상호간의 문제이다. 폭행과 금전거출, 인격모독과 의사소통부재, 소외현상과 부당행위, 계급과 부대전통에 따른 비공식적 조직관계 등을 확인한다. 셋째 부대의 구조적인 문제이다. 시설과 복지, 보급품 불출상태와 기본권 보장, 근

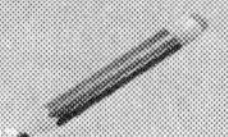

무여건과 교육훈련, 급식상태를 확인하여야 한다.

나. 복무 부적응 병사의 행동특성

병영 생활 간 말이 없이 생활하고 혼자 있기를 좋아하며 매사에 의욕이 없고 업무를 회피하며 싫증을 느낀다. 자신의 심리 상태를 글로 표현하며 흥미를 상실하고 자신감이 없으며 행동이나 표정이 밝지 않고 항상 우울하다. 식사를 잘 안 하거나 의욕 없이 식사하고 폭언과 과격행동을 하는 등 이성을 상실한 비정상적인 행동을 한다. 또한 타인과 대화를 두려워하고 기피하며 모든 부대활동이 소극적이고 폭이 좁다.

자살징후자의 행동특성은 자살과 죽음에 대한 의사를 표시하고 행동의 변화가 나타난다. 특히 아끼던 물건을 양도하고 상실감이 지속되며 말로 위협하는 행동을 한다.

다. 구타 / 가혹행위 발생시 조치사항

구타 / 가혹행위 사고가 발생시 즉각 지휘계통으로 보고(은닉, 묵인, 축소, 은폐시는 강력한 처벌)하고 구타자 와 피해자는 반드시 당일 보초근무에서 제외시킨다. 이는 우발행동의 가능성을 차단하기 위해서이다.

사고의 원인과 후속조치결과에 대해 중대원 정신교육을 실시하고 구타자 처벌시 피해자 보호를 고려하여 구타자가 보복할 수 없도록 전출 또는 보직 변경하고 규정에 의해 처리하는 자세가 필요하다.

라. 동성애자 발견시 착안사항

지속적으로 설문조사를 실시하며 관련 병사는 비밀을 보장하면서 면담을 실시하고 근무초소와 보일러실, 창고와 테니스장 등 취약지역에 대해 불시순찰을 강화한다. 취침시에는 한 침구류에서 동침하면 의심하고 군의관 통제 하에 주기적 신체검사를 통해 피해 여부를 확인한다.

마. 신바람 나는 병영생활 조성 착안사항

부대환경 조성과 정자와 휴게실 등 휴식공간을 마련하고 내무실을 안방화 하여 아늑하고 포근한 분위기를 조성한다. 목욕탕과 세면장, 샤워장과 이발소, 정비실 등 시설개선과 세탁기, 탈수기 등 편의품을 확보하여 활용할 수 있는 환경을 조성한다.

구충과 구서, 방역과 순회 진료, 주기적인 신체검사와 위생점검을 실시하고 다양한 체육기구를 확보하고 시설을 관리하며 간부 동참 하 전원이 참석하는 단체경기를 장려한다.

3) 교육훈련

병 기본훈련 중 지정된 과제와 과목을 측정식 합격제를 적용하여 훈련하고 훈련측정 결과를 개인생활지도 기록부에 기록을 유지한다.

훈련 및 평가지침서를 활용하여 분대단위 훈련을 실시, 평가하고 담당과목에 대한 교보재 준비와 교장을 확인 하는 등 교육준비를 하여야 한다.

소대장이 지정한 분대 지휘와 특정 임무를 수행하고 조교 운영계획 수립과 임무수행능력을 확인 하여야 하고 소대원 개인임무카드 숙지와 수행 능력을 지도한다.

훈련 간 안전대책 강구와 군기를 유지하고 훈련 후 사후 강평을 실시 또는 참석하며 훈련결과를 유지 보완한다.

가. 교육훈련

전술훈련 전에는 반드시 지형정찰을 실시하여 안전위해요소를 제거하고 전술훈련 간 필수요원을 안전통제 요원으로 임명하여 활용한다. 항시 통신 및 연락대책을 유지하고 대민피해에 따른 위험예지훈련을 강구하며 활성교탄과 전투장비는 일일점검을 실시한다.

전장정리는 훈련의 기본요소임을 명심하고 안전팀과 순찰조를 적극 편성하여 운용하며 소외된 병력을 확인하고 훈련 후에는 반드시 강평을 실시하여 미비점을 보완 한다

나. 행군 간 안전사고 예방조치사항

행군로 사전 답사 후 교차로, 철길건널목, 위험한 도로, 절벽, 댐 등 위험지역 통과시에는 통제병을 배치하고 행군간 요령과 휴식간 주의사항, 인원과 장비관리요령을 교육한다.

행군과 휴식간에는 교통 통제병을 선두와 후미에 안전조끼와 형광 "X"반도, 야간 경광봉을 휴대하고 이동차량에 대해 서행경고와 운행차량과 충돌예방을 위해 휴대장비의 과다한 외부노출을 방지한다.

위험요소 발견시에는 개인과 제대별로 전파하고 휴식간 도로를 이용하거나 도로쪽으로 발을 뻗는 행위는 금지시키고 출발시에는 인원과 장비를 직접 확인한다.

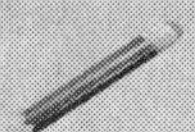

다. 수류탄 훈련간 유의사항

수류탄 투척 훈련전 교장의 안전성을 점검하고 수류탄 처치공의 이물질을 제거해야 우발상황 발생시 사용 할 수 있다. 훈련 전에는 발생 가능한 안전사고에 대한 위험예지훈련을 실시하고 각개병사가 오른손 또는 왼손을 사용하는지 파악하여 투척자세와 파지요령을 사전 철저히 교육 한다.

우발상황 발생시 행동요령을 숙달 시킨 후 투척훈련을 실시하고 연습용 수류탄을 이용하여 투척요령을 완전히 숙달한 후 실 투척훈련을 실시하며 자신감이 결여된 병사에게는 1:1식 교육을 실시하고 통제한다.

안전핀을 제거한 후에는 반드시 투척해야 함을 교육하고 왼손 투척자, 자신감 결여자는 별도 구분하여 연습탄으로 충분히 연습한 후에 수류탄을 투척하도록 교육한다.

불발탄 발생 시에는 즉시 위험표시와 경계를 하고 해당지역 탄약 처리반에 위치와 탄종, 수량과 상태를 신고한다. 탄약 처리반 출동 시에는 불발 및 유기탄 발생지역으로 안내하고 처리반장 요구내로 안전조치에 협조한다. 병사들에게 폭발물처리 전문요원이 아닌 어떠한 사람도 불발탄은 만지거나 이동시키지 않도록 교육해야 한다.

라. 개인화기 사격간 주의사항

탄약수령은 반드시 간부에 의해 실시하고 낱발 실셈확인은 현장에서 병기관 입회하에 실시한다. 사격통제시 탄약관리 간부를 임명하고 수시로 잔탄을 확인하고 사로별, 사선별 통제관을 임명 후 사격을 통제하면서 탄피 방출방향을 주시하고 사격여부를 확인하며 안전검사는 책임감 있는 간부로 운용하고 현장에서 잔탄 및 탄피를 실셈 확인하여 이상유무를 파악한다.

사격간 분실된 탄피는 예상지역을 선정하여 정밀수색하고 탄피 방출이 예상되는 지역은 필요인원 외에 출입을 통제하고 찾을 때 까지 수색한다.

4) 부대관리

가. 전투준비태세 유지

전투준비태세 유지를 위해 병사들의 주특기를 고려하여 소대를 편성하고 화기와 물자, 장비 가동상태를 세트화, 패키지화 하여야 하며 수리부속확인과 준비, 군장검사를 실시한다.

물자분류 시에는 조 편성과 임무숙지상태를 확인하고 지정된 전투준비 임무를 수행한다. 미흡분야 발견 시에는 개인임무카드에 보완 수정하여 다음 훈련에 반영하여야 한다.

나. 소대 분임 물품 운용관

보급품을 수령 및 불출할 때 할당된 소모품의 수령과 지급 상태를 확인하고 휴가, 출장, 입실 등의 인원 변동에 대한 보급품 반납 상태를 확인한다. 소대 보급품과 장비의 현황을 파악하여 정비품과 망실품에 대해 조치를 건의 한다.

소대 막사 시설보수 소요를 건의하고 정비하며 소화기, 방화기구 관리와 정비를 건의한다. 전기, 난방, 급수시설 관리상태 점검과 보수를 건의하고 소대 시설물 안전점검과 부대 울타리, 경계시설물을 점검한다.

총기관리는 최선의 상태로 관리유지하고 즉각 사용이 가능하도록 해야하고 전입자에 대한 병기지급은 반드시 수여식을 거쳐 지급되어야 한다. 또한 개인에게 지급된 병기는 소유자의 명찰을 부착하고 총기 취급시 주의사항을 인지시켜 소중히 다룰 수 있도록 해야 한다.

다. 사기와 복지, 개인위생관리

전입신병 100일 지도와 소대원의 사기, 단결 증진을 위한 활동을 하여야 하며 소대원의 종파별 신자를 파악하여 종교활동 여건이 보장되는지 확인하여야 한다. 또한 소대원의 내무생활 임무분담제도 이행실태와 군인기본자세에 대해서는 지도, 감독하여야 한다.

소대원에 대한 위생 상태를 점검하고 부대의 재활용품 분리수거와 폐품처리에 대해 지도, 감독한다.

훈련 간 발생할 수 있는 온열손상사고는 3가지로 분류할 수 있다. 첫째 일사병은 온열손상 중 가장 흔한 형태이다.

원인은 고온에서 염분과 수분의 적절한 보충 없이 격렬한 육체노동으로 인해 탈수 및 혈액량 감소로 순환장애를 일으켜 발생한다.

증상으로는 전신피로와 현기증, 떨림 등의 증세가 있으며 심하면 의식을 잃기도 한다. 또한 맥박이 빨라지고 혈압이 떨어지나 체온의 변화는 크게 없다.

치료 시에는 환자를 시원하고 그늘진 장소로 옮겨 등을 대고 눕히고 발을 높게

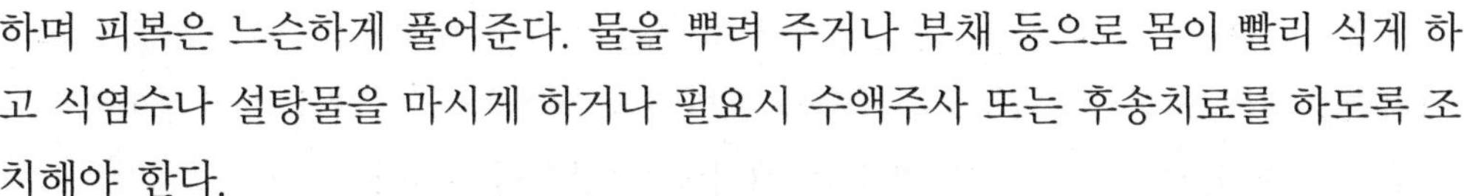

하며 피복은 느슨하게 풀어준다. 물을 뿌려 주거나 부채 등으로 몸이 빨리 식게 하고 식염수나 설탕물을 마시게 하거나 필요시 수액주사 또는 후송치료를 하도록 조치해야 한다.

둘째 열경련은 온열손상 중 가장 경미한 상태이다.

원인은 30℃ 이상 고온에서 수분만을 보충하여 염분 등의 전해질 부족으로 발생하며 훈련도중 보다는 훈련 후 수 시간 이내에 발생한다.

증상은 다리근육의 통증과 경련, 마비, 구토, 현기증 등이 발생하고 고온으로 인한 야간 수면 장애가 발생한다.

치료 시에는 환자를 시원에 그늘로 옮기고 목이나 허리 주위의 옷은 느슨하게 하고 전투화 또는 신발을 풀어 헐겁게 하여 열 경련이 진정될 때까지 쉬게 한다.

셋째 열사병은 온열손상 중 가장 치명적인 상태이다.

원인은 고온 다습한 환경에서 지나친 활동으로 체내 축적 혹은 체온 조절기능의 장애로 발생한다.

증상은 체온이 41℃이상 올라가고 두통과 현기증, 귀울림과 졸음, 혼수상태와 정신착란을 일으킨다. 피부는 땀이 나지 않아 건조하고 복사열이 강한 연병장과 해변가에서 신체 허약자들한테 많이 발생 한다.

치료 시에는 환자를 그늘진 장소로 옮기고 옷을 벗기거나 느슨하게 하고 환자의 몸을 차가운 물을 뿌리고 부채질을 하면서 팔다리를 주무른다. 환자가 의식이 없거나 희미할 경우 후송될 때 까지 기도 유지와 인공 호흡을 실시한다. 가능한 빨리 후송하고 후송이 늦어질 경우 정맥 주사 조치를 한다.

제2절 훈련부사관

1. 개요

학교와 신병교육대 교관, 중대장, 구대장 임무를 수행하고 훈련 전문가의 역할을 하면서 투철한 군인정신 함양, 군인 기본 자세 확립, 기초 전투기술 숙달하는 군인화 교육을 담당한다.

훈련 부사관의 복무자세는 훈련전문가로 자긍심과 긍정적이고 적극적인 사고를 견지하고 지속적인 연구와 교수기술을 개발하며 교육목표는 반드시 달성하겠다는 확고한 책임의식과 사명감을 가지고 매사에 솔선수범하여야 한다.

2. 역할과 책임

1) 입영

입영은 정확한 병력인수를 위해 명령지와 병적기록카드를 대조 확인하고 규격에 맞는 보급품 지급과 지급 기준 수 확인에 중점을 두고 실시하며 세부내용은 부대 내규에 반영하여 실시한다.

인도인접시에는 먼저 연병장에 중대별 간판설치와 안내요원을 배치하고 보충대 호송관으로부터 병력인수와 초도보급품을 확인한다. 개인별 명령지와 병적기록카드를 접수 하면서 생년월일과 본적, 성명, 소속대를 확인하고 총원명부를 작성한다. 휴대품을 확인하고 규격 조정이 필요한 경우 1차는 편성인원 내에서 자체조정하고 2차는 신병교육대 또는 입소대대 내에서 교환하며 3차는 사단과 훈련소에서 교환한다.

입소당일에는 군의관에 의해 신검을 실시하여 정신질환자, 디스크, 심장병, 천식, 간질 환자를 파악하고 마약, 대마초, 마리화나, 엑스터시 등 향정신성 의약품 복용자도 선별하고 기타 군복무에 영향을 줄 것 같은 과거 병력을 확인한다.

부대 편성 시에는 인수한 병력을 신장 건제순으로 정렬하고 소대별로 인원을 분류한다. 소대장 통제 하 분대까지 편성하고 개인이 중·소·분대 명칭을 숙지할 수 있도록 반복, 주지시킨다.

병기수여식은 병기의 중요성과 애착심을 고취시켜 지급된 병기를 자기몸과 같이 관리하고 손질하는데 목적이 있으며 수여 요령은 엄숙한 분위기와 식순에 의하여 거행하고 중대 전 교육요원과 피교육생이 집결된 가운데 수령자로 하여금 선서문을 제창하도록 한다.

2) 개인 보급품 지급과 활용

보급품 진열방법에는 품목별, 사이즈별로 BOX 단위로 진열하고 보급품 수령 후

관물정돈과 환복의 역순으로 진행한다.

보급품 불출은 중대행정보급관과 분대장 1명을 보급품 불출 장소에 배치하여 운용과 통제하며 훈련병 개인이 뷔페식으로 보급품을 수령한다.

3) 동화 교육(훈육분대장의 역할)

교육대에서는 중·소대장과 분대장 5명 등이 규정된 복장과 장비를 휴대하고 병력인수와 보급품을 불출한다. 이후 통제와 교육을 실시한다.

통제요령은 오와 열을 정확히 맞추게 하여야 하며 뒤로 번호 시에는 크고 패기 있는 목소리로 실시토록 교육하고 질문에 답변 외에는 말을 하지 않도록 정숙을 유지하고 답변은 크고 패기 있게 하도록 교육한다. 앉아있는 동안에는 허리를 곧게 세우고 양 팔꿈치는 자연스럽게 굽히고 먹는 양 무릎 위에 가볍게 올려놓은 가운데 움직이지 않도록 하고 복장착용 요령을 간략히 교육하여 이동전 단정한 복장이 되도록 한다.

교육사항은 관등성명 복창요령, 예를 들어 '예!00번 훈련병 000'을 교육시키고 차려 / 쉬어 기본개념을 교육한다. 전투복 상·하와 전투화 결속요령을 교육하고 이동간 큰걸음, 바른걸음, 군가가창, 번호 붙여가 등 인솔군기를 확립한다.

훈육분대장 임명 시기는 중대 일일명령으로 정·부를 임명하고 교대주기는 지휘관 판단 하에 2~3개 기수 임무 수행 후 교대하거나 훈육분대장 "부" 와 교대 시에는 1주일 합동근무 후 인수인계를 하고 교대한다.

근무시간은 평일 학과출장 복귀 후 부터 익일 학과 출장 집합 시까지 이고 토요일은 교육종료 후부터 익일 09:00까지 이다. 일요일은 16:00부터 익일 학과 출장 집합 시까지 이고 09:00부터 16:00시까지는 개인정비 시간을 부여하고 "부"훈육분대장에게 대리 임무를 수행하도록 한다.

특히 교육 분대장과 훈육분대장의 인수인계는 학과 출·퇴장 시이고 교육간 특이사항, 관심환자 등의 정보를 교환한다.

훈육분대장의 기상은 훈련병 기상 전 15분전이고 취침은 훈련병 내무실 에서 훈련병 취침 후 30분후에 동숙한다.

훈육분대장의 양성은 1개월 전 훈육지침서 개인연구로부터 시작되며 2주전에는 훈육지침서, 군인복무규율, 병영생활교범, 훈련소 규정, 군대예절, 기타 등을 숙지하고 1주전에는 합동근무를 하면서 중대장에게 훈육지침서 평가받고 결과를 부대일지에 유지한다. 임명과 교체는 중대장 통제 하에실시한다.

4) 훈련병 관리

훈련병 신상파악지침은 전 교관과 조교가 실시하며 전 교육기간을 통하여 수시로 실시하고 관심훈련병은 중대장 또는 교육대장이 직접 면담 후 문제점은 생활지도기록부에 기재, 봉인 후 자대에 발송한다.

신상파악방법은 설문서, 인성검사결과확인, 내무생활과 교육훈련 관찰, 면담, 전우조의 상호평가, 편지와 수양록을 통해서 확인한다.

신상파악요소로서는 첫째 가정환경의 확인은 가족관계와 경제적 상태, 부모의 관심과 출생구분에 대해 파악한다.

둘째 교육적 배경은 교육의 정도와 학교생활태도, 교우관계, 대학 재학시 동아리 활동 등에 대해 파악한다.

셋째 사회적 배경은 대인관계와 생활정도, 이성 관계를 파악한다.

넷째 개인특성은 지능과 성격, 적성과 건강, 취미, 습성, 가치기준을 파악한다.

다섯째 생활태도는 내무생활과 교육훈련, 임무수행태도와 전우와의 관계를 파악한다.

여섯째 당면문제로 가정환경과 건강, 애로사항, 이성문제를 파악하여 훈련병이 군생활간 임무수행을 하는데 지장 없도록 도와주고 신병 훈련후 자대생활을 거쳐 전역할 때 까지 신상관리를 하는 첫 관문이므로 정확하고 내실 있게 파악하여야 한다.

전우조는 훈련병과 기간병 으로 나누어 활용하는 방법이 있는데 첫째 훈련병 전우조는 인접전우가 어려움에 처해 있을 때 상호 위로와 협조하도록 하고 군무이탈과 기타사고 징후 발견시 즉각 보고하도록 교육한다.

둘째 기간병 전우조는 보호 및 관심병을 파악하고 통제 용이성을 제공하며 인접전우의 고민 해소와 동시에 사고의 사전인지가 가능하다.

5) 환자진료 및 관리

가. 일과 중 진료

학과출장 시는 응급대기품목을 휴대하여 활용하고 야외훈련 시는 교육대당 의무병 1명이 동행하여 교육간 상주한다. 사격, 수류탄, 각개전투, 종합각개, 행군 훈련

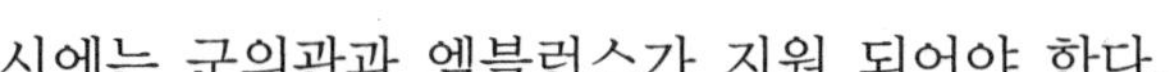

시에는 군의관과 엠블런스가 지원 되어야 한다.

나. 일과 후 진료

교육 복귀 후 중대 자체 구급함을 활용하여 치료할 인원과 의무실 진료인원을 선별하고 인솔책임 분대장을 임명한다. 진료시 전투복이나 운동복으로 복장을 통일하고 대기시간 최소화를 위해 중대별 진료시간을 엄수한다.

6) 적극적인 병영생활 유도

얼차려 제도의 지침은 교육목표 달성과 교정을 위해 체력단련 차원에서 시행되어야 하고 집행은 지정된 장소에서 실시하면서 이유와 내용을 설명하여 주어야 한다. 또한 기후조건과 신체조건을 고려하여야 하며 집행자의 감정을 앞세우거나 육체적인 접촉은 피해야 하고 상·벌점 적용과 중복되지 않게 하여야 한다.

얼차려 집행은 전 교관 및 분대장요원이 집행하는 개인 얼차려와 소대장급이상 지휘자(관)이 해당 제대에 대해 집행이 가능하고 분대급은 해당 분대장이 당직사관 승인 후 집행이 가능한 단체 얼차려로 구분할 수 있다. 집행 시기는 취침 후, 기상 직후, 식사 전·후 등 생리적 보호를 요하는 시간을 제외하고는 언제나 가능하다.

얼차려 종류와 상벌점 제도와 관련하여서는 부대별 규정에 따른다.

유급제도의 방침과 세부내용, 주요과목 불참자등 관련하여서는 해부대 규정에 따른다.

내무검사는 제대별 내규에 반영된 내용으로 실시하되 부대여건을 고려하여 실시한다.

제3절 참모부 담당관

1. 개요

참모장교를 보좌하고 조언하며 부서내 시설과 장비를 유지한다. 병 및 예하 부사관의 업무를 지도하고 각종 문서와 서류를 정리하여 존안하고 참모부 복지와 사기 증진에 노력한다. 훈련시 물자와 장비를 준비하고 기타 참모지시에 대해 임무수행을 한다.

참모부담당관의 복무자세는 해당 업무에 최고의 권위자라는 자부심과 긍정적이고 적극적인 사고를 행동으로 실천하며 올바른 판단과 결심을 할 수 있는 능력과 함께 상관을 존경하는 마음과 동료들에게 신뢰를 받고 부하는 정으로 통솔하는 자세를 가져야 한다.

2. 역할과 책임

1) 편제직위의 임무수행

인사, 정보, 작전, 군수 등의 행정업무와 정비, 보급 등의 기술 및 특정임무를 수행하고 해 직책 임무 수행을 위한 각종 문서정리와 실무 참고철을 작성, 활용한다. 일일 업무와 또는 특정업무에 대해 참모장교에게 계획과 결과보고, 지침을 수령하는 등의 능동적인 임무수행자세가 필요하다. 또한 실무장교 유고시 대리임무를 수행하고 해당 참모기능에 대한 예하부대 업무지도를 병행한다.

2) 참모장교 보좌와 조언사항

참모부대 시설과 장비, 병력운용 등에 대한 보고와 부서별 전통이나 업무수행 방법과 관련자료 등을 제공하고 병과 부사관에 대한 특이사항이나 임무를 조정한다. 인접부서나 상하급 부대에 관련된 첩보사항이나 훈련 시 지형과 기상 등의 특이정보, 부서 내 전투근무지원 현황과 제한사항에 대해 조언한다.

3) 전투근무 지원 담당

시설과 장비, 물자 유지와 관리 부대를 협조하고 부서인원에 대한 보급품 지원이나 사기 및 복지대책을 강구하고 병과 부사관의 인사관리와 휴가, 포상 등을 건의한다. 또한 근무편성을 감독하고 군기유지, 군인 기본자세을 교육한다.

4) 교육훈련지도

병 과 부사관의 주특기 교육과 실무간 지속지도가 필요시 연구강의를 주관하고 주특기 교육결과와 특성을 기록하여 보직조정이나 인사관리에 반영을 건의한다. 전입 실무장교에 대한 부서업무 소개와 업무수행 방법을 조언하고 주특기 교육관

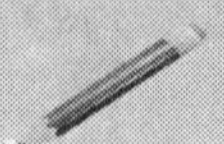

련 교안이나 자료를 작성하여 유지한다.

5) 전통유지

담당관은 역대 참모장교와 실무장교의 인적사항이나 부서별 역사자료를 정리하고 보관하며 훈련이나 특이 업무 수행시 계획과 보고서등 관련 자료를 정리 유지한다.

3. 인사담당관

1) 인사담당관 임무수행 방법

인사담당관은 ① 일보에 의한 변동사항을 확인하고 변동인원에 대한 이유와 추적, 분석을 하고 전입신병의 인솔과 신고, 신병분류를 한다. ② 전역과 진급 대상자를 보고하고 전역장병 취업알선과 홍보와 진급명령을 발령한다. 각종 인사명령과 자력표, 상훈기록 변경을 보고하고 하는 등의 인사관리업무를 한다. ③ 군기강 확립과 사고예방활동의 일환으로 사고사례를 전파하고 교육하며 취약지역에 대해 수시 순찰한다. 동계채난 지역의 안전점검과 매년 5월 11월에 실시하는 사고격감 강화의 달 행사를 주관한다. ④ 인사개선 간담회와 부사관단 내무검사, 각종 자금신청과 결산을 확인한다. ⑤ 병 군사특기를 반기마다 재분류하고 동원 병력 적소지정 노력과 동원훈련 준비를 한다. ⑥ 매년 5월에는 각 부대에서 생산된 문서를 효과적으로 보관과 관리를 위해 각종 명령지철과 자료를 정기문서 이관한다. ⑦ 영외 거주자 비상망 최신화, 소집된 인원 시간 확인과 미소집자 신상파악을 한다. ⑧ 태권도 승급과 승단심사를 측정하고 중대별 순환식 주특기 능력상태를 점검하며 매년 4월과 5월에 체력검정을 주관한다.⑨ 지휘서신과 연간 할당된 무료군사우편물 발송과 관련하여 군사우편 활동을 분기별로 시행한다.

4. 정보담당관

1) 정보담당관 임무수행 방법

정보담당관은 ① 비밀을 접수하여 관리하고 파기하며 비밀소유조사와 재분류를 검토와 비밀관리기록부 갱신과 이기, 비밀안전 지출과 파기 훈련을 실시하고 감독한다. ② 영문과 통제구역에 출입자에 대한 출입증 발급과 위병소 출입통제, 외래인 출입조치 통제와 보안조치, 보안성 검토와 보안조치, 반입도서와 불온 유인물 군내 반입 차단활동과 수거, 학위논문 제출전 보안성 검토를 의뢰한다. ③ 전산보안과 관련하여 전산기와 주변기기, 보조기억매체에 대한 통제를 실시한다. ④ 불시 보안 점검과 지도방문을 병행하고 훈련간 보안실태도 확인한다. 특히 훈련간에는 준비 태세로부터 훈련 단계별 확인을 훈련 종료시까지 하여야 한다.⑤ 비밀 합동보관소를 운용하고 신원조사를 하며 비취인가증 발급과 회수, 체신전화 부대설치와 반입을 통제한다. ⑥ 매월 전투지원태세 확인의 날 행사시 보안 정신교육과 실무교육을 실시한다. ⑦ 군인가족 보안교육과 개인보안 수준표를 유지하고 보안업무 성과분석과 보안감사를 수검 받는다.

5. 작전담당관

1) 작전담당관 임무수행 방법

가. 훈련장 관리유지

작전담당관은 훈련장 관리유지를 위해 이력카드를 작성하고 훈련장 보수와 정비를 실시하고 관리와 유지예산을 운용한다. ① 훈련장 이력카드는 2부 작성후 원본은 보관하고 사본 1부는 훈련장 통제부대에 제출한다. 작성시 유의사항으로는 훈련장 부지에 대한 증빙서류를 첨부하고 위치는 6계단 좌표로 작성한다. 행정구역은 도(시), 군(구), 읍(동), 면, 리 와 지번을 기록하고 주요시설은 누락 없이 기록하고 요도는 축소지도(5만 또는 2만5천)에 위치표시를 한다. ② 훈련장 보수와 정비를 위해 훈련장 보수, 정비계획을 수립하여 시행하고 보수 또는 정비간 자대능력 초과시 상급부대 지원을 건의한다. 예하부대 훈련장 유지실태를 정기적, 비정기적으로 점검하고 훈련장 상설 보수와 정비반을 편성한 상태를 확인하고 운용한다. 인위적으로 파손과 도난, 천재지변에 의한 파괴 방지대책을 강구하고 훈련장 보수내규와 예방정비 점검카드를 작성한다. ③ 훈련장 관리 유지예산운용은 상급부대 훈련장 유지비 배정을 확인하고 수령하여 예하부대 훈련장 유지비를 재배정하고 타 용도 전용과 임의 사용여부를 확인한다. 연간 사용계획을 수립하고 집행하며 훈련장 보수와 관련한 장비와 물자를 구매하고 공병계통 예방보수비 배정상태를 확인하

고 집행한다.

나. 교육훈련 실태 확인

교육훈련과 관련하여 ① 교육계획을 수립하고 시행하기 위해 연동식 부대 운영계획과 주간예정표를 확인하고 과목과 과제에 의한 훈련 실시여부, 주 단위 집중순환식 훈련, 체력단련실태를 확인한다. ② 교보재와 교탄, 교범관리는 교보재 창고는 정리정돈하고 열쇠관리를 간부가 직접 통제하고 현황을 유지하고 수불대장을 작성한다. 교보재를 소요 판단하여 상급부대에 건의하여 획득하고 주 단위부터 연간 교탄 사용계획을 작성하고 부족탄약을 청구하여 획득하여야 한다. 교범은 관리대장에 작성 활용하고 교범관리 상태를 수시 확인한다. ③ 정신교육과 교관 연구강의 실시 상태는 상급부대와 시사안보자료를 토대로 일일정신교육을 시행하고 대적관 확립을 위한 지휘관 정신교육 준비하고 시행하면서 충·효·예 교육실태를 확인한다. 교관 연구강의는 분기 1회 이상 실시하고 후속조치실태를 확인하고 과목별 담당교관을 편성하고 교안, 실습계획표를 작성한다.

다. 전투준비태세 확인

① 5분 전투대기부대의 편성상태와 복장과 장비휴대 상태, 개인임무숙지, 각 단계별 행동요령 숙달상태를 확인한다. ② 전투세부 시행규칙상 영외거주자 소집과 관련하여 경보전파와 상황보고, 작전처 물자 분류계획, 탄약과 식량수령, 불출계획, 지휘소 운용준비와 관련하여 확인한다. ③ 지휘소 운용 준비를 위해 행정소모품과 비품을 준비하고 작전처 비품 불출 대책을 확인하고 보관함을 준비하며 각종 부착물과 상황판, 좌석 배치를 확인한다.

라. 각종 훈련과 작전간 작전실무자 보좌와 전투근무 지원

① 주 지휘소 준비와 작전처 요원 임무수행 준비를 조치하여 준다. 이를 위해 각종 물자 수령을 확인하고 불출하며 작전처 임무교대와 근무요령을 교육하고 작전일지 작성시 최신상황을 유지하고 전파한다. 작전처 간부와 병의 휴식장소를 준비하고 보안과 관련하여 유·무선 통화 제한과 기도비닉 대책, 비문보고와 상황관련 보안을 유지하고 작전 관련 문건을 관리한다. ② 작전종료 후에는 작전간 접수와 발송문건을 종합하고 사용비문을 소유조사 하여 정보처로 통보하고 불필요 문건은 파기하고 사용문건은 종합하여 합철 또는 존안 한다. ③ 지휘소 내 방치 비문과 음

성비밀 여부를 확인하고 작전간 사용 소모품과 비품을 정리, 점검한다.

마. 예하부대 야외훈련 간 안전사고 예방활동 점검

① 훈련 전 불필요 품목휴대 여부와 기상변화에 대비한 준비물 확보, 소모품의 예비물품을 확보한다. ② 훈련 간 지휘관의 사고예방 정신교육 실시와 총기, 장비관리상태를 점검하고 안전, 순찰조를 운영하여 개인행동과 차량을 통제한다. ③ 훈련 후에는 환자 파악, 조치와 훈련 간 문제점을 분석하여 조치상태를 점검한다.

6. 군수담당관

1) 군수담당관 임무수행 방법

가. 군수행사 계획수립, 시행실태확인

① 월 1회 국토 대청결의 날 행사의 중점을 하달하고 실시결과를 종합한다. 연대와 대대는 계획을 수립하고 상급부대에 보고한다. ② 매월 마지막 근무일에는 전투지원태세 확인의 날 행사로 상급부대 행사지침 확인 후 세부 시행계획을 수립하여 하달한다. 전월 행사 결과에 대한 후속조치와 실적을 확인하고 상급부대 확인방문에 대비한 수립준비와 행사일정 변경부대를 파악하여 사전 건의한다. ③ 환경보존 업무는 제대별 환경 담당관 임명실태, 환경보존 활동결과를 보고하고 종합, 분기별 환경예산 집행과 배정, 환경보존 추진평가 회의를 주관하고 사업을 분석한다. 차량 매연측정은 보유차량에 대해 반기 1회 배출가스를 점검하고 측정결과와 불합격 차량에 대한 사후조치 결과는 3년간 유지한다. 환경보전교육과 야생동물 보호활동을 의뢰하고 주관한다. ④ 재해재난 대비 계획은 붕괴예상 시설물의 안전진단, 재해유형별 MATRIX 작성, 재해 · 재난 FTX 계획, 동계 재해 · 재난계획을 수립하고 시행, 통제한다. ⑤ 에너지 절약 추진업무는 추진계획을 작성하고 분기별 행사실태를 점검하고 에너지 절약 표어 · 포스터 경연대회 주최, 에너지 절약 성과분석 주관, 유류와 전기, 수도와 GAS 사용실태를 분석한다.

나. 장비와 보급품 관리

① 자원관리 전산시스템은 편성부대 자원관리 전산시스템을 확인하고 실무담당자를 교육하고 지도하며 운영상 문제점을 종합하여 소요제기 한다. FRMS 운영실태

를 확인하고 월말 재산결산 불일치 품목을 검증하고 재산대장 세부 오류품목을 검증하며 변경된 프로그램을 검증하고 확인한다.

② 예방정비 계획은 주간 예방정비 기록표 작성상태, 검사작업 지시서 작성요령, 장비종합 이력부 기록상태, 월말 재산대장 결산철 정리, 연간 예방정비 기록표 작성하달, 주기성 교환품목 청구, 필수 복구성 재산현황, 장비종합 이력부 기록상태, D/L 확보와 청구, 불출, 소모 등을 확인한다. ③ D/L입고와 확인시에는 검사 및 작업 지시서를 작성하고 시설부대 D/L장비 정비를 의뢰하고 시설부대 입고장비 기록을 검사하며 정비완료 장비 검사 및 작업지시서 작성하여 정비 완료 후 정비단위부대로 불출한다. ④ 장비의 반납은 장비 불용결정 기준에 의한 판정과 판단서를 작성하고 검사 및 작업지시서, 장비종합 이력부, 장비등록증 등 장비 반납서류를 준비한다.⑤ 창고관리는 물자부족분에 수시 청구하여 불출하고 창고 현황판에 유지한다. 창고 대청결의 날 행사, 창고 개방의 날 행사를 추진하고 예하부대 물자 관리상태를 점검한다. 위생구와 분기 피복을수령하여 불출하고 치장물자의 순환주기를 확인한다. ⑥ 물자 보급상태 확인과 부족분을 청구하여 획득하기 위해서 국방물자 시스템 일일 청구조치 현황을 파악하고 일반물자 정비소요 발생시 점검하며 일품검사 계획과 결과보고서를 종합, 청구, 보급한다. 연대와 중대간의 재산을 정리하고 폐품 보유현황 파악과 반납을 건의하고 중대급 전산재산대장을 점검하며 국방물자시스템 오류현황도 점검한다. 기타 수리부속 보급관리, 치장장비 등은 물자현황의 순환주기를 확인하고 교체한다.

다. 각종 군수예산 집행과 관리

격별보수비, 일반 비보급품 유지비, 장비와 정비 유지비, 재해예방 예산, 행정기기 용품비, 환경 근무비, 월동자재비등 군수예산을 집행하고 관리한다. 확인해야할 사항은 상급부대 자급배정 공문을 접수하여 보고하고 자급배정계획을 수립하여 보고한다. 자금 사용실적을 점검하고 사용결과를 제출하고 확인한다.

라. 월하·월동계획 수립

월하기간은 매년 5. 1~9. 30(5개월간), 월동기간은 매년 10. 1~다음해 4. 30(7개월간)이며 채난기간은 1군과 3군 지역은 11. 1~다음해 3. 30(150일), 2작전사와 한수이남 지역은 11. 6~3. 15(120일)이다. 혹한기는 1월과 2월, 60일간이다. 채난기간은 지역 특성에 따라 군사령관이 조정, 운영하거나 각급 지휘관에게 위임할 수 있다. 확인할 사항은 월하·월동을 위한 물자 및 장비의 보급과 정비, 치환하고 시설과 도로를 보수한다. 월하·월동에 따른 교육과 홍보활동을 하고 기간 중 사용한 물자와 장비의 정비 및 저장관리를 한다. 채난과 냉·난방시설을 정비하고 비상용 주·부식, 연료의 확보와 관리, 장병의 건강과 위생관리를 한다.

마. 시설물 관리 업무

① 보일러 안전과 성능검사를 연 1회 실시하고 성능검사대상은 온수보일러는 1톤 이상, 난방용 5톤 이상이다. 검사요청은 시설지역 지역부대에서 지역에너지 관리공단과 협조하여 시행하고 수수료는 책정된 범위 내에서 시설지역 지원부대에서 일괄처리 부족시는 해당부대 소규모 보수비에서 충당한다. ② 오폐수 정화시설은 연 1회 이상 내부청소를 실시하고 시설관리관을 임명하고 운영 상태를 확인한다. 시설관리카드를 작성하고 기록을 유지하며 악취가 발산되지 않도록 파리와 모기 등 해로운 벌레의 발생과 번식을 방지한다. 분뇨처리장 시설은 주 1회 이상 기능점검을 실시하고 월 1회 이상 위생과 안전점검 실시한다. 방류수에 대해서 자체(위탁) 측정을 실시하고 운영일지 기록은 3년간 유지한다. ③ 시설보수는 시설의 증감현황과 보수사항을 판단하여 작성하고 보수 계획을 수립하고 시행한다. 건물과 시설관련 사항은 기록을 유지한다. 건물이력카드와 편의시설 이력카드는 준공일 기준으로 작성하여 보관하고 보수시마다 내용을 기록하고 건물 예방 보수 점검카드는 연1회 종합하여 하기 보수 판단에 활용한다.

바. 기타 군수 관련 행정업무

① 군 이사화물 관련 업무는 부대 간부 전입시 이사화물비를 신청하고 예산소요를 제기하며 국가기술 자격 검정은 군 자격검정 시험일정을 확인하고 예하부대에 하달하여 자력검정 인원의 원서를 접수하고 검정을 확인, 부대에서 획득한 인원은 기능 인력으로 관리한다. ② 전투준비는 작계와 야전예규 전투근무지원 계획 및 군수 부록을 작성한다. ③ 동원분야는 부대 증·창설 업무철을 보완하고 수송과 건설, 물자동원 소요제기와 변동자원을 관리한다. 물자 동원 중점관리 자원 확인의 날 행사 계획을 수립하고 시행한다.

제4절 행정보급관

1. 개요

중대장의 지시를 받아 근무하고 중대장을 보좌하며 중대원의 사기와 복지 단결과 사고예방, 신상파악 등 병영생활 전반에 대한 사항을 중대장에게 조언하고 건의한다. 중대본부 요원 신상관리를 전담하고 임무수행을 통제하며 중대 부사관의 업무지도와 병 인사관리에 대한 계획수립을 수립하고 시행한다. 교육훈련시 제반사항을 지원하고 전담과목을 교육하며 시설과 장비, 보급품을 관리한다. 기타 부여된 행정업무를 수행한다.

행정보급관의 복무 자세는 자신의 직무에 정통하고 소부대 전투기술 교관능력을 구비하며 병영의 핵심관리자이고 부대전통의 계승자임을 인지하고 실천하여야 한다.

2. 역할과 책임

1) 중(포)대장 보좌

전투준비태세 유지상태를 감독하고 병과 부사관 분야에 대한 문제점을 파악하고 조치를 건의하며 소대별 전투력과 사기수준, 소대장과 부소대장과 관계 등을 파악하여 조치한다. 장비와 탄약, 물자현황의 제한사항과 지형과 기상, 민간관련 첩보를 제공하고 부대 진단 후 사기와 복지, 군기와 단결 등의 사항과 사고예방 대책 등 제반 특기사항을 파악하여 건의하고 조치한다.

2) 병 인사관리

전입병 최초 소대 분류 계획 보고시 소대의 의견 수렴 후 해당 소대 해특기 직위를 부여하고 비인가와 위규 보직자는 조정하며 특기 변경 사유 발생시 상급부대 특기 변경을 상신하고 예하소대 포상 대상자를 종합하여 보고하고 조치한다.

병 진급 심사계획을 수립하고 진급 심사 위원회를 개최하여 진급자를 선발하고 징계상황 발생시 징계위원회 개최준비와 심의 결과를 보고하고 인사 조치를 한다.

병 기본권 중 외출과 외박, 휴가, 복귀 신고를 일과시간에는 행정보급관이, 일과시간 외에는 중대 당직사관이 실시한다. 외출과 외박 시에는 중대장의 지침을 받아 각 소대 외출과 외박 인원의 건의를 검토하여 대상인원을 결정 후 중대장에게 구두보고하고 부모면회 등 병사 개개인의 청원 외출, 외박은 선 조치 후 중대장에게 결과보고 한다. 독립소대의 병 공용 외출을 승인하고 내무생활 저해병사와 군기위반병사의 외출, 외박을 조정하고 기본권을 제한한다. 포상에 의한 외출, 외박은 중대장의 지침에 따라 중대장 결재 후 발행관 실인 날인을 한 증명서를 발급한다.

휴가 중 연가는 휴가 서열표에 의거 월간 계획을 수립하여 시행하고 청원휴가는 사유발생시 명령발령과 상신 등 필요한 조치하며 포상과 위로 휴가는 교육훈련, 내무생활우수자의 포상계획을 수립하여 시행한다.

3) 사고예방과 복지

전입병, 중대 본부인원, 보호, 관심병사는 중점 관리하는 신상 파악을 전담하고 출타하고 복귀한 인원을 면담한다. 신상과 관련하여 문제가 될 내용은 부대사고 예방차원에서 적절한 조언을 한다.

종교별 신자현황을 파악하고 활동여건을 보장하며 규정에 의한 내무생활 실태를 확인하고 감독한다.

4) 교육훈련

부사관과 분대장의 교관 임무수행 능력을 점검하고 지도하며 병 및 주특기 훈련에 대해 부소대장이나 분대장의 훈련실시 상태를 감독하고 평가한다. 충·효·예 교육과 주특기, 사고예방 군기유지 등에 대해 교육하고 평가하며 중대와 소대급 교육 훈련시 필요사항을 확인하고 지원한다.

중대 전술 훈련간 인원과 장비, 물자와 탄약운용에 관련된 사항과 훈련준비 수준, 지형과 기상, 민간인 관련 사항과 훈련사례 등을 중대에게 조언한다. 훈련 간 단계별 상황에 따른 전투근무 지원을 지도한다.

훈련 시에는 병 및 부사관의 임무수행 상태, 장비와 물자, 탄약관리, 전장군기와 야전수칙, 편의시설과 위생 등 복지대책강구, 특수한 임무를 수행하는 소대 및 분대의 임무수행 상태를 지도하고 지원, 현장지도 결과 문제점이나 특이사항 보고와 조치, 교육훈련 우수자 선발 포상건의, 훈련 후 사후검토와 부대정비 현장 감독, 교범

과 교육자재 등을 관리하고 조치한다.

5) 시설물, 장비와 물자관리

전기와 난방, 급수시설, 소화기와 방화기구 등 중대 시설물을 관리하고 보수하며 격별 보수비 사용계획을 수립하여 중대장 결재 후 시행 한다.

장비와 물자관리는 군수품 관리법 시행령 개정 전 까지 분임물품 운용관 으로서의 임무수행을 하고 일품검사와 정비를 시행하고 유사시 즉각 사용 가능토록 가용상태를 유지하는 Set화 또는 Package화 한다.

6) 기타업무

주둔지 내 외곽 경계근무와 불침번 근무를 편성하고 시행하며 중대 일일 암구어를 수령하여 전파를 확인한다.

부대일지 작성과 유지에 대해 확인하고 중대관인 관리와 중대행사 준비, 중대 비치서류 관리와 기록유지, 군기교육대 입소인원 선정과 건의를 한다.

금전출납과 관련하여 제반 금전 출납 사항을 보고하고 각종 급여의 개인별 지급과 관련하여 증빙서류를 유지하며 병 개인통장 통합 보관과 중대장 지침 하 중대 운영비를 사용하고 관리한다.

3. 병 인사관리 수행

1) 일일 병력현황 확인과 기록

부대일지 '병력 현황'란에 작성하고 매일 일조점호 후 기록하는 작성방법 등 관련 규정을 숙지하고 출근과 동시에 부대일지를 확인한다. 확인된 병력현황을 매일 09:00까지 유선으로 대대 인사과에 보고하고 중대 전투력 수준의 기초자료로 활용한다.

중대 전 간부는 제반업무 수행간 우선적으로 병력 이상 유무를 확인할 책임이 있으며 군무이탈, 주요환자 발생, 병력신상에 이상 징후 발견시는 인지 즉시 지휘관에게 보고하여야 한다.

2) 병력 예상손실 판단과 보충

병력 예상손실 판단과 편제된 병력수준을 유지하기 위해 손실에 대한 보충 전망을 정확히 파악하여 항시 100% 편제된 병력수준을 유지해야 한다.

전입병의 해특기를 고려, 최초 소대 분류계획을 중대장에게 보고하고 중대장의 지침을 수령하여 보직부여 계획을 수립, 승인 후 시행한다.

월 단위로 중대병력 손실인원을 판단하여 대대와 연대에 보고하고 공용화기사수, 통신병, 운전병 등 핵심특기요원의 예상손실에 대해서는 중대장에게 보고한다.

1개 분기 후의 분대 및 소대 보직병력 수준을 분석하여 년중 균형된 전투력 유지를 위한 예측된 업무를 수행한다.

3) 병 보직부여 절차

신병 전입시 "나의 성장기"를 작성하도록 하고 신병교육대 생활지도기록부와 면밀히 검토하여 개인의 자질과 특성을 파악하고 보직을 부여 한다. 신병 전입시 보직절차의 순서는 다음과 같다.

① 행정보급관은 대대로부터 신병을 인도 받아 생활 지도기록부의 "가정환경, 면담결과"와 "나의 성장기"등을 비교분석한다.

② 의류대 품목을 확인하고 중대를 소개하며 개인 장구류를 지급하고 영내 시설물을 소개한다.

③ 중대장 신고 후 병기수여식을 준비하고 정신교육과 면담을 통하여 애로사항을 파악한 결과로 보직을 부여하면 중대장은 전 중대원에게 전입신병을 소개한다.

④ 구타금지 서약서를 집행하고 구타를 당했을 시 "어떻게" 보고하는지를 교육하고 중대장 또는 소대장은 가정통신문을 발송한다.

⑤ 면담철은 특이사항 위주로 작성하고 15일간 근무는 미 편성 한다.

4) 병 특기변경

군사특기 재분류 시기는 기술과 지식이 향상되어 현 특기보다 우위성이 있다고 인정되는 특기를 소유 하였거나 타 군사 특기 과정을 수료했을 때이다. 부득이한 사유로 타 특기 분야에서 실무를 통하여 유자격자로 인정될 때, 신체적 결함 또는 능력저하로 현 특기의 자격을 상실하였거나 임무수행이 불가능할 때, 군법 유죄판결로 현 임무수행이 곤란한 자, 병력운영상 특기 조정이 필요하거나 상급부대 지시가 있을 때 군사특기를 재분류 한다. 한번 재분류 된 자는 전역시 까지 타 군사특기

로 재분류가 금지되고 재분류권자는 직군내 일반특기는 독립대대장급 이상, 핵심특기는 장관급 지휘관이고 병과내 일반특기와 핵심특기는 장관급 지휘관이며 병과간 일반특기는 장관급 지휘관, 핵심특기는 군사령관이다.

5) 병 진급 측정과 심의

진급의 일반원칙은 진급 최저 복무기간을 근무한 자로서 교육훈련 숙달정도와 내무생활 태도를 평가에 반영하고 진급은 매월 실시하며 다음달 1일부로 발령한다.

병의 진급권자는 중대장 또는 이와 동등 이상의 부대장이 되며 모범병은 조기 진급시킬 수 있고 진급 선발과 억제기준은 2개월 이내로 한다.

진급최저 복무기간의 산출은 현 계급 진급된 날로부터 가산하고 강등된 자는 강등된 계급에서 복무한 기간을 통산하며 강등되기 전의 계급에서 복무한 기간을 산입하지 아니한다.

병력동원 소집된 자에 대해서는 전역당시의 계급에서 복무한 기간을 가산한다.

진급 시킬 수 없는 사유로써는 군사법원에 기소와 구금 또는 수형중인 자, 탈영중인 자, 행방불명중인 자, 전공상 이외의 사유로 입원중인 자에 해당되는 자는 그 사유가 해소될 때까지 진급 선발대상이 되지 못한다. 고러나 군사법원에서 유죄판결을 받은자, 징계처분을 받은자는 진급선발대상이 될 자격을 일정기간 정지한다.

진급최저 복무기간 환산에 제외되는 기간은 소집 병사의 예편하였던 기간과 비전공상으로 입원한 기간, 영창, 탈영, 복역과 구금기간이다. 다만 구금중 불기소처분 또는 무죄석방자는 제외한다.

6) 휴가의 구분과 시행

연가는 부대여건을 고려하여 연간 균형있게 실시되도록 계획하여야 한다.

하사 이상 간부와 군무원은 연 23일을 본인 희망에 따라 전·후반기 또는 수회 분할로 허가한다.

공가의 허가권자는 공무에 한하여 소속부하가 국회, 법원, 감찰, 기타 국가기관에 소환된 때, 법률의 규정에 의하여 투표에 참가하려 할 때, 공무상 질병 또는 부상으로 직무를 수행할 수 없을 때, 외국유학, 군사교육, 또는 군 시설 외에서 위탁교육을 위한 시험에 응시할 때에는 필요한 기간 공가를 허가하여야 한다.

재해구호휴가 허가권자는 풍해·수해·화재 등 재해시 5일 이내의 재해구호 휴가를 허가할 수 있다.

포상휴가는 모범이 될 공적이 있는 자에 대하여 7일 이내의 휴가를 허용할 수 있다.

청원휴가는 본인의 청원에 의한 휴가로써 부상과 질병으로 요양을 요하거나 그 직계가족이 질병 등으로 본인의 간호를 요할 때에는 20일 이내, 혼인 할 때에는 14일 이내, 본인 또는 배우자의 직계가족이 사망한 때에는 10일 이내, 기타 관혼상제 등 개인적 사유 등으로 필요시 요청할 경우는 7일 이내로 하되 이 기간을 연가에서 공제할 수 있다.

위로휴가는 훈련과 검열, 기타 특별한 근무로 피로가 심한 자에 대하여 7일 이내의 휴가를 허용할 수 있다.

휴가출발 전에 확인할 사항은 병사의 복장, 개인위생, 개인보급품의 정비와 보관 여부, 휴가비 수령, 규정에 의한 개인소지품 소지, 수첩 등에 군사기밀 사항 기록, 여행경로, 귀대일자, 비상복귀요령 등의 숙지 상태를 점검한다.

7) 외출과 외박

외출과 외박의 허가범위는 부대 병력의 1/3 이내로 함을 원칙으로 하고 병사들의 외출과 외박은 포상개념에 의거 시행한다.

외박은 특별한 사유가 있거나 연휴기간에 영외에서 숙박하고 귀영함을 말하며 그 시간은 48시간을 초과할 수 없으나 공휴일이 계속될 때에는 72시간까지 허가할 수 있으며 일석점호 전까지 귀영하여야 한다.

외출과 외박 성과제는 병사의 복무기간동안 10일 범위내에서 성과제로 실시하고 정량일수를 초과하여 실시할 경우는 그 기간만큼 연가에서 공제한다.

외출, 외박자가 규정된 시간에 귀대하지 않았을 때 내무생활 지도요원은 즉시 해당 지휘관(자) 또는 당직계통에 보고하여야 하며 보고받은 지휘관(자) 또는 당직근무자는 상급부대에 보고하여야 하고 본인이나 기타 친인척으로부터 특별한 사유로 인해 귀대 시간이 늦어진다는 사전 통보를 받았을 때는 그 내용을 추가로 보고해야 한다.

면회는 휴일 또는 평일을 막론하고 임무수행상 지장이 없는 범위내에서 중대장과 당직사관이 허가한다. 지정된 면회실에서 실시함이 원칙이지만 특수한 경우 허가권자의 허가를 받아 사무실 및 기타 장소에서 면회할 수 있다. 시간은 08:00부터 17:00까지로 함이 원칙이지만 계절과 부대여건에 따라 중대장이 조정할 수 있다.

면회실은 위병소 부근에 설치함을 원칙으로 하며 부대의 규모, 위치와 외래자의 편리 등을 고려하여 지휘관이 따로 정할 수 있다.

위병근무자는 면회자에게 친절하고 불편이 없도록 하고 면회신청을 하면 필요한 사항을 기록하고 최단시간 내에 중대장 또는 당직사관에게 보고 후 조치한다.

8) 포상 계획의 수립과 시행

표창 비율은 사단장급 5%, 연대장급 7%, 대대장급 9%, 중대장급 15% 이며 중대장급 이상의 지휘관은 소속된 장병을 대상으로 표창할 수 있다.

행정보급관은 월간 포상계획을 수립하여 중대장의 승인을 득한 후 각 소대에 하달하고 주요훈련, 군기유지 우수자, 모범이 될 만한 공적이 있는 병사를 적시에 포상하여 그 효과를 극대화 하도록 한다.

상급부대 표창이 할당되어 대상자를 건의할 때는 공적이 뚜렷한 자를 중대회의 통해 공개 심의하여 건의한다.

4. 사고예방과 복지

1) 신상관리

병사 신상파악 실시하여 등급별로 구분, 관리하고 생활지도기록부는 대외비에 준해서 관리하여야 하며 애로 및 건의사항을 수렴하여 조치하여 준다.

신상파악 간 면담시 유의할 사항으로 최대한 개인 접촉, 공감적 경청, 분명하고 적절한 표현, 설득과 이해, 부대홈페이지 활용, 사랑의 전화, 마음의 편지 활용, 동향과 동일 취미자 활용, 인간적 신뢰와 인간관계 구축 등 활용하여 면담 한다.

관심병사 지도요령은 정기 또는 수시 접촉을 훈련과 근무, 작업을 가리지 않고 면담하고 군목과 군의관, 주임원사와 후견인, 동기들의 도움도 받는다.

간부와 병간 상호 자매결연을 맺고 개인 특성에 부합되는 지도방법을 강구한다.

2) 사고발생시 보고와 처리

행정보급관은 사고발생시 신속하게 중대장에게 보고하고 상급부대와 지원 헌병계통에 보고하여 필요한 조치를 신속하고 효과적으로 조치하여야 한다.

확인되지 않은 내용들을 추정하여 보고해서는 안되며 사고에 대해 언론기관 등에 창구를 단일화 하기 위하여 사단 정훈공보부로 문의하도록 조치하고 유언비어를 방지하도록 중대원을 교육한다.

사고에 대한 중간, 최종결과보고를 중대장의 지침을 받아 보고할 수 있도록 조치하고 중대장의 승인을 득한 후 보고한다.

사고 발생시 유의사항으로는 수사관의 조언을 듣고 유가족과 대화 채널을 하나로 유지하고 유가족에 대한 홍보와 적극적인 조치 노력과 최선을 다하는 자세를 견지하고 사건 발생시 허위보고와 은닉행위를 금지한다.

3) 임무분담제와 내무부조리 척결

개인이 수행해야할 일은 개인피복의 세탁과 정비, 개인화기 손질과 관리, 개인위생과 이발, 개인장구류와 보급품 관리, 관물정돈, 전투화 손질, 침구류 정돈, 불침번 근무 등이 있다.

내무실 단위로 수행해야할 일은 내무실 청소, 어항 물갈이, 공용화기와 장비손질, 화장실 청소, 청소도구함 관리, 실외 담당구역 청소, 작업도구 수령과 정비, 폐자원 분리와 수거, 교보재 수령과 반납, 오물장 청소, 식사준비와 수령을 하고 탄약수령과 반납, 총기수불과 잠금 등은 간부 통제 하에 실시한다.

4) 취사장 위생관리

취사장은 취사병들이 조리시 취사복과 모자, 앞치마 등 규정된 복장을 착용하고 조리용 장비 등 취사기구는 매 취사 전·후 삶거나 소독한다.

도마와 칼은 육류용, 어패류용, 채소용으로 구분하여 사용하고 칼끝은 둥글게 하고 잠금장치 후 보관하며 창문과 잔반통에 방충망을 설치한다.

5) 식당환경 및 급식 향상 조치사항

가. 밝고, 깨끗하고, 쾌적한 분위기 조성

취사장과 식당의 내부도색과 벽면미화, 조명, 환기, 냉·난방 시설을 개선하고 식기세척장, 잔반 처리통 청결유지, 오·폐수 시설설치와 소독을 실시한다.

나. 급양관리관과 취사병을 엄선, 스스로 보람을 갖도록 자긍심 고취

취사병을 자대 보직후 위탁교육을 2주간 실시하고 편의시설을 구비함과 동시에 각종포상과 격려활동을 활성화 한다.

다. 철저한 수납검사를 통해 양질의 식단 제공

주·부식 수령시 규격과 정량 미달품은 즉각 반납조치하고 유효기간 확인을 철저히 한다. 하절기 냉동식품은 해동 후 육안 및 정밀검사를 통해 변질여부를 판단한다.

라. 주·부식 저장관리 요령 준수

선입·선출에 의한 저장과 순환급식을 실시하고 통풍과 구충과 구서대책을 강구한다. 하절기 수육류, 어패류는 수령 즉시 손질 후 냉동실에 보관한다.

부식청구는 일보와 식수인원 통보서와 대조하고 매월 주·부식 결산시 결재한다.

모든 물은 오염되어 있다는 가정하에 끓인물을 급식하고 주기적인 급수원을 점검하며 냉, 온수기 관리를 철저히 한다.

미확인 식품의 취식과 외부 음식의 영내반입을 차단하고 야외훈련 시에는 산채와 버섯, 어패류의 취식을 금지하고 외부에서의 음식반입을 철저히 통제한다.

※ 식당의 식탁은 항시 청결하고 건조하게 유지하며 고추장, 간장, 소금은 뚜껑을 덮고 내용물을 수시 교체한다. 식당바닥과 식탁은 악취가 풍기지 않도록 주 2회 이상 청소하고 하절기에는 파리, 모기 등 유해곤충을 예방하여야 한다.

5. 교육훈련

1) 교육준비와 시행

가. 정신교육의 날 교육은 국방일보 표준교안 및 충·효·예 교육 기본교재를 이용하여 교육내용을 연구하고 교육 전 주 토요일부터 화요일까지 지휘관에게 교육계획과 준비 상태를 점검받고 선 간부교육을 실시한 다음 수요일 2교시 교육 후 그 결과를 부대일지에 기록한다.

나. 수시 생활화 교육(3·1절, 광복절, 신고, 휴가 등) 은 충·효·예 교육 기본교재, 상급부대 지원자료 등을 이용하여 교육내용을 연구하여 실시한다.

다. 반기 집중 정신교육 시에는 계획수립시 행동화, 체험학습위주(견학, 답사, 봉사활동 등)교육계획을 수립하고 내실 있는 교육을 위해 교육준비 사열을 통해 교육계획과 내용을 점검 후 교육을 실시한다.

2) 예비군 편성과 자원관리

예비군 편성은 소집부대장 책임하에 병력동원 소집명부와 소집부대 편성표에 의거 편성하고 편성대상은 현역기간요원과 현역전환요원, 예비군 동원지정자원, 기타 보충자원이다.

중대급 소집부대는 대상자를 편제표에 의거 중대편성을 하고 추가 지정된 요원들은 중대 예비자원으로 편성, 관리한다.

동원지정자 관리는 자원 소집부대장과 지방병무사무소장이 공통 관리하고 동원자원관리를 위한 소집명부를 작성하여 소집 및 자원관리부대, 지방병무사무소, 예비군 읍·면·동대에 각 각 1부씩 관리한다.

6. 시설물, 장비 및 물자관리

1) 월하 준비

월하 준비기간은 4. 1~30일이고 기간은 5. 1~9. 30일 까지이다. 장비·물자의 발청, 부식과 곰팡이를 예방하고 부식수송과 저장간 변질에 의한 식중독을 예방해야 한다.

낙뢰로 인한 통신장비와 해안 감시장비의 피해를 방지하고 기간중 예상되는 각종 안전대책 강구에 대해 사전예방교육을 실시해야 한다.

2) 월동준비

월동기간은 10. 1~다음해 4. 30일 까지이다. 월하물자·장비 정비 후 보관하고 월동준비에 소요되는 자재는 월동 자재비로 집행한다. 장비의 동파 방지를 위한 운용병 교육과 시설물 방한대책을 강구하고 재난 운영지침을 준수한다.

3) 준비계획수립, 중대장 승인 후 시행

가. 월하·월동 준비계획 수립 및 보고(3월말)

월하·월동 준비 소요예산 판단 및 상급부대 예산확인, 실행 가능한 계획 수립을 수립한다. 계획 작성시에는 동계와 하계 시설·장비관리, 예방정비 교육계획을 포함하여 작성한다.

나. 계획에 의거 단계별 시행

월하·월동 물자를 정비하고 보관하며 계절특성에 따른 부식, 곰팡이 번식 방지, 시설물 보수(방충, 방풍막 설치, 보일러 정비, 샤워시설 보수등), 월하·월동물자 수령 및 보관, 불출 통제하고 준비 실적과 예산 집행결과를 부대일지에 기록한다.

4) 시설물 점검 및 보수

가. 점검 : 월1회 군수지원태세 확인의 날 행사시 시설물 점검결과 종합하여 보수소요를 판단하고, 시설관리 전담관을 임명한다.

나. 계획보수 : 경제적으로 사용연수를 현저히 증가시킬 수 있는 대규모 보수로서 시설물가격의 21~50%이고 연 1회 소요제기 한다.

다. 소규모보수 : 대규모 보수 미연 방지를 위한 보수로서 시설물 가격의 4~20% 이내이다.

라. 격별보수비 : 시설 사용자에 의한 수시 또는 주기적인 보수를 하고 시설물 가격의 3% 이내이다.

월 1회 시설물을 점검하고 보수소요를 작성하여 건물 예방보수 점검카드에 근거를 기록한다. 자금 배정시 사용계획서를 지휘관에게 결재 받아 현상유지에 소요되는 품목위주로 집행하고 완제품과 비품, 공구 구매로 사용해서는 안된다.

건물 예방보수 점검카드는 점검 및 보수계획작성에 필요한 것이며, 시설관리 전담 부사관에 의하여 월 1회 점검하고 작성한다.

마. 건물이력카드 작성방법(건축한 날로부터 기록)

- 건물명 : 용도에 의한 건물명(사무실, 내무반, 식당 등) 기입
- 건물구조 : 벽돌슬라브, 브럭스레트, 브럭(벽돌)기와, 라멘조, 목조, 후리웨브, 콘센트등으로 기입
- 건물번호 및 준공일자 : 부여된 건물번호와 해당건물의 준공일자 기입
- 건물규격 : 가로, 세로, 높이(처마도리 상단)를 표시하며 단위는 미터 사용
- 인가금액 : 관급자재 예산과 원화를 각각 기록
- 보수내용 : 지붕, 천장, 외부, 내부의 도장,출창문, 기와 등에 관하여 보수한 내용을 상세히 기입
- 시공자 및 지휘관 확인 : 보수공사 시공자 및 지휘관 서명

바. 화재예방

연대급 이상(독립대대 포함) 모든 시설은 분기 1회 정기검사를 실시하고 노후시설은 주기적인 전기 안전점검을 실시한다. 특히 누전 점검관을 임명 운영하되 우천시는 반드시 주 1회 이상 점검을 정례화 한다.

전기선이 인입된 모든 건물에는 반드시 누전차단기를 설치하고 지역 한전과 협조하여 정기적인 전기 안전점검을 실시한다.

전 장병을 대상으로 용량에 맞는 전선사용과 1개의 콘센트에 수개의 플러그 사용을 통제하고 규격 퓨즈 사용 및 예비 퓨즈를 비치하고 비인가 전열기 무단사용 행위를 금지하는 안전규정 및 화재예방교육을 강화한다.

20년 이상 된 건물에는 노후 된 전선이 널려있으니 주기적으로 정돈하고 전기선 인근의 수목은 봄철에 제거한다.

5) 전투장비, 물자·탄약관리

가. 상급부대 계획에 의거 시행되는 장비 및 물자 , 탄약 재물조사시 부족량 또는 잉여량에 대해서는 대대로 보고하고 재산대장을 정리하여 중대장에게 보고한다.

나. 일일 일품검사시 계획된 물자와 장비상태를 행정보급관이 확인하고, 그 결과를 중대장에게 보고한 후 부대일지 일품검사 결과란에 기록한다.

다. 각종 훈련 및 작전간 망실, 분실, 훼손된 장비는 규정과 절차에 의거 중대장에게 보고 후 정상적인 손망실 처리 규정에 의해 조치한다.

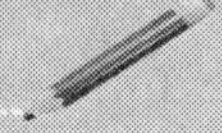

라. 탄약은 관리규정에 의해 관리하고, 수불시 간부(행정보급관) 입회하에 출입하며, 출입일지에 기록하고 근거를 유지한다.

마. 상급부대 월 단위 군수지원태세 확인의 날 행사와 연계하여 탄약고, 창고 등 관리 및 가동상태를 확인한다.

6) 총기 및 탄약 일일결산

가. 총기관리

운영용 : 개인지급총기⇒ 내무반에 2중 잠금장치 하 관리 및 개인지급시 간부 입회하 지급

영외거주자, 사고자총기⇒ 행정반 및 지정된 장소에 2중 잠금 장치하 관리

치장용 : 완편에서 감편을 뺀 나머지는 진공 포장후 봉인과 밴딩을 하고 치장박스 외부에는 총기 탁본, 총기(박스)무게표시를 표시한다. 치장용 장비해체시 사단장급 이상 지휘관 승인하에 실시한다.

나. 탄약관리

B/L탄 : 봉인 및 밴딩된 상태에서 탄종과 로트별로 구분저장관리하고 상자 연결 봉인지 부착과 철선 꼬임상태(2가닥 연결여부),

밴딩클립 연결부분 견고성을 확인한다.

교탄 : 탄약고내 B/L탄과 구분저장 관리하고 낱발단위 상자는 내부에 실명제카드와 외부종이로 봉인하고 낱발은 보관함에 관리하되 낱발 보관함은 외부에서 보일 수 있도록 제작한다.

다. 무기고 및 탄약고 출입시 주의사항

관리관을 포함하여 2명이상 출입하고 지휘관 출입승인시 출입하되 인화물질 휴대는 금지한다.

7) 물자관리 및 중대운영비 관리

가. 행정보급관은 무기와 물자에 대해 대대 군수장교와 재산대장 일치여부를 확인하고 주1회 이상 물자정비를 실시하며, 월1회 전투지원태세 확인의 날에 미비한 분야에 대해 보완한다.

나. 중대운영비는 소대단결활동(회식, 간담회, 전입 / 전출자 행사 등)과 격려활동(생일자 케익, 진급자 선물, 근무자 격려 등), 기타활동(포상과 위로 휴가자 여비 지원, 기념사진 촬영, 불우병사관리, 면담, 교육시 다과, 음료)등으로 구분하여 사용한다.

제5절 주임원사

1. 개요

주임원사는 지휘관을 보좌하고 부사관단을 대표한다. 부사관 및 병의 대변인 역할과 선도 및 교육하고, 부대원의 사기, 복지, 단결, 사고예방 등 부대관리 전반에 대한 지휘조언과 건의를 한다.

또한, 부사관단 활동 추진(교육훈련, 부대환경, 내무생활, 군기, 사고예방 등)과 하급제대 부사관의 업무수행 지도와 감독을 실시하며 부대역사, 부대 제반 의식행사와 대외활동도 병행한다.

주임원사의 복무자세는 지휘관의 의도를 항상 명찰하여 지휘주목을 하며 부대운영사항을 소상히 파악하여 인지하고, 지휘관의 지시업무 추진에 대해 적시 적절한 보고와 지휘관이 최선의 결심을 할 수 있도록 올바른 조언을 해야 한다.

2. 역할과 책임

1) 지휘관 보좌

부사관 활동에 대한 계획수립과 지휘조언 시 고려할 사항으로는 첫째 대면시기와 시간, 장소 등을 심사숙고하여 최상의 조건을 선택, 지휘관의 관심을 집중하여 추진하고 있는 과제와 연관성 있게 조언한다.

둘째 업무예측과 시행착오 최소화를 위한 첩보를 제공하고 참모부 추진실태를 파악하고, 참모와 유기적인 협조를 통하여 제반자료 첩보획득, 지휘관 의도 숙지,

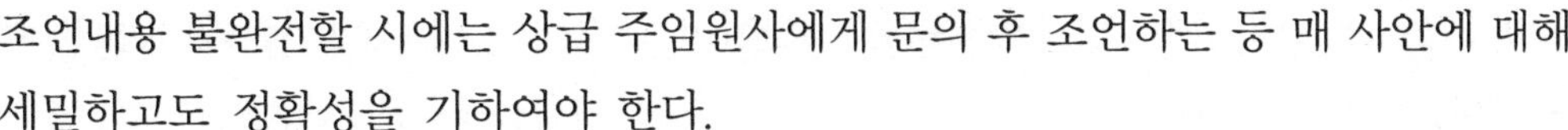

조언내용 불완전할 시에는 상급 주임원사에게 문의 후 조언하는 등 매 사안에 대해 세밀하고도 정확성을 기하여야 한다.

셋째 지휘관의 입장을 고려하여 단독으로 조언하고 항상 지휘관을 부담스럽게 또는 곤란한 입장이 되지 않도록 유의하며, 지휘관이 판단 할 수 있는 여유 있는 조언을 한다

넷째 지휘관이 공식적으로 결심 내리기 전에 가능한 한 진실을 알리도록 최선을 다하고 일단 내린 결심에 대해서는 누구보다 모든 역량과 충성심을 가지고보좌한다.

2) 부사관 인사관리

부사관 보직 판단 및 결정에 대해 참여하고 인사 실무자 보직 건의안 작성시 의견을 제시하고 협조서명을 한다.

부사관 관련 추천 및 심사시 심의 의원으로 참석하고 포상·장기복무 및 복무연장, 단기 부사관 및 모범 부사관 선발, 위탁교육인원 선발, 진급지휘추천 등에 참여한다.

3) 교육훈련

각종 훈련과 교육실태 점검 후 문제점 및 개선 방안을 건의하고 병기본 훈련과 주특기, 필요시 소부대 전투에 대한 부사관 연구강의를 주관한다.

전술훈련시 계획수립 및 협조회의 참석 후 지형 및 기후, 대민관계, 훈련사례, 안전대책, 물자와 장비운용, 통제관 안내와 지휘소 설치, 전투근무지원 시설운용 등에 대한 의견을 제시한다.

4) 군기 및 내무생활 지도

가. 부사관단 주관하 내무검사 시행시 사전 계획을 작성하여 예하대에 하달하고 실시 결과에 대해 신상필벌을 적용한다.

나. 내무생활지도 감독시에는 구타·가혹행위 등 내무부조리 근절, 부대별 내무생활평가, 관심 부사관·병 상담 및 지도, 모범 내무실과 내무생활 우수자 선발과 포상, 군기와 안전사고 예방에 기여한 인원 선발 포상, 제대별 및 계층별 간담회 실시 및 결과를 조언한다.

다. 예하대 부사관에 대하여 근무자세와 품위 유지, 부대근무, 사생활 문란, 부사관 지도 및 지휘조치에 관하여 건의 한다

라. 군기교육대 설치 및 운용계획을 수립하고 군기교육 대상 인원을 선정하여 교육한다.

5) 복지 및 사기

부사관과 병사의 기본권 보장을 위한 활동과 사기진작, 체력향상, 위문행사 계획 및 시행, 훈련시 복지와 사기 상태 확인 후 대책강구, 재활용품 관리 및 판매 등에 대하여 지휘관에게 건의하고 시행한다.

6) 부사관단 활동

각종 위문과 지원활동, 부대환경 개선, 불우전우 돕기, 주기적인 부사관단 회의주관, 부대 전통의 계승 유지 및 발전 업무 수행, 훈련시 부사관단을 운용한 원활한 훈련준비, 전투근무지원 체계를 유지한다.

3. 부사관단 활동추진

부사관 활동에 대한 계획수립시 포함사항은 간담회, 지도방문, 위문과 격려활동, 교육훈련, 사기진작, 각종회의, 기타부대관리와 행사이며 계획이 작성되면 지휘관에게 보고하고 예하부대에 하달한다.

1) 부대관리

가. 병영시설 중 전기, 급수, 난방, 목욕탕, 세면장등은 행정보급관 즉각조치후 보고체계가 정립되도록 하고, 과다 예산 및 즉각 조치 불가시 격별보수비에 반영하고 전문 기술적인 정비와 보수 요구시 상급부대 즉각 건의한다.

나. 시설별, 위치별, 층별 전담관을 임명하여 관리에 대한 책임과 보수소요 발생시 직접 정비 및 보수하고 격별보수 소요를 파악과 기록를 유지한다.

2) 복지시설과 의견수렴

가. 병영생활에 밀접한 핵심시설은 상시 활용 상태를 유지하고 정비소요와 예산 정비기간 지연시 병사를 교육하여 이해시키며 격별보수비 집행시 병영 편의시설 우선 집중 보수한다.

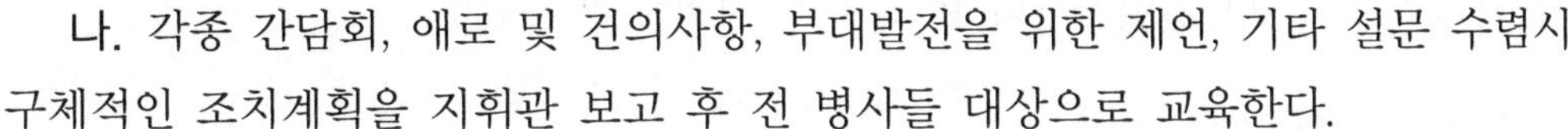

나. 각종 간담회, 애로 및 건의사항, 부대발전을 위한 제언, 기타 설문 수렴시 구체적인 조치계획을 지휘관 보고 후 전 병사들 대상으로 교육한다.

3) 의 · 식 · 주 관리

가. 주요 관심품목에 대한 보급과 보유실태를 일품검사, 일석점호, 내무검사를 통한 보급품 개인소지 실태점검(일, 이병 위주 집중 점검)을 확인하고 보급품 사용상태, 일품검사 이행실태, 보급품 청구 · 수령 · 지급 실태를 지도한다.

방한피복에 대한 보유 및 관리상태를 동 · 하계를 구분하여 확인하고 계절별 취사병 복장착용기준 이행실태를 확인한다.

취사병 동계복장은 취사모, 토시, 앞치마(동계용), 전투복(상 · 하), 장화, 필요시 야전상의를 착용한다. 하계에는 취사모, 토시, 앞치마(하계용), 반소매(상), 얼룩무늬 반바지, 하계 취사화(샌달)를 착용한다.

나. 급양 감독 및 부식검수는 정밀하게, 불시 부식검수 및 동석식사를 유도하고 취사병에 대한 격려와 관심으로 음식의 질을 높이도록 유도한다. 취사병 출타 · 기상 · 취침시간을 통제하여 관심사병에 준하여 관리하고 위생상태와 화재예방대책(누전차단기, 노후배선교체, 튀김솥 관리 등)을 강구한다.

다. 잔반최소화 착안사항으로 정확한 식수인원 판단에 의한 취사와 잔반 발생 메모를 통한 원인분석과 성의 있는 조리를 하도록 유도하고 취사장비 가용상태와 정비실태를 확인한다.

4) 부대역사 자료존안

가. 부대역사의 산증인인 주임원사는 부대사에 관한 내용을 정리한다. 포함할 사항은 연혁(창설, 이동 등), 역대지휘관, 부대마크(상징,변경), 주요활동(주요전투, 작전, 훈련, 대민관계, 부대표창 등), 행사 등이다. 활용은 지휘관부임과 외부인사 부대방문, 간부전입, 전입신병 교육시 소개하고 주둔지 내의 시설물, 수목, 상징물에 대한 자료도 발굴하여 존안한다.

나. 상급부대 및 인접부대 관련사항과 대민 유대강화를 위한 부대초청행사, 주민행사 참여에 관하여 지휘관에게 조언하고 전사적지 답사 및 향토사 등을 숙지하

여 지휘관 부임 및 전입간부와 병 교육시 자료로 활용한다.

5) 의견수렴, 지휘조언

가. 간부들과 일과중에 자연스러운 접촉을 통한 의견수렴 방법을 활용하고 일과 이후에는 독신자 숙소를 방문하여 단결활동과 간담회를 통한 의견수렴을 통하여 불만적인 요인을 제거하여 합리적인 부대운용이 되도록 노력한다.

나. 간부들의 출, 퇴근시간, 전투일일결산 종료시간(소대급), 불필요한 통제와 일과 후 임무부여, 외박 이행 실태 등 개인기본권이 보장 되도록 확인하고 지휘 조언한다.

4. 부사관 인사관리

부사관 인사관리의 책임의식을 가지고 우수 부사관 선발과 보충, 보직조정, 신상필벌 등 부사관 인사관리 전 분야에서 적극적인 의견제시 및 조언을 통해 부사관 복무 활성화에 진력해야 한다.

1) 부사관 보직판단

연간 손실과 보충계획을 월별, 제대별, 병과별, 계급별로 확인하고 부사관 개인 업무수행능력과 진급, 평정 관련사항, 부사관단 의견을 종합하여 보직 조정시 의견을 제시한다. 임기 만료자는 순환보직을 건의하여 시행한다.

2) 부사관 근무, 사생활 지도

가. 부사관 선발시 심의위원의 다양한 분석을 통해 우수자원을 엄선하고 선발후에는 수시면담을 통한 애로사항 수렴과 임무수행 상태 확인을 통한 격려, 저축 장려로 건전한 사생활을 유지하도록 하여야 한다.

나. 독신부사관 숙소를 방문하여 간담회를 통한 애로, 건의사항을 접수하고 무절제한 음주와 불건전한 오락 등은 절제하도록 유도하는 등 개인사생활 지도에 노력해야 한다.

다. 관심부사관 지도시에는 수시 접촉과 면담을 통한 지도와 교육, 정확한 분석

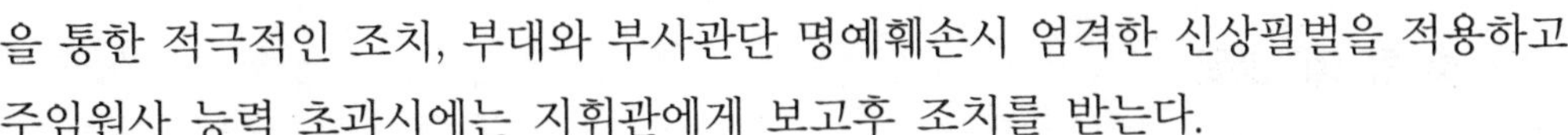

을 통한 적극적인 조치, 부대와 부사관단 명예훼손시 엄격한 신상필벌을 적용하고 주임원사 능력 초과시에는 지휘관에게 보고후 조치를 받는다.

5. 교육훈련

병 개인훈련을 통해서 조건 반사적인 개인전투 기술을 숙달시키고, 충·효·예 교육과 각종 정신교육 강화로 무형 전투력을 향상시켜 적과 싸우면 반드시 승리하는 정예전투 요원으로 육성한다.

1) 교관 연구강의 주관

대대 주임원사는 대대 전간부를 대상으로, 여단 및 연대 주임원사는 직할대 부사관을 대상으로 반기 1회 연구강의를 주관한다.

과제별(정보, 기동, 화력, 생존) 연구강의 일정을 판단하여 개인별 사전통보하고 평가 2일전 구체적인 평가 계획을 포함하여 연구강의를 하도록 한다. 채점표에 의한 연구강의를 통하여 합격자는 교관임무부여와 자격증수여, 우수교관은 선발하여 포상하고 불합격자는 합격시까지 매월 시행한다.

2) 교육훈련 현장지도

가. 주간훈련 예정표에 반영된 과제 교육, 계획된 교육인원 참석, 건제단위 조편성에 의한 순환식 교육, 훈련과제에 적합한 훈련장 설치 등을 현장에서 확인한다.

나. 훈련장에 관련된 정비 소요와 안전제한요소, 구조물 파손과 마모, 각종 페인트 도색, 교리수정으로 인한 훈련장의 적합성 등을 수시 확인한다. 훈련장 관리 책임부대를 명확히 하고 정비 또는 보수 소요 발생시 교육과 소요자재는 우선 지원하며 훈련장 요도를 작성하여 주임원사실에 비치한다.

다. 주임원사실 병 기본훈련 현황유지

육군지침과 각 부대별 지침을 바탕으로 각 과제별, 제대별 정·부 교관 편성과 능력, 연구강의 결과와 평가결과, 훈련장 요도, 수량, 기타 보완 및 발전시킨 사항에 대한 현황을 유지하여 지휘관, 상급부대 주임원사 방문시 관련내용을 보고하고 수시 확인과 점검으로 정확한 현황을 유지한다.

3) 충·효·예 교육

부대교육 계획에 반영하여 정과교육에는 지휘관시간을 이용하여 주 1시간 이상 교육하고 집중정신교육시에는 반기 1회, 8시간을 반영하여 체험과 실습위주로 교육한다. 생활화 교육은 병영생활 전반에 걸쳐 융통성 있게 교육한다.

6. 군기와 내무생활지도

1) 부사관단 주관 내무검사

월 1회 시행, 실시 시기는 지휘관 승인후 월간예정사항에 반영하고 세부계획을 작성하여 하달한다. 시행제대는 대대 주임원사는 중대, 연대 주임원사는 직할중대, 사·여단 주임원사는 직할부대를 대상으로 한다.

2) 내무부조리 근절

가. 구타, 가혹행위 우려자는 전입신병 면담시부터 보호 및 관심 병사로 분류하여 지속적인 면담과 교육을 실시한다. 구타, 가혹행위자 발견시는 규정에 의한 신상필벌로 조치한다.

나. 분대건제를 무시한 비공식적인 사조직 운용여부와 병영생활 행동강령 지침 미준수, 미보고 음주 행위 근절을 위해 노력한다.

다. 소초, 격오지 등 취약지역에 대한 취약시간 위주로 순찰하고 필요시 동숙하며 순찰간 환자파악, 애로 및 건의사항 청취, 설문수렴 등을 확인하여 관련 참모부서(군종, 헌병, 법무)에서 조치될 수 있도록 한다.

라. 관심병사는 구타, 가혹행위 우려자, 자살, 탈영 우려자, 결손가정, 정상적 교육미필, 유흥업소 종사, 이성관계 고민, 고질적 질병, 언어장애 및 내성적인 병사 등으로 구분할 수 있다. 지도하는 요령으로는 정기 및 수시 접촉을 통한 면담과 간접면담(군종장교, 군의관, 동기, 부모, 애인)을 통하여 확인할 수 있고 개인수첩과 수양록을 통해서는 확인할 수 있다. 또한 병영생활지도 상담관을 통하여 조언를 구하여 조치할 수 있다.

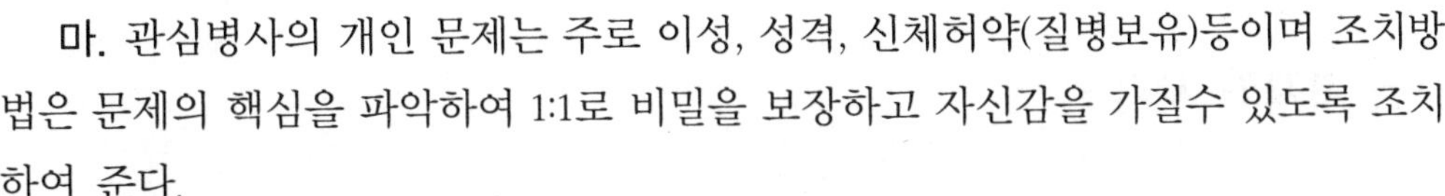

마. 관심병사의 개인 문제는 주로 이성, 성격, 신체허약(질병보유)등이며 조치방법은 문제의 핵심을 파악하여 1:1로 비밀을 보장하고 자신감을 가질수 있도록 조치하여 준다.

부대문제는 소외, 복무 부적응, 구타 및 가혹행위, 내무부조리 등이 있으며 조치사항으로 부대의 구조적 문제점을 파악하고 자신감을 갖도록 하여야 한다.

가정문제는 가정빈곤, 부모불화, 형제갈등, 편모(계모), 편부(계부) 등이 있으며 조치사항으로 수시 접촉하여 면담과 교육, 부모, 형제와 수시 연락여건을 조성하여 주고 자신감을 갖도록 하여야 한다.

3) 관심부사관 상담과 지도

관심 부사관으로 분류하는 기준은 부채관련자, 상습적인 음주추태 및 음주 운전자, 사생활문란자(여자, 도박 등), 부대근무 태만 및 임무수행능력 결여자, 복무부적응자 등이다.

조치사항으로는 문제해결을 위해 1:1식 수시면담과 간접면담을 실시하고 부채와 관련하여서는 금전관련 보직은 조정하고 봉급명세서, 유흥업소 외상값 등을 확인하여 부채가 더 이상 커지지 않도록 교육한다.

일과이후에 불건전한 오락과 음주를 통제하고 주·야간전문대학과, 사이버대학 취학을 권장하며 각종 자격증 취득과 건전한 취미활동을 하도록 독려한다. 그러나 근본적인 문제가 해결되지 않아 개인과 부대의 명예에 손상을 주는 행동이 지속된다면 징계를 건의하고 현역복무 부적합 처리를 건의한다.

4) 부사관 근무요령 교육

부사관 역할과 책임의 이행실태를 확인하고, 관심 및 초임부사관 부대조기적응을 유도하며 일직근무 실태를 지도한다. 또한 부사관단 자정활동을 활성화 하여 부사관 으로서의 근무자세와 품위유지 등에 대한 선도를 하여야 한다. 상향식 결산 활성화를 위해 중대 행정보급관 통제하 일일 결산시, 대대는 주임원사 주관하 주 1회, 연대는 주임원사 주관하 2주 1회, 사단은 주임원사 주관하 월 1회 결산하여 주요사례 종합 보고와 애로 및 건의사항을 조치한다.

7. 복지와 사기

1) 기본권 보장

가. 부사관, 병의 기본권 보장을 위해 부사관은 휴가 및 정기외박, 출,퇴근 시간 준수, 근무후 휴식보장, 일과이후 자유시간 보장, 휴무일 보장 실태를 확인하고 병은 각종 휴가와 성과제 외출, 외박, 경계근무편성, 일과이후 자유시간, 종교활동 여건, 각종 장비와 보급품 지급실태 등을 확인하고 조치한다.

나. 의사소통을 통한 의견수렴과 현장지도, 기타 다양한 방법을 통하여 확인하고 요구사항을 분석하여 담당관들의 업무향상 노력을 독려하고 불평불만 간부와 병사들은 조치하여 부대 단결을 유도한다.

다. 초급간부 관리시 유의할 사항으로는 주기적으로 저축실태를 확인하고 분수에 맞는 생활, 건전한 이성관계, 음주습관, 교우관계 등을 확인하여 건전한 취미를 유도하고 자신이 부대에서 중요한 존재로 인정받을 수 있도록 기회를 부여하여 준다.

2) 사기진작

가. 삶은 질 향상을 위해 독신자 숙소 목욕시설, 세면장 난방시설 가동, 문화생활 여건 등을 개선하고 각종 자격증 취득 여건과 대학 편입 등 학업여건을 보장하여 주어야 한다. 일과이후에는 미혼간부 식사여건과 다양한 취미활동을 할 수 있는 공간을 마련하여 주어야 한다.

나. 부사관단의 단결을 위해 체육대회, 성과분석회의, 단결회식 등을 활성화하고 부사관 단비를 자녀 장학금, 불우 부사관 지원, 각종 경연대회 격려 등 투명하게 집행하여 사기를 진작시켜야 한다.

다. 연간 부사관 활동계획에 불우전우, 소년 · 소녀가장, 참전용사, 사회복지시설, 입원환자 돕기 등을 반영하여 시행한다.

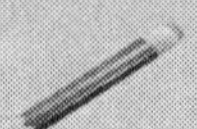

8. 의식행사

1) 부대의식

가. 각관의 임무에 명시된 임무수행 상태를 확인하고 행사장의 환경과 현수막, 앰프 등 장비가동실태를 점검한다. 내빈 영접과 안내를 위해 사열대 좌석배열과 명찰확인, 도로안내와 안내병 배치, 도착시 영접과 대기실 준비 등을 점검한다.

나. 부사관 사기진작 행사 중 근속 30주년 기념휘장 수여식, 전역행사 등은 부대내규에 반영하고 이등병의 날, 운전병의 날, 입대동기 만남의 날 행사를 적극 시행한다.

2) 전입 및 전출행사

가. 부사관, 병 전입시는 부대 조기적응 유도를 위해 부사관은 지역특성을 포함한 부대소개, 지휘관 지휘의도 및 강조사항, 부사관단 편성과 활동사항, 간부소개, 기타 부대소개를 하고 병은 부대소개 및 면담과 교육을 실시하고 건강상태와 애로 및 건의사항을 수렴하여 조치하여 주고 부대 조기적응을 위한 지도를 한다.

나. 전역시에는 부대에 대한 애대심과 군을 신뢰할 수 있도록 따뜻한 환송을 위해 부사관은 부대별 내규에 위한 행사계획, 기념사진촬영, 서류, 금전, 이사관계 정리, 간부인사 및 환송을 하여 주고 병은 면담 후 격려 다과회 또는 동석식사를 하면서 전역소감과 건의사항을 접수하고 환송하도록 하여야 한다.

제 3 장

지휘관(자) 부사관

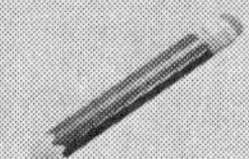

제 3 장

지휘관(자) 부사관

제1절 신병교육대 중대장, 구대장

1. 개요

중대를 지휘통솔하고 교육훈련과 전투준비, 중대원 군기확립, 단결도모, 사기유지, 부하신상파악, 애로사항 조치 및 건의, 병영생활지도 및 감독, 장비 및 물자사용 가능 상태를 유지한다. 중대장은 매사에 솔선수범하며 상관 및 부하의 입장에서 생각하고 반드시 적의 입장에서 생각하고 연구하는 실전적인 교육훈련을 실시한다. 법규를 준수하고 부대를 합리적이고 치밀하게 관리한다.

2. 역할과 책임

1) 중대장

중대장은 교육대장의 지휘아래 중대 훈육요원에게 임무를 부여 임무수행 간 통제, 교육, 지도, 감독하며 후보생의 훈육을 계획하고 실시간 문제점과 발전, 보안시킬 사항을 염출하고 분석하여 임관 후 야전에서 즉각 임무수행이 가능한 초급 부사관을 양성할 수 있도록 훈육에 중점을 두며 후보생간의 내무생활 간 불편함이 없도록 시설물 점검과 보수, 내무생활을 지도하며 훈육요원의 훈육행위에 대한 통제, 의사소통 활성화, 훈육요원과 후보생의 사기, 복지, 단결, 사고예방, 신상파악 등 병영생활 전반에 대한 사항을 지휘 통솔한다.

중대장은 중대 모든 재산(시설, 장비, 보급물자)등을 관리하고 교육훈련을 준비하고 실시하며 주간훈육계획을 작성하여 실시하고 결과를 분석하여 훈육에 반영한다.

중대장은 부대환경유지와 개선, 군기유지 및 안전활동과 부대원의 복지향상 도모, 지휘관의 규정과 방침을 명찰하고 훈육요원, 후보생의 인사상의 문제를 교육대에 건의한다.

3. 훈육 및 행정

1) 가입교전 확인사항

ㅇ보급품 정비 : 침구류세탁, 폐·정비품 교체 ㅇ 교재 및 교육소모품 수령과 분배
ㅇ부대환경정리 ㅇ 훈육요원 연구강의 계획수립과 보고
ㅇ훈련소 및 야전부대 입교병력 확인 –훈육요원 과목 연구강의 점검
ㅇ입교 준비 사열 ㅇ 교육과 훈육 성과분석 보고 준비
ㅇ입교현황, 명령지 확인 : 구대편성ㅇ훈육, 행정서류 인쇄 건의 : 양식 토의
ㅇ편의시설 점검 및 수용준비ㅇ입소대 방문협조(인성, 지능검사 결과)
ㅇ가입교 계획수립과 토의 ㅇ주기표, 계급장 확인
ㅇ수송차량, 병기 수령, 강의실 건의ㅇ기본반 육군훈련소 생활지도기록부 협조

2) 가입교시 확인사항

ㅇ입교병력 확인, 수송, 보급품 점검 ㅇ 부사관단 환영행사 장소 확인
ㅇ교번부여, 총원명부 작성ㅇ 온수목욕협조
ㅇ보관금 회수, 교육대 반납 ㅇ 소양평가 장소 확인
ㅇ병기수령 확인 감독 ㅇ 입교자원 분석 보고 준비
ㅇ임관 불희망자 교육대 보고ㅇ예비역 입교자 학교장 간담회 준비
ㅇ후보생 활동복, 활동모 수령 ㅇ입교식 지휘자 선발,예행연습
ㅇ선배기수 간담회 확인 ㅇ평가실 총원명부 작성, 보고
ㅇ기타 임무수행

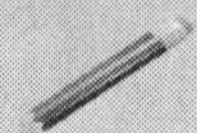

3) 입교후 확인사항[2)]

가. 입교

- ㅇ입교식행사 참석
- ㅇ총기탁본 확인, 교육대 제출
- ㅇ임관 불희망 인원 명령확인
  - – 보관금, 봉급, 보관물품 불출
- ㅇ총원명부 발송 : 학처, 교육대
- ㅇ예비역 입영통지서 종합, 제출 : 교육대
- ㅇ퇴교자 교육소모품, 피복 반납
- ㅇ일일, 주차 훈육계획작성, 시행
- ㅇ주간훈육 성과분석후 교육대 보고
- ㅇ관심, 보호교육생 관리방안 마련

나. 생활관

- ㅇ자질부족자
- ㅇ총기탁본 확인, 교육대 제출
- ㅇ임관 불희망 인원 명령확인
- ㅇ예비역 입영통지서 종합, 제출 : 교육대
- ㅇ퇴교자 교육소모품, 피복 반납
- ㅇ일일, 주차 훈육계획작성, 시행

다. 훈련

- ㅇ상호평가실시
- ㅇ유격복귀행군 통제
- ㅇ유격장 병력수송
- ㅇ일일, 주차훈육계획 작성
- ㅇ주간 교육, 훈육성과분석 준비

라. 훈련, 훈육

- ㅇ임관서류 회수 및 종합
- ㅇ훈육평가 중간성적확인
- ㅇ자질부족자 2차심의결과 보고
- ㅇ일일, 주차훈육계획 작성
- ㅇ주간 교육, 훈육성과분석 준비

마. 훈련종료, 임관준비

- ㅇ단결활동 계획수립, 보고
- ㅇ자력철, 자력표 확인
- ㅇ일일 주차훈육계획작성, 시행
- ㅇ주간교육, 훈육성과분석 준비
- ㅇ총기반납 확인, 감독
- ㅇ보급품 정비계획 수립
- ㅇ의류대 택배확인
- ㅇ관찰기록표, 생활기록부 작성 상태확인
- ㅇ교육수료서류 수령, 지급
- ㅇ복장정비, 점검
- ㅇ훈육평가 최종성적 상신
- ㅇ교육생 성적 확인, 상장준비
- ㅇ각종교범 회수
- ㅇ공한기 부대운용계획 수립, 보고

2) 2011년 입교자부터 육군훈련소 5주, 부사관학교 12주 교육후 임관한다.

4) 일일 업무 수행사항

가. 일과전

부대출근과 동시에 담당구역 순찰을 통한 환경정리 상태를 확인하고 중대 동숙근무자, 교육대 당직사령을 통한 야간 유동병력 및 특이사항을 확인 후 부대일지 기록상태를 확인하고 결재한다. 확인사항은 상급부대 순찰자, 지시사항 조치여부, 각종 서류 작성상태 등이다.

금일 실시되는 교육훈련, 후보생 복장, 장소별 위험예지 훈련을 실시하고 일일 훈육착안사항으로 주간 훈육계획과 일치여부, 교관 교육내용 숙지, 훈육과제와 교육장소의 적합성, 교안 및 관련근거 준비여부를 확인한다.

나. 일과시간

교육대 상황회의 참석 후 중대 훈육요원의 업무를 지시, 감독하고 근무명령서 작성상태(36시간전 후보생 통보여부)를 확인한다. 편의시설물인 화장실, 세면장조명, 환기상태, 전기, 급수 등 내무실, 목욕탕, 체력단련장 등에 대한 소독과 청결을 유지한다.

지휘관 지시, 강조사항 실행상태와 교육훈련 현장지도를 통한 안전사고 예방활동, 각종 상급부대 보고사항 확인, 행정서류 기록상태 감독, 일품검사 확인과 기타 부여된 임무를 수행한다.

다. 일과후

지시사항 이행여부를 최종확인하고 생활보안 점검, 규정과 원칙준수, 분대건제단위유지, 임무분담제 이행상태 확인, 각종 내무부조리 척결활동을 한다. 각종 보급품, 화기손질 및 정비상태, 일일 훈육성과분석, 부사관 활동결과 작성, 기타 동숙근무자에게 전달 및 지시사항을 하달한다.

5) 주간 업무수행 사항

가. 차주 훈육계획과 주간 훈육성과 분석을 작성하여 보고하고 내무검사를 통한 부대 환경상태 개선과 보존, 비품 관리상태를 확인한다. 차주 작업계획과 수립과 책임할당을 위해 3주전 계획을 수립하고 부득이할 경우 1주일전 작업계획을 수립 후 주간교육훈련 및 부대운용에 차질이 없도록 해야 한다.

나. 교육생 복장, 두발상태를 점검하고 활동사항을 종합하여 개인별 파악후 조치결과를 보고한다. 병원관리 분야에서는 교육생 상호 불건전행위를 척결하고 관심 및 보호교육생을 관리하며 사생활 문란자는 건전한 생활을 하도록 유도한다. 피복과 침구류는 일광소독을 하며 식기, 쓰레기분리수거장, 배수로 등 취약지역 주1회 이상을 소독한다. 계절성 질병과 전염병예방인 눈병, 말라리아, 유행성출혈열, 온열손상, 동상 예방에 관심을 가지고 조치한다.

다. 시설관리 중 막사내부 보온대책과 급수, 목욕시설은 문제가 없는지 확인하고 주기적으로 시설 보수사항을 건의하여야 한다. 기타 내무실, 창고 막사내의 편의, 복지시설 등에 화재취약요인은 없는지, 규정된 총기와 탄약, 수불절차와 열쇠관리는 규정에 의거 준수하고 있는지 확인한다.

6) 월간 업무수행 사항

매월 마지막 주 근무일에 전투지원 태세확인의 날 행사시 장비지휘 검사 및 선정품목에 대한 재물조사와 안전점검의 날 행사를 병행한다. 소화기, 소화전을 점검하고 점검표에 기록하며 부대운영비 사용결과 보고하고 부대일지를 교체한다. 병력결산과 군기강 쇄신 추진평가회의 시행 후 부대일지에 기록하고 위생구를 수령하여 지급한다.

7) 분기 업무수행 사항

분기별 일품검사 계획을 행정보급관에게 확인하고 분기계획은 주간단위로 검토, 수정하여 주간 교육훈련 예정표에 반영한다. 부대 정밀진단을 실시하고 결과를 보고하며 각종 행정서류철을 확인하고 격별보수비 사용계획을 수립하고 집행한 결과를 보고한다.

8) 반기 업무수행 사항

구대장 연구강의 계획수립, 부대단결활동 계획 수립 및 보고, 월하 · 월동 준비계획 수립보고, 동계 · 하절기 사고예방 교육, 제초작업 · 제설작업 통제, 침구류 세탁계획 수립하고 실시한다.

9) 연간 업무수행 사항

체육활동비 사용계획 수립 및 집행결과, "설"과 "추석" 연휴 간 부대운영 계획을 교육대에 보고하고 각종 검열 및 지도 방문과 재해 재난대비를 준비한다. 재산대장 이기작업을 확인한다.

10) 기타 업무수행 사항

가. 입교준비사열시 교안을 비롯한 교육보조재료 준비, 훈련복, 침구류, 장구류 정비와 세탁을 실시하고 기별 교육과 훈육에 대한 성과분석을 하여 차기에 적용하는 방안을 마련한다.

나. 교육대장 통제 하 입교식을 준비하고 교육생 총기 수령과 탁본을 종합하여 교육대에 보고하고 기타 지시된 업무를 수행한다.

4. 전투장비와 금전관리

1) 장비의 질적평가는 완전임무수행이 가능한 "A", 임무수행이 제한되는 "B", 요정비는 "C" 폐품 및 도태장비는 "D" 로 구분한다.

정비의 1, 2단계는 부대정비, 3, 4단계는 야전정비, 5단계는 창정비를 실시하고 장비정비의 직접책임은 개인과 분대장, 반장, 소대장, 담당관이며 책임사항은 지급장비의 취급, 예방정비, 보급장비에 대한 관리감독이다. 장비의 검열은 지휘, 기술, 불시 검열로 구분된다.

2) 보관금 회수의 목적은 금전 도난을 예방하고 절제된 생활습관, 후보생 상호간 금전거래로 인한 갈등제거, 상호간 금전거출, 모금행위 통제를 위해 실시한다. 입교시 소지한 현금은 입교당일 해당 구대장이 직접 회수하여 중대장 또는 행정보급관이 확인 후 교육대장과 연대장 결재 후 경리실에 입금한다. 후보생은 내규에 규정된 금액을 제외하고는 훈육요원에게 제출해야하고 면회 후 추가 보관금 발생시에도 동일하게 제출한다. 외상거래를 일체 금지하고 품위유지 및 부채방지를 위해 신용카드는 사용을 금지하며 금전거출은 사전 연대장의 승인을 얻어야 한다.

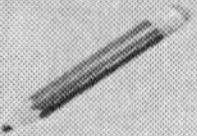

5. 교육훈련

1) 영내 교육간 확인사항

학과출장 후 내무실 정리정돈과 담당구역 청소를 확인하고 환자현황을 종합하며 오물수거용 마대를 불출한다. 하절기 후보생 런닝용 명찰을 준비하고 교범과 교재 수령하여 불출하고 자율학습여건 조성과 올바른 언행, 시설물 사용요령에 대해 교육한다.

2) 야외 교육간 확인사항

개인장구류와 보급품 질적상태를 확인하고 식사 추진시 온수를 준비하며 집중호우와 강설시에는 전투복 교체와 방한대책을 강구한다. 혹서기에는 식염과 백반을 준비하고 야간교육 복귀 후에는 온수목욕을 할 수 있도록 한다. 교탄과 활성 교보재를 수령하여 교관에게 인계하고 대민피해 근절에 대한 관심과 보급품 분실에 예방에 대한 교육을 실시한다.

3) 유격훈련

훈련 차량을 신청하고 치장물자와 식사추진시 교통법규를 준수하며 인원과 화물은 혼합적재를 금지한다. 주기표 제작과 총기 피탈끈을 불출하고 구급약을 사전준비하며 훈련물자와 식사추진, 전투화 뒷굽 등 각종 보급품을 정비한다.

6. 부대관리 확인 준비사항

준비사항	임 무
교육생 관리, 신상파악	관심후보생, 자질부족자 면담, 부대소개와 정신교육, 부모님 안부 전화 여건보장, 퇴교심의준비
내무생활	내무실 비품조치, 내무생활 임무분담제 편성, 내무부조리 척결, 담당구역 청소상태 확인
행정병 관리	면담철 작성과 관리, 보관금 통장 관리, 외출, 외박, 휴가시 정신 교육, 업무조정과 통제, 애로사항 파악과 조치

외출, 외박, 면회통제		안내병 배치, 주차장, 식당사전협조, 면회 미실시자 별도 격려, 면회통제, 구대장 임무수행 상태확인
총기관리		훈련전·후 총기수불 상태 확인, 총기 수불대장 기록유지, 사고자 총기관리, 야간 열쇠 인수인계 철저, 내무실 병기함 열쇠 통합관리, 이중 잠금장치와 총기피탈방지 교육, 사격전 총기 작동상태 점검, 손질도구 확보후 불출, 총기 일일 결산 실시, 화재시 신속히 이동 할 수 있도록 제작
탄약관리		교탄수령시 실셈확인, 교장추진과 교관에게 인수인계, 고폭탄, 축사탄수령시 혼합 적재 금지, 불발탄지역 표시, 교탄, 활성교보재 회수, 은닉탄습득시 반납
교통사고		차량 선탑자 안전사항 준수(훈련장 위치, 이동도로, 차량상태, 사고다발지역 서행, 운전병 감독, 혼합적재 금지), 간부자가차량 보험가입여부 확인
화재사고 (시설)		방화대 편성표비치, 누전차단기 작동상태 점검(월1회), 비인가 전열기구 사용여부 확인, 소화기, 소화전점검, 창고후레쉬 비치, 인화물질 제거
화재사고 (산불)		훈련장 흡연행위금지, 인접소방관서 연락처확인, 신호탄, 예광탄 수령시 안전교육
재해사고		악천후 기상시 교육지원 소요확인, 혹서기(냉수,얼음,수건조치, 내무실 온도 강하 대책), 혹한시(방한피복, 내무실 열관리, 보온대책강구)
시 설		각종 편의시설 일일점검, 격별보수비 운용집행결과 근거유지 (부대 일지, 건물이력 카드, 보수실적 등)
장비, 보급품관리		일품검사 계획수립과 시행, 개인화기 수리부속 확인,각종 장비수령 및 반납시 정비 상태점검, 전투지원 태세확인의 날 행사 시행
보안		기간병 정신보안교육(후보생 면회시 군사보호구역 출입통제), 전산보안대책강구
대민		식사추진, 교탄추진시 도로주변 경작지훼손 주의
경리		후보생 보관금 회수 및 입금, 부대운영비 등 기타예산수령 집행,예산항목전용금지
기타	춘계	식사, 교탄 추진간 운전병 졸음방지 대책
	하계	급양감독시 부식, 조리상태확인, 제초작업시 보안경,정강이 아대착용 행정병출타시 익사예방교육, 낙뢰시 전원코드 제거, 무선사용제한
	추계	뱀 잡는 행위금지, 벌집제거시 안전통제
	동계	방한피복 확보,동상환자 조치, 저체온증 증상 발생시 응급처치

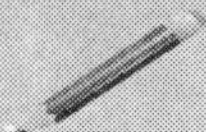

7. 지휘권교대 및 합동근무

1) 업무인수시 확인사항

가. 작계관련사항

① 중대장 업무편람인수 ② 전투세부시행규칙 인수를 통한 전투수행방법 확인 ③ 전임중대장의 작계시행훈련결과 ④ 작계관련 각종 제원 확인 ⑤ 전임자와 중대진지 현지 전술보행(기동, 화력계획, 전투시설물 인수) ⑥ B/L탄 및 장벽자재 저장위치 및 현황 확인 ⑦ 음어, 통신확인표 등 비문과 군사지도 인수 등 확인

나. 전투장비, 물자, 시설물

① 편제화기 보유현황 및 가동상태(사격부수기재 및 수리부속품 포함) ② 특수장비(야시장비, 쌍안경, 나침의 등) 성능 발휘 및 망실여부 ③ 화생방 장비 및 물자현황과 보관상태 ④ 통신장비 인수와 입고장비 현황 ⑤ 중대관리 시설물현황(내무실, 화장실, 세면장, 창고, 기타 편의 복지시설)등 확인

다. 교육훈련 관련사항

① 훈련장 및 교보재현황과 관리상태 ② 중대교육훈련 수준, 교육훈련 관련 각종 행정철, 부대훈련 지시 숙지

라. 인사 관련사항

① 소대별, 중대본부 병 생활지도 기록부 기록상태 ② 보호관심 병사 현황 및 관리 ③ 인사업무 관련 통계자료(사고현황, 환자, 파견자, 유단자 등) ④ 지역 주민과의 유대관계를(대민지원 실태) 강화 한다

마. 기타

① 상·하 인접부대 관련자 방문인사 ② 전임자의 지휘성공, 실패담 경청 ③ 전임자 근무 간 각종 특징적 일화와 부대전통 계승

2) 합동근무요령

가. 1일차

① 대대장 신고(인사) ② 대대일반현황 및 작전계획 설명(작전) ③ 대대장 지휘중점교육

나. 2일차

① 작전지역 합동지형정찰 및 작계숙지(중·소대 전투세부시행규칙) ② 교육훈련 수준 및 취약분야 확인 ③ 교장 현지정찰 ④ 교안과 교보재 확인(업무일지, 성과분석철, 전투세부시행규칙)

다. 3일차

① 일일, 주간 월간의 중대장 확인점검사항(임무수행철) ② 보급품 및 장비현황(중대 재산대장) ③ 내무생활 및 관심병사 관리 ④ 병 생활지도 기록부 확인

라. 4일차

① 주둔지 경계 및 일직근무 요령 ② 중대의 취약점, 당면과제 ③ 이·취임식

마. 합동근무 간 중점파악사항

① 상급지휘관 지휘중점, 강조사항, 성격 및 지휘특성 ② 중대의 강·약점(관심훈련병, 사기, 훈련 수준 등) ③ 작전지역 지형 답보(중대진지, 작전계획) ④ 상급 및 인접부대 위치확인 ⑤ 부대내규, 작전예규, 교육훈련 규정 숙지

바. 인수인계 사항

① 업무수행에 필요한 정보와 자료 획득 ② 명시된 항목에 대한 사항을 세부적 확인 ③ 중대장 업무 수행철, 각종 훈련계획 분석 바인더 ④ 부하 신상관리(병 생활지도 기록부) ⑤ 훈련복안서 철, 실습계획표 철, 기타 참고서류철(부대일지, 각종 공문 철) ⑥ 5분 전투대기 상황판, 교육상황판, 메모식 교안(정신교육, 병 기본, 주특기교육), 교육훈련 관리철 ⑦ 진지와 장비, 건물 이력카드 등 각종 문서 인수

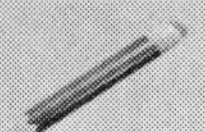

제2절 분대장, 반장

1. 개 요

분대, 반을 지휘통솔하고 분대건제를 유지하며 분대원의 군기확립과 단결을 유지한다. 내무생활지도, 분대원 신상파악, 애로사항을 조치하고 분대원 교육훈련 지도와 분대 전투준비태세, 장비 및 물자사용 가능상태를 유지한다. 분대장은 솔선수범하고 분대원보다 체력과 정신력이 강해야 하며 전투지휘와 분대원 교육훈련 지도 능력을 갖추어야 한다. 또한 분대원의 애로사항을 찾아서 해결해 주는 분대(반)장이 되어야 한다.

2. 분대장의 책임과 권한

1) 분대장의 책임

가. 분대 대표, 상향식 일일결산, 애로사항 파악, 보고, 조치
나. 전입신병 신상파악, 및 보호자 역할
다. 보호 / 관심병사 면담 및 관찰
라. 출타자 군기교육 및 내무부조리 색출
마. 교육훈련 지도 및 보급품 / 장비 관리

2) 분대장의 권한

구 분	휴가/외출/ 외박	포 상	징 계	진 급
내 용	건 의	추 천	회부건의	모범병사 추천, 억제자 건의, 중대 심사위원

구 분	상·벌점	신상파악	평가 및 점검
내 용	건 의	면담, 건의	내무생활, 교육훈련, 보급품 관리(점검)

※ 결정권은 없으나 건의·추천권이 있음

3) 분대대표, 상향식 일일결산, 애로사항 파악, 보고 / 조치

가. 전입신병 신상파악 및 보호자 역할

나. 보호관심병사 면담 및 관찰

다. 출타자 군기 교육, 병영부조리

라. 교육훈련 지도

마. 보급품 및 장비 관리

4) 분대장 일일결산시 필히 확인 점검할 사항

첫째 : 나와 분대원들은 오늘 누구를 때리거나 맞은 적이 있는가?
둘째 : 나와 분대원들은 오늘 올바르지 못한 언어를 사용하거나, 다른 사람으로부터 폭언, 욕설을 들은 적이 있는가?
셋째 : 나와 분대원들은 오늘 성군기 위반행위를 했거나, 성관련 피해를 당한 적이 있는가?
넷째 : 나와 분대원들이 오늘 인접 전우의 자살, 각종사고 유발 징후를 관찰했거나 발견한 적이 있는가?
다섯째 : 우리 분대원들은 각 개인의 기타 애로사항은 무엇인가?

5) 분대장 관찰일지 작성 활용

가. 관찰일지 작성이 부담이 되지 않도록 일일결산시 필히 확인해야 할 사항 위주로 작성

나. 관찰일지는 검열대비 전시용보다는 실질적인 사고예방이 될 수 있도록 핵심요소를 놓치지 않는 것이 중요

6) 분대관리 책임자 의무 강화

가. 분대장은 분대원에게 일어난 모든 구타 및 가혹행위, 폭언·욕설, 인격모독, 성범죄 및 군기 위반 사고, 자살, 총기관련 악성사고 등 각종사고에 대한 예방책임이 있음

나. 분대장은 일일결산시 필히 확인해야 할 5가지 사항에 대해 사전인지시 실

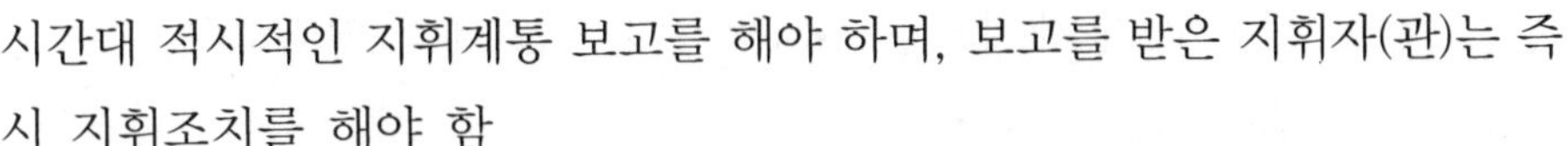

시간대 적시적인 지휘계통 보고를 해야 하며, 보고를 받은 지휘자(관)는 즉시 지휘조치를 해야 함

※ 사전 인지후 미보고, 은폐, 왜곡시 해당 분대장 처벌

7) 24시간 분대 건제유지 세부활동(예)

가. 일조점호 및 각종 집합시

① 분대단위 직책순으로 건제유지 병력 집결

② 분대장은 필히 부대 가장 선두에 정렬(열중에 서는 행위 금지)

③ 분대원이 1명일 때도 타 분대와 통합하여 정렬 금지

④ 중·소대 인원파악 시 분대장이 인원파악 및 보고하고, 분대장이 부재중 일 때는 부분대장이 보고

⑤ 일조점호 종료 후 일직사관 인솔 하 건제단위 이동 및 구보실시

나. 병영생활 및 근무편성시

① 분대장부터 부분대장까지 건제순으로 관물대 편성

② 타 생활관, 타 분대 관물대 사용 및 취침금지

③ 근무편성시 복초근무자는 반드시 동일 분대원으로 편성

※ 근무편성후 잔여인원 발생시 타 분대원과 혼함 편성금지

④ 분대단위 행동으로 음성적 비공식 조직 일소

⑤ 타분대장 및 선임병에 의해 자행되는 구타 및 가혹행위 발견 즉시 상급 지휘자(관)에게 보고

⑥ 선임 분대장 제도는 폐지하고 분대장을 활용, 윤번제로 근무

다. 식사집합 및 식사 시

① 식당 이동시에는 분대건제를 유지한 가운데 당직사관(분대장)인솔하에 이동

② 분대별로 식탁을 지정하고 분대장 통제하 직책순으로 입장 및 복귀

③ 분대원이 전원 집합하여 함께 식사하고 타 분대와 식탁 혼합 사용금지

※ 식당 공간 부족시 분대단위롤 시간제 교대식사

④ 경계근무 및 기타 부여된 개별임무로 분대원이 함께 식사를 못할 경우 보온밥통에 별도의 식사준비

⑤ 이등병부터 분대장순으로 식사를 배식하고 식사가 끝난 후 분대원 전체가

함께 이동 식기 세척기는 후임병 부터 식기세척 여건보장

라. 부대교육 훈련 및 작업 시

① 분대 건제단위 교육 집합, 교장인솔, 훈련, 정비실시

② 전투편성표에 의한 직책수행 훈련 실시

③ 분대원 장악 및 위험 예지교육 실시

③ 교육 및 작업을 해야 하는 근본취지 목적교육

마. 분대 신병 전입 시

① 중대장 신고시 소대장과 같이 배석하고 분대 배치시 분대장이 직접 의류대를 운반

② 전입신병 해당 분대장만이 실시

③ 분대 도착시 전 분대원에게 소개 및 환영

④ 분대장 주관하에 관물대에 개인명찰 부착 및 관물대 정리

⑤ 보급품 확인후 부족물자 보충(교체) 건의

바. 기타 활동시

① 분대장은 자기 분대원의 위치를 항시 파악 유지

점호행사시, 식사집합시, 인원파악시, 일과중, 자유시간, 체육 활동시, 담당구역 청소시, 작업시, 교육훈련시, 부대이동시, 정훈활동시, 기타 활동시

② 분대장은 분대원이 개별 활동을 할 경우, 복귀 예정시간 내 미도착시 위치확인 하고 필요한 조치를 해야함

③ 청소 담당구역 임무부여 시 분대단위 실명제 실시

④ 운동경기 시 분대별 건제유지 하에 팀 편성 운동

⑤ 분대장은 분대원 진급 시 관물대와 병 기대 명찰을 직접부착 및 격려

3. 분대원 관리요령

1) 분대원 신상파악

○ 중 점
- ■ 성장환경 : 가정환경, 학교생활, 종교생활, 교우관계, 입대전 직업 등
- ■ 개인특성 : 성격, 육체적·정신적 건강 및 신체조건, 적성, 취미, 등
- ■ 부대생활 : 내무부조리(병영생활 행동강령 위반행위 포함), 교육훈련수준, 대인관계 등
- ■ 당면문제 : 가정, 이성, 보직, 근무, 개인기본권(휴가, 외출 및 외박, 근무 등) 등에서의 애로 및 고민사항

※ 사회발전 추세에 따라 신상파악 내용도 보완해야 한다.

○ 신상파악 시 착안사항
- ■ 상대방이 자연스럽게 이야기 할 수 있는 분위기를 유도한다.

※ 수사관이 용의자를 신문하듯이 하는 신상파악은 도리어 역효과가 발생한다.
- ■ 감시당하고 있다는 느낌이 들지 않도록 신상파악 한다.
- ■ 말을 하기보다는 듣는 입장에서 대화한다.
- ■ 신상파악시 인지한 내용은 특별한 경우가 아니면 문제삼지 않는다.
- ■ 어느 한 가지 방법으로 파악한 결과를 신봉해서는 안된다.
- ■ 신상파악내용은 보안유지 철저히 하라.

※ 부대여건 고려 다양한 창의적인 방법 강구

2) 전입 분대원(신병)관리

○ 신병 도착시
- ■ 조치 / 지도요령
  - 환영 / 개인면담 실시, 중대장 신고(분대장 및 소대장 배석)
  - 분대장이 의류대를 들고 소대 생활관 이동
  - 소대원에게 소개(소대장 실시)
  - 관물대에 사진부착, 관물정돈 및 명찰을 부착해 준다.
- ■ 분대장이 분대원에게 신병을 소개해야 하는 이유
  - 신병에 대한 개략적인 소개이후 분대원 개개인별로 신병에게 신상을 묻는 일이 없게 끔 하기 위함임
- ■ 분대에 전입시 기본적인 욕구를 해결해 줘라(용변, 세탁, 의식주 등)
- ■ 전입이후 주기적으로 신병의 군용물품을 확인하라.
  (신병이 일부러 선임병과 군용물품을 바꾸는 경우는 없다)

■ 잘못된 관행

- 신고연습(신고연습은 행정보급관 주도하에 자상하게 이루어 져야 한다. 행정병 및 분대장에 의한 신고연습은 악습이다.
- 분대 및 소대신고(신고는 중대장 1회로 끝난다.)
- 비공식 조직에 의한 신고
  (분대장 빛 부분대장과 기타 병사에게 신고를 하게하는 행위는 명백한 악습이다.)

○ 부대 전입 ~ 3개월

■ 조치 / 지도요령

- 부대전통, 시설배치, 위험지역, 규정교육
- 애로사항 접수 / 파악 / 소대장에게 보고 후 조치
  (반드시 권한 밖의 애로사항은 보고)
- 임무수행 요령 집중 교육(분대장 실시 : 단, 암기강요행위 절대 금지)
- 진심에서 우러나오는 반가운 마음으로 친절하게 맞이해줘라.
- 신병은 반드시 분대장에 의해서 지도되고 적극적으로 보호 되어야 한다.
- 신병 전입시 계속적으로 고운말쓰기 운동을 반복해라. 그러면 분대는 점차 친숙하고 부드러운 분위기로 바뀌어진다. 계속 반복하라.
- 분대원에게 신병에 대해 1일 1칭찬을 실천하게 권장하라.
- 선임병의 장난 질문을 금지시켜라.
  (신병에게는 상당한 스트레스이다. 여러분들도 전입 때를 기억 할 것이다.)

■ 잘못된 관행

- 5대 금지사항 위반(홀로서기 이전단계에 교육을 빌미로 암기 강요, 군기 교육 등 악습을 행하는 경우가 잇는데 이런 경우는 처벌을 원칙)
- 인격적 모독행위(잘 모른다고 하며 인격적 모독행위를 하는 경우 비물리적 가혹행위로서 처벌을 원칙)

○ 참고사항

■ 전입신병의 심리상태

- 새로운 환경에 홀로 서있게 되므로 모든 것이 낯설다.
- 전입 2주간 임무를 부여 받지 못하므로 소속감을 못느낀다.
- 앞으로의 생활이나 소대원의 특성파악이 안되므로 불안하다.
- 무엇을 해야 할지 몰라 안절부절 하게 된다.

3) 보호 관심병사 관리

○ **유 형**

개인문제	부대문제	가정문제
○ 이성문제 ○ 성격장애, 정신질환 (마약, 변태 포함) ○ 질병, 신체허약	○ 복무 부적응 ○ 병영부조리 ○ 집단소외(따돌림)	○ 가정환경 ○ 부모불화 및 형제간 갈등

○ **유형별 분류**

기본	○ 문제 발생소지가 없는 인원 • 분대원 활용 및 주기적 면담 / 확인
중점	○ 취약요인을 가진 병사로서 충동적, 우발적 행동가는 인원 • 지휘관심 경주 • 가용조직 활용, 관찰 및 면담 • 분대장 1일 1명 이상 면담
특별	○ 문제 발생 유경험자 및 특별한 관심과 지도를 요하는 인원 • 1:1 밀착지도 • 지휘관 의견 수렴 관리

○ **관리 유형**

- 신상파악 결과를 기초로 문제점을 입체적으로 정확히 파악하여 적시 적절하게 조치한다. (관리보다 식별이 중요!)
- 부대내 모든 조직을 이용하여 관리한다.
  ※ 분대장이 관리하는 것이 가장 효과적이다.
- 부모, 가정, 친구, 동기 등과 연계하여 관리한다.
- 격려 및 칭찬 등으로 군 생활에 자신감을 가질 수 있도록 하고, 달성 가능한 임무를 부여하여 성취감을 고취시켜라.
  ※ 다양한 창의적인 방법 강구

4) 병영부조리 근절

가. 자살

자신의 욕구가 좌절될 때 심리적 변화를 일으켜 현실도피의 수단으로 스스로 목숨을 끊는 행위

○ **자살의 동기**

- 두려움
- 수치심
- 증오심
- 자기학대
- 사랑의 실패

○ **자살의 위험요소**

- 개인적 요소
- 가정적 요소
- 사회적 요소
- 부대적 요소

나. 자살에 대한 편견

① 자살하려는 사람은 정신적으로 병들어 있다.
⇒ NO! 단지 위기에 부딪혀 고통 받고 있을 뿐입니다.
② 자살하고 싶다는 사람은 절대 자살하지 않는다.
⇒ NO! 자살자의 80%가 징후를 나타냅니다.
③ 자살자는 죽으려는 의지를 바꾸지 않는다.
⇒ NO! 고민 해결가능성이 있을 때 자살의지는 소진됩니다.
④ 좋은 환경에서는 자살이 발생하지 않는다.
⇒ NO! 어려움 없이 자란 사람에게 위기는 더욱 힘든 현실이 됩니다.
⑤ 자살하려는 사람은 항상 자살만 생각한다.
⇒ NO! 자살은 진정한 조건이 없으며, 환경이 바뀌면 사람도 바뀌게 된다.

다. 자살의 징후

자살자는 의식적 혹은 무의식적으로 주변 동료들이나 간부, 가족, 친구들에게 자살의 징후를 반드시 표출하는데, 안타까운 것은 주변 전우들이 이 같은 징후를 식별하지 못하여 결국 자살에 이르게 되는 경우가 많다.

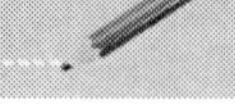

- "나는 이 세상에 안 태어났으면 좋았을 텐데" 등의 부정적 감정 표출
- 급작스런 식욕저하 및 성격변화
- 극도로 우울해하고, 불안해하며 지쳐보임.
- 휴가 복귀 또는 훈련 전·후 비관적 내용을 메모지 또는 수양록에 작성
- 최근 가족 죽음 등 어려운 일을 당하고 의기소침해 말이 없음.

라. 자살 우려자 발견시 조치

① **발견시 조치**

- 확신이 들지 않더라도, 자신의 의견을 즉시 보고
- 자살시도를 못하게 혼자 있지 않도록 전우조 활동조치
- 충동적 행동 가능성이 있는 장소에서의 활동 통제
- 총기·탄약 등 위험한 물건을 주변에 두지 않도록 조치

② **정신과 치료**

- 자살을 하지 못하도록 면밀한 관찰과 보호
- 항우울제, 항불안정제 등을 투여하여 불안감과 긴장감을 조절
- 심도있는 면담을 통하여 과거 정신적 충격과 심리적 갈등에 대한 정신치료
- 환자 특성에 따라서 대인관계 치료, 행동치료 등 측수치료 병행

마. 자살사고 예방의 당위성

① 자살 충동은 위기이며 일시적인 현상이다.

자살은 주위의 관심과 보살핌으로 얼마든지 극복될 수 있는 위기상황임.

② 자살은 고통과 불행의 원인이다.

본인의 죽음으로 모든 고통과 문제가 해결될 것이라고 생각하지만 부모님 등 사랑하는 이들에게 미치는 고통은 말로 표현할 수 없음.

③ 자살은 귀중한 인간의 손실이다.

자살은 귀중한 인간이 무의미하게 사라지기 때문에 반드시 예방해야 함.

바. 예방활동 체계

자살사고 예방을 위해 대부분의 부대는 우려자 식별 및 조치에 치중하고 있는데, 물론 자살 우려자 식별 및 조치가 자실사고 예방에 있어 핵심적인 문제이긴하다. 그러나 부대관리 및 안전학습이 선행되지 않아 체계적인 부대관리가 미흡할 뿐만 아니라 장병들이 예방 마인드 및 기초지식이 없는 상태에서 자살 우려자 식별 및 조치나 징후 발견시 적시적 보고 등이 제대로 되지 않고 있는 것이 현실이다.

① **부대관리**

합리적이고 창의적인 지휘통솔, 의사소통 활성화, 예측 가능한 부대 운용, System에 의한 부대관리, 장병 근무여건 개선, 상담 및 보호 등 체계적인 부대관리가 선행되어야 한다.

② **생명보호 문화 시스템**

<table>
<tr><th colspan="2">거시적 접근</th><th colspan="2">미시적 접근</th></tr>
<tr><td>부대관리</td><td>안전학습</td><td>점검 / 차단</td><td>우려자 관리</td></tr>
<tr><td>지휘통솔</td><td>마인드 및
기초지식 함양</td><td>식별체결
(징후발견)</td><td>비전캠프</td></tr>
<tr><td>의사소통</td><td rowspan="4">생명보호
의식고취</td><td rowspan="4">차단체계</td><td>가정연계</td></tr>
<tr><td>시스템화</td><td>전문가 관리</td></tr>
<tr><td>근무여건
개선</td><td rowspan="2">심도 있는
정신과 치료</td></tr>
<tr><td>상담 / 보호</td></tr>
</table>

③ **안전학습**

지휘관을 비롯한 간부들의 '자살에 대한 이해'로 예방 마인드를 확산하고 기초지식을 구비, 장병들에게 생명의 존엄성 및 고난극복 의지를 지속적으로 함양시켜 나가야 한다.

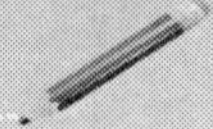

④ **점검 / 차단**

자살징후 목록표 활용, 상향식 일일결산, 자살심리파악 설문지등을 활용하여 자살우려자를 점검하고 소속부대 및 현병과 병행하여 자살사고 '목'을 차단하여야 한다.

⑤ **우려자 관리**

점검 · 차단활동을 통해 식별한 자살 우려자는 Visin Camp 입소, 부대 · 가정 · 전문가(군종, 군의)에 의한 입체적관리, 치료 등이 병행되어야 한다.

사. 결 론

'자살은 반드시 예방할 수 있다'는 확고한 자살예방 마인드와 예방 기초 지식을 갖고 노력한다면 자살은 반드시 예방할 수 있다. 자살사고 예방을 위해 중요한 것은 '자살에 대한 이해' 단계에 그쳐서는 안되며 이를 바탕으로 반드시 예방을 위한 실천이 이루어져야 한다. 즉 'Knowledge is Power'가 아닌 'Action is Power'라는 가치를 가져야 한다. 자살예방의 시작은 '관심'에서 출발한다. 이제 주변을 살펴보고 전우의 미세한 감정에 귀를 기울여 볼 줄 아는 간부가 되자

5) 성군기 위반 사고예방

가. 성군기 위반 사고

성을 매개로 상대의 인권을 침해하여 성적 수치심이나 혐오감을 불러일으킬 수 있는 성적 가해 행위, 성적 접근, 성적 요구, 성과 관련된 언어나 신체적 행위를 포함하는 일체의 행위에 의해 군 기강문란, 부대단결 저해, 군 명예 실추를 초래하는 모든 성관련 범죄

※ 유형 : 성희롱, 성범죄, 기타 성군기 위반

나. 성군기 위반 유형과 정의

① **성희롱 사고**

성희롱이라 함은 지위를 이용하거나 업무 등과 관련하여 다음과 같은 행위를 하는 것을 말함

- 상대방이 원하지 아니하는 성적 의미가 내포된 육체적·언어적·시각적 행위로 성적 굴욕감 또는 혐오감을 느끼게 하는 행위
- 위의 행위에 대한 불용이나 성별 차이를 이유로 복무, 근무평가/조건 사기·복지 등에서 불이익이나 불공정한 환경을 조성하는 행위
- 성희롱에 해당하는 행위를 한 자에 동조하는 자가 정신적인 협박이나 물리적인 강압 및 다른 수단으로 피해자에게 상당한 피해를 주는 행위

② **성범죄 사고**

형법, 성폭력 범죄의 처벌 및 피해자 보호 등에 관한 법률, 군형법 등에 명시되어 있는

- 강간, 강제추행, 간통, 혼인빙자간음, 미성년자 간음 및 추행 사고
- 업무상 위력에 의한 간음, 공중 밀집장소에서의 추행, 통신매체를 이용한 음란, 카메라 등을 이용한 촬영
- 군형법 제92조에 명시한 성추행(계간)등

③ **기타 성군기 위반사고**

성범죄의 구성 요건에 해당하나, 친고죄로서 고소가 없는 경우 등 공소요건이 갖추어지지 않아 형사처벌을 할 수 있는 사고 및 기타 품위유지 의무에 위반한 성관련 사고

④ **성군기 사고예방활동**

- 성군기 위반과 관련된 법규를 명확하게 숙지
  ※ 군형법 제 92조(성추행한 자는 2년 이하의 징역에 처한다.)
- 병영내 성군기 위반 사고예방 활동
  - ○ 침낭내 동침, 성경험 발표, 연애편지 낭독 등 금지
  - ○ 음란물(사진, 그림, 출판물, CD 등) 반입 차단

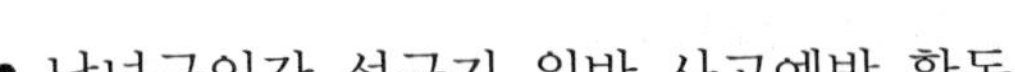

- 남녀군인간 성군기 위반 사고예방 활동
  - ○ 남녀동석 회식 시 음주 강요행위 및 불건전한 대화 금지
  - ○ 회식 후 남녀군인 동석 2차 모임(술자리, 노래방 등) 지양
  - ○ 남녀군인 및 군무원 2명이 사무실에 있을 시 출입문 개방

⑤ **색출 및 조치**

- 취약시간 및 장소 순찰 강화(생활관, 초소, 창고, 보일러실 등)
- 피해 우려자(전입신병, 예쁘장한 후임병 등) 대상으로 주기적인 설문 및 신체검사, 가정과 연계하여 파악
- 지휘계통, 병영생활 고충상담관, 수사기관, 내부 공익신고센타 등으로 성군기 위반자 신고(피해자, 발견 · 인지 · 보고받은 자)
- 신고자 및 피해자 보호, 비밀유지
- 성군기 위반자는 관련 법규 적용 강력히 처벌
- 위반사실을 목격, 인지하고도 보고하지 않거나, 보고를 받고도 미 조치 시 사안에 따라 위법처리 및 징계조치

4. 상향식 일일 결산

상향식 일일결산의 성공여부는 분대장의 역할에 따라 달라진다. 사고 예방 및 병력관리의 최일선 지휘자인 분대장은 창의적인 의사소통 시스템을 활용하여 일일결산을 해야 한다.

1) 분대장은 사고예방의 핵심간부

- 분대장은 분대원과 같이 생활하며 24시간 퇴근하지 않는 간부로서 분대내에서 일어나는 모든 사항을 알고 있다.
- 분대내에서 애로사항 해결이나 병영부조리 발생을 예방하기 위해서는 분대장으로 서의 권위신장을 위한 조치와 명확한 임무를 부여하고, 권한행사를 보장해야 한다.

2) 분대 상향식 일일결산 / 분대장 관찰보고

가. 시기(매일) : 부대의 임무 고려, 일과 중 가용시간 판단 / 실시

※ 휴무일에도 반드시 실시

나. 장소 : 훈련장, 생활관 등 장소에 구애됨이 없이 시행

※ 분대장은 병영생활 행동강령 위반사항 인지 시 즉시 보고

다. 결과보고 : 분대장 ⇒ 소대장(부소대장)

※ 자살징후, 구타·가혹행위, 언어폭력, 성추행 등 일일결산에 구애받지 말고, 발견 시 즉각 보고(중대장, (부)소대장)

3) 소대 일일결산 / 관찰 보고서 포함 내용

1 나와 분대원들은 오늘 구타 및 가혹행위를 하였거나 목격한 적이 있는가?

2 나와 분대원들은 오늘 올바르지 못한 언어를 사용하거나, 다른 사람으로부터 폭언, 욕설을 들은 적이 있는가?

3 나와 분대원들은 오늘 성 관련 위반행위를 했거나, 피해를 당한 적이 있는가?

4 나와 분대원들이 오늘 인접 전우의 자살 및 각종 사고 유발징후를 관찰했거나 발견한 적이 있는가?

5 오늘 면담(관찰)을 실시한 분대원의 애로사항은 무엇이고, 출타자에 대한 면담(관찰) 결과는 무엇이며, 무엇을 어떻게 조치/추적관리 하였는가?

6 소대장(부소대장) 지시/조치사항은?

7 기 타(일품검사 결과 등)

※ 부대 유형별 상향식 일일결산 시기(일과표 고려)

<table>
<tr><th colspan="2">부 대</th><th>GP</th><th>GOP</th><th>해 안</th><th>강 안</th></tr>
<tr><td rowspan="7">일일결산시기</td><td>1항</td><td rowspan="4">교육, 정비, 석식 전</td><td rowspan="4">오후일과, 석식 전</td><td rowspan="4">교육훈련, 석식 전</td><td rowspan="4">오후일과, 석식 전</td></tr>
<tr><td>2항</td></tr>
<tr><td>3항</td></tr>
<tr><td>4항</td></tr>
<tr><td>5항</td><td>교육, 정비, 점호시간, 출타 전, 출타 후</td><td>오후일과, 석식 전, 출타 전, 출타 후</td><td>교육, 석식 전, 출타 전, 출타 후</td><td>오후일과, 석식 전, 출타 전, 출타 후</td></tr>
<tr><td>6항</td><td>교육, 정비, 점호시간</td><td>오후일과, 석식 후</td><td>정비, 석식 후</td><td>오후일과, 석식 후</td></tr>
<tr><td>7항</td><td>정비, 점호시간</td><td>오후일과, 점호시간</td><td>정비, 점호시간</td><td>오후일과, 점호시간</td></tr>
</table>

5. 출타자 교육 / 통제방법

1) 휴가 중 주요사고

- 복무염증 및 불우가정, 애인변심으로 인한 군무이탈
- 음주로 인한 민간인 성폭행, 폭력 행위
- 유흥비 마련을 목적으로 절도, 강도 행위
- 친지, 친구의 승용차 및 오토바이 운행 교통사고 등

2) 출타 전 정신교육 / 면담

가. 휴가 전·후 확인 및 교육사항

① 행선지, 이동수단, 연락처, 부대, 중대장, 행정보급관 전화번호 숙지
② 군인 기본자세, 휴가복장, 여비, 군용물 휴대여부 확인
③ 휴가 중에 전화, 메일 등을 통한 지속적인 접촉 유지 / 관심표명
④ 휴가복귀 전에 전화
⑤ 출발시간, 복귀수단, 복귀예상시간 확인
⑥ 위급사항 발생 시 대처요령
※ 출타복귀 시 차량정체 시, 교통사고 등 긴급사항 발생 시 등
⑦ 폭음, 폭식 등 무절제한 생활 금지
⑧ 윤락시설 이용 등 성매매 금지
⑨ 출타복귀 후 면담 필히 실시(사생활 고려)

나. 엄격한 휴가기준

① 외출, 외박, 휴가는 공정하게 시행
② 규정된 휴가방침과 서열에 의해 휴가 실시여부 확인
③ 휴가로 인한 개인불만과 부대단결이 저해 되지 않도록 조치, 건의
④ 부모님 병환, 경조사, 개인 애로사항 발생시 건의(청원, 위로휴가)
⑤ 모범 분대원 공적이나 선행은 타 전우의 귀감이 되도록 건의

6. 병영생활 행동강령

1) 병영생활 행동강령의 정의

가. 분대장을 제외한 병 상호간 명령, 지시, 간섭 금지

① 분대장을 제외 병 상호간은 수평적 관계임

② 병 계급은 조직 내에서 구분하는 기준이 아닌 복무기간과 직무 및 병영생활 관련 숙련도를 표시하는 기준임.

③ 입대서열에 의한 위계질서 유지는 척결되어야 하며 분대장을 제외한 병 상호간에는 명령, 지시, 간섭을 금지함.

※ 단, 전시·천재·지변 등 비상사태가 발생하여 지휘계통에 의한 정상적인 명령 및 지시가 불가능한 기간 중에는 지휘계통이 복구되기 전까지 일시적으로 상서열자가 하서열자에게 명령 및 지시를 할 수 있다.

나. 어떠한 경우에도 구타 및 가혹행위를 금지

① 구타 : 고의로 주먹, 발, 손바닥, 팔꿈치, 머리 등 신체와 봉과 막대기, 야전삽, 총기 등 도구로 타인의 신체에 접촉하여 통증을 유발시키는 일체의 행위

② 가혹행위 : 정상적인 훈련 및 규정된 얼차려를 제외한 비정상적인 방법으로 타인에게 육체적, 정신적인 고통과 인격적인 모멸감을 주는 일체의 행위 비정상적인 방법이란 법과 규정에 어긋나는 방법과 정상인의 상식을 벗어난 지나친 방법 등을 말함

다. 폭언, 욕설, 인격모독 등 일체의 언어폭력 금지

① 폭언 : 상대방의 입장을 고려하지 않고 사납고 거칠게 하는 말

② 욕설 : 통념상 상스럽고 상대방을 욕되게 하는 말

③ 인격모독 : 개인의 약점을 들춰내거나 자신의 계급적 권한을 이용해 상대방의 마음에 상처를 주는 행위

④ 잘못된 언어문화 : 정신적 고통을 주는 비난성 발언이나 상스럽고 저속한 말을 사용하는 것

라. 언어적, 신체적 성희롱, 성추행 등 성군기 위반 금지

① 성군기 위반사고는 성을 매개로 군 기강을 문란하게 하여 부대단결을 저해하거나 군 위상을 실추시키는 행위

② 성희롱 : 성적인 언어와 행동으로 굴욕감과 혐오감을 느끼게 하는 행위

③ 성추행 : 동성 또는 이성간에 선임병 신분이나 상위계급(직위)을 이용해 성적인 행동을 강요하는 것

④ 성폭행 : 물리적인 힘 또는 협박으로 상대방의 반항을 현저하게 곤란하게 한 상태에서 성적 만족을 취하는 행위

7. 지휘통솔 기법

1) 지휘통솔원칙

가. 성공적인 지휘통솔

성공적인 지휘통솔 부하들을 감동, 감화시켜 부여받은 임무완수에 자발적으로 전력투구할 수 있도록 하는 것이다. 지휘통솔의 대상은 부하이며, 부하들은 이성과 감성을 지닌 인격체이다. 따라서 지휘통솔은 인간에 대한 이해와 인간관계를 기본으로 한 인간중심으로 이루어져야 한다.

나. 지휘통솔의 원칙

지휘통솔 원칙은 지휘통솔 실천의 지배적인 원리로서 지휘통솔자가 취해야 할 행동기준이다. 이는 지휘통솔자가 갖추어야 할 품성과 자질을 바탕으로 부여된 권한과 책임에 따라 부하를 지휘하고 통솔하는 지침이다. 지휘통솔원칙은 독립해서 존재하는 것이 아니라 상호 밀접한 관계를 갖고 있음으로 지휘통솔자는 각 원칙을 창의적이고 융통성 있게 적용해야 실질적인 효과를 거둘 수 있다.

○ 제 1원칙 : 올바른 가치관과 도덕성을 견지하라.
○ 제 2원칙 : 변화를 주도하고 창의력을 발휘하라.
○ 제 3원칙 : 비전과 목표를 제시하라.
○ 제 4원칙 : 건전하고 적시 적절한 결심을 하라.
○ 제 5원칙 : 부하에게 알려주고 참여시켜라.
○ 제 6원칙 : 조직을 활용하고 권한을 부여하며 책임을 물어라.
○ 제 7원칙 : 열정을 발휘하고 솔선수범하라.
○ 제 8원칙 : 정과 신뢰로 부하를 지도하라.
○ 제 9원칙 : 자기 자신과 부하의 능력을 계발하라.
○ 제 10원칙 : 부하의 복지향상을 위해 노력하라.

다. 지휘통솔 유의사항

① **장병의식 성향**

- 실질적이고 합리적인 가치의식 지향
- 자기 중심적 성향
- 인간상호 연대감 및 신뢰감 감소
- 감상적이고 충동적인 쾌락 추구
- 체력 및 의지력 약화

② **장병의식 심리**

- 욕구가 충족되는 행동을 반복한다.
- 모방성을 가지고 있다.
- 중요한 존재로 인정받기를 원한다.
- 새로운 변화에 저항하려는 경향이 있다.
- 특성이나 능력 면에서 개인차이가 있다.
- 자기가 참여한 의사결정을 가장 잘 따른다.

2) 지휘통솔의 자세

가. 분대원과 의사소통

의사소통은 대부분 지휘통솔자와 부하간의 직접접촉을 통한 대화로 이루어진다. 지휘통솔자의 말과 행동 하나하나가 여과 없이 투명하게 전달되므로 부하에게 미치는 파급효과는 크다.

○ 가능한 개인접촉을 하라.
○ 신념에 찬 긍정적인 표현을 하라.
○ 부하의 심리상태를 정확히 파악하여 의사를 전달하라.
○ 부하에게 선입관을 갖고 대화하지 말라.
○ 비언어적 의사소통 기술을 활용하라.
○ 적극적으로 설득하여 이해시켜라.
○ 부하의 입장에서 생각하고 경청하라.
○ 대화하는 동안 다른 생각을 하지 말라.
○ 부하에게 충분한 의견을 제시할 수 있는 분위기를 조성하라.

나. 분대원과 인간관계

인간관계는 지휘통솔에서 가장 근본적인 관계이며, 상관이 먼저 부하와 좋은 인간관계를 형성하고자 노력한다면 그 효과는 매우 클 것이다.

○ 부하와의 인간관계 개선의 관건은 정이다.
○ 권위만 내세우며 엄하게 다스리지 마라.
○ 부하를 신뢰하고 맡겨라.
○ 넓은 포용력을 가져라.
○ 부하와 대화할 수 있는 분위기를 조성하라.
○ 부하를 인정하고 칭찬해 주어라.
○ 잘못은 솔직하게 인정하고 이해를 구하라.
○ 부하와의 입장을 바꿔놓고 생각하라.
○ 부하와의 약속은 사소한 것이라도 지켜라.

다. 분대원지도시 착안사항

○ 최종목표는 임무완수와 조직능력의 극대화
○ 인간의 동기를 자극하는 기술
○ 솔선수범하는 실천적 행동을 통해 성취
○ 상황에 따라 융통성 있는 대처가 요구

8. 교육훈련지도

1) 병 기본 과목의 중요성

□ 병 기본 훈련 체계 정착
□ 정착핵심 요소
 ○ 소부대 전투기술의 기본 숙달(전장 상황 고려)
 ○ 강한전사(전투원) 양성(생존성 보장)
 ○ 측정식 합격제(합, 불) 적용(실질적인 교육훈련)

2) 조교의 교육훈련간 역할

□ 조교의 임무 / 역할
 ○ 교재관리, 훈련지도, 훈련통제, 시범훈련, 피교육자 인솔
□ 보조교관
 ○ 계획, 준비, 실시, 평가
□ 조교의 교육훈련 태도
 ○ 외모/복장, 자세, 시선, 목소리, 언어, 동작, 습벽, 열의 / 신념

3) 교육훈련준비

□ 훈련준비의 정의
- ○ 교육훈련에 대한 모든 제반사항을 사전에 준비하는 것
  - 철저한 교육훈련 가능
  - 임무수행능력 배양 여건
- ○ 상급지휘자(관)의 교육훈련 복안서 확인
- ○ 과목교안(준·원칙), 참고교범, 교재 확인
- ○ 실습계획표 작성

□ 교육훈련 준비사항
- ○ 교육훈련 전 실시사항
  - 지정된 복장 장비
  - 휴대지시된 준비물 휴대
  - 분대원 건강상태
  - 식수휴대
  - 시범 / 실습지도 능력배양
  - 교보재 준비여부 확인
  - 열외인원 사전확인
  - 동계 방한대책 확인
- ○ 교육훈련 중 실시사항
  - 개인 훈련 숙달 / 완성 보조
  - 환자 발생 시 응급처치
  - 전 인원 실습 참여 유도
  - 교보재의 효율적인 활용
  - 미숙자 개별지도
  - 교육태도 불량자 조치
  - 기타 안전사고 예방
- ○ 교육훈련 후 실시사항
  - 환자 이상 유무 확인/조치
  - 병기 / 장구류 확인 후 정비
  - 성과분석/미비점 분석, 보완

4) 교육훈련 실습 진행 방법

□ 실습이란?
- ○ 원칙 / 절차 이론 -> 숙달과정 -> 실제 상황 적용

□ 실습 실시 이유
- ○ 원리와 이론
- ○ 절차와 기술
- ○ 숙달
- ○ 자기시정
- ○ 신체단련
- ○ 실제상황 즉각 조치

□ 실습 시 동기 유발 방법

○ 확실한 목적	○ 지루함 해소
○ 진도 평가	○ 현실에 맞게 허용
○ 경쟁심 유도	

9. 보급품 관리

1) 보급품 관리의 중요성

전투력을 유지하고 향상시키기 위해서는 보유하고 있는 보급품을 경제적이고 효율적으로 관리하여 사용하는 것이 중요하므로 분대장은 보급품 애호정신과 주인정신을 기초로 개인/분대의 보급품 관리에 관심을 가져야 함.

2) 보급품 관리 5대 준수사항

가. 상시 사용 가능한 상태로 유지
나. 작전 및 훈련 시 보급품 훼손 또는 분실 유의
다. 개인은 폐품 및 정비품 보유 금지
라. 개인 보급품은 항상 기준수량을 확보
마. 보급품은 원형변경 및 타 용도로 사용금지

3) 일품검사의 목적

부대보유 장비 및 물자를 최상의 상태로 유지하기 위하여 전 대상품목을 검사하는 것으로 상시 부대 전투준비태세 유지에 기여할 뿐만 아니라 실소요량을 산출하기 위한 소요제기의 근본이 되는 단위부대(중대, 대대)의 필수 불가결한 활동

제 4 장 미래의 부사관

제1절 부사관 역할과 책임

제2절 부사관 위상확립

제 4 장

미래의 부사관

제1절 부사관 역할과 책임

대한민국 부사관의 책무는 "부사관은 부대의 전통을 유지하고, 명예를 지키는 간부이다. 그러므로 맡은바 직무에 정통하고 모든 일에 솔선수범하여, 병의 법규준수와 명령이행을 감독하고, 교육훈련과 내무생활을 지도하여야 한다. 또한 병의 신상을 파악하여 선도하고, 안전사고를 예방하며, 각종 장비와 보급품 관리에 힘써야 한다."라고 규정되어 있다.

이는 부사관 책임과 활동범위를 명시한 것으로 세부적으로 분석하여 보면 다양한 역할을 해야 함을 알 수 있다.

1. 부사관의 역할과 책임

1) 군의 중추

우리군은 '부사관의 역할과 책임' 의 재정립과 '부사관의 실질적이고 가시적인 위상제고'를 위해 노력하고 있다. 부사관은 군 하부구조의 근간이고 전투력 유지의 중추로서 군이 제 기능을 다하기 위해서는 부사관이 강해야 한다. 그러므로 부사관은 병기본 · 주특기 · 소부대 전술 등 교육 분야와 부대관리 및 안전관리 분야에서도 '최고의 전문가'가 되어야 한다.

이러한 부사관의 위상제고는 우리 모두의 노력도 중요하지만 부사관들이 맡은 분야에서의 역할과 책임을 다하고 최고의 전문가가 되기 위해 스스로가 뼈를 깎는 노력을 선행할 때에야 비로소 가능하다는 사실을 인식해야 할 것이다.

특히, 부사관의 역할과 책임을 다할 수 있는 우수인재를 발굴하고 양성하기 위해 부사관과를 개설한 전국 48개[3] 대학과 육군이 협약을 맺어 예비부사관 후보생들을 양성하고 있다. 2년 동안 간부로서 소양과 체력, 군사학, 병영체험 등 장차 군 간부로서 갖추어야 할 직무지식과 군인정신을 연마하고 있으며, 1학년을 대상으로 사전선발을 거쳐 2학년때 군 장학생 확정 선발하고 있다.

2. 부사관에게 요구되는 능력

부사관의 훈(訓)은 '정통해야 따른다'이다. 이는 어떠한 일에 막힘이 없이 통한다는 의미로 부사관은 자기가 맡은 일에 최고의 전문가가 되어야 한다 는 것을 뜻한다. 실제 장기 복무 부사관의 경우 한 부대에서 장기간 근속하는 환경으로 인하여 부대의 전통과 명예를 잘알고 있으며 맡은일에 대한 반복 숙달로 임무에 정통함을 알수 있다.

부사관은 병전입시부터 전역시까지 그들과 함께함으로써 병사들이 안전하게 생활 할 수 있도록 각종 점검시스템을 토대로 노력하고 있다.

부사관은 소부대급의 교육훈련 및 전투지휘자로서 전문성을 향상시키기 위해 끊임없이 노력하며, 정보화, 과학화시대를 선도할 수 있도록 지속적으로 자기계발을 위한 노력을 하여야 한다.

부사관은 직업전문성을 위하여 솔선수범하여야 한다. 지휘관(자)과 병사 간의 중간 관리자인 허리기능을 극대화하여 부대의 전투력 향상과 안전한 부대, 사기가 충만한 부대로 계승, 발전 되어야 한다.

부사관은 도덕적으로 공과 사를 명확히 구분하고 사사로이 부정한 일을 하지 않는 것으로 스스로 바르지 못하면 상관과 부하가 신뢰하지 않는다는 것을 명심하고 어떠한 난관이 있어도 정도(正道)의식을 가지고 공명정대하게 업무를 처리 하여야 한다.

군인은 죽음을 무릅쓰고 책임을 완수하여야 한다. 이러한 책임완수는 오직 부대원이 화합·단결된 힘에서 나온다. 부사관은 지휘관을 핵심으로 서로를 존중하면서

3) 2012년도 현재 기준이며 협약대학이 확대중에 있다.

한마음 한 뜻으로 뭉쳐 공동의 목표를 달성하는 데 모든 역량을 집중해야 한다.

부사관은 어떤 목표를 달성할 수 있게 만드는 강력한 원동력을 얻기 위한 열정을 가져야 한다. 병사들이 능력이 다소 부족하더라도 극한 상황을 이겨낼 수 있게 본인이 열정을 속으로 휩싸이게 하는 일치단결의 힘을 보여줌으로써 부대의 목표가 달성될 수 있도록 노력해야한다.

3. 계급별로 요구되는 능력

1) 하사

분대장, 포반장, 조종수, 기술병과 운용 및 정비관 수행 능력과 병 기본 및 주특기 지도, 병의 내무생활 지도능력을 갖춘다.

2) 중사

부소대장, 반장, 전차장, 대대급 참모부 업무담당관 수행 능력과 소대장과 버금가는 전술 지식을 갖추어야 한다. 또한 병 기본 및 주특기(병과기술) 교관 능력, 소대급 행정 및 보급관 수행 능력, 대대급 참모부 업무 수행 능력을 구비해야 한다.

3) 상사

소대장, 교관, 행정보급관, 연대급 참모부 업무담당관 수행 능력과 소대장과 대등한 전술지식, 병 교육지도 및 감독능력을 갖추어야 한다. 또한 중대급 행정 및 보급관리 수행 능력을 구비해야 한다.

4) 원사

행정보급관, 신교대 중대장, 사단 참모부 업무담당관, 주임원사 수행능력과 중대장과 버금가는 전술지식, 중대급 행정 및 보급관리 능력을 갖추어야 한다. 또한 부사관을 관리하고 사단급이상 참모부 업무수행능력과 부사관 및 병 관련 정책구현 능력을 구비해야 한다.

4. 부사관 활동

급변하는 사회발전과 첨단화된 전장 환경은 전천후 간부를 요구하고 있다. 부사관도 향상된 학력과 엄격한 선발과정을 거쳐 임관하기 때문에 부대의 중요한 간부로서 제 역할을 할 수 있는 능력을 요구 받고 있다. 부사관 요구되는 능력은 크게 4가지로 구분할 수 있다.

첫 번째 소부대 전투지휘능력이다. 전투에 신속한 의사전달과 명령이행은 승패를 좌우하는 중요한 요소이다. 그러기 위해서는 지휘관의 작전개념과 부대의 작전계획을 이해하고 전투수행 및 보좌를 위해 장교에 버금가는 전술지식을 구비하여야 한다.

또한 부대지휘 및 참모업무 수행절차에 따라 자율적이고 체계적으로 업무를 처리하고 필요시 장교업무를 대행할 수 있는 참모업무 수행능력을 갖추어야 한다.

두 번째 교육훈련지도 능력이다. 병기본과 주특기, 소부대 전투기술 지도 및 교관능력을 구비하여 병사들로 하여금 신뢰할 수 있도록 교육훈련에 정통한 부사관이 되어야 한다. 병 개인훈련이나 소부대 전술훈련을 계획, 준비, 실시, 평가 및 감독능력을 구비하여 지휘자로써 상급자를 보좌하고 부하들의 전술전기 향상에 중추적인 역할을 하여야 한다.

세 번째 상급자에게 조언능력이다. 부사관은 풍부한 경험과 부대 및 전장여건을 세밀히 파악하여 전·평시를 막론하고 지휘관이 부대의 강·약점, 제한사항, 병 및 부사관 지휘통솔, 전장 환경 및 특성, 기타 업무처리에 대하여 시기적절 하게 조언할 수 있는 능력을 구비하여야 한다.

네 번째 부대전통 계승 능력이다. 업무에 대한 책임감, 동료간의 협조자세, 희생정신, 자기계발 노력 등 전문 직업윤리의식을 구비하여야 한다. 또한 부대규정과 방침, 관습을 계승하고 발전시키는 주인의식을 견지하고 부대 전통에 대한 자료를 정리하여 홍보할 수 있는 능력을 구비하여야 한다.

제2절 부사관 위상확립

1. 장교와 부사관의 관계

장교와 부사관의 관계는 가정에서 부모 역할이 있는 것처럼 각 제대별 장교와 부사관의 역할에 필수적인 관계를 이루고 있다. 이 관계는 엄정한 상하관계를 기초로 공동목표를 수행하는 협조관계를 구축해야 한다. 효율적인 부사관 역할 발휘를 위한 장교·부사관의 직책별 관계를 다음과 같이 분류한다.

첫째, 소대급에서 소대장과 부소대장의 관계는 지휘자와 부지휘자의 관계이다. 소대장과 부소대장은 별도의 동일 목표를 지향하는 공동업무를 수행하는데 관계를 유지하며, 부소대장의 활동영역은 소대장의 업무수행 수준과 활동방법에 따라 다르며, 특히 초임 소대장 부임시나 소대가 새로운 업무수행시 부소대장 역할이 강화된다. 그리고 소대장 업무를 부소대장이 대행한다고 해서 소대장의 책임이 전환되는 것은 아니다. 부소대장은 소대장과 의견이 상치된다고 해서 소대장과 다른 지시를 내리거나 소대원 앞에서 소대장을 불평해서는 안되며, 충성심을 가지고 시종일관 소대장을 성실하게 조력한다. 소대의 제반 문제를 상의 하며 부소대장은 언제라도 소대지휘를 담당한다는 자세로 소대장을 헌신적으로 조력해야 한다.

둘째, 중대급에서 중대장과 행정보급관의 관계이다. 지휘관과 업무담당관의 관계, 행정보급관은 세부적인 실행자 역할을 분담하여 수행하고, 분담된 업무를 수행하는데 필요한 모든 권한을 갖는다. 행정보급관은 위임된 업무의 결과에 대해 책임을 진다. 중대장은 무한 책임이 아닌 지휘 책임을, 행정보급관은 그 결과에 대한 업무책임, 중대장은 부대지휘 방향·목표·수준에 대하여 행정보급관과 상의, 행정보급관은 자기 업무에 정통하고 담당한 업무를 정확히 처리하여야 하며, 중대장은 행정보급관을 중대의 최고 전문가로 인정하고 행정 보급관은 중대장의 지시를 적극 구현한다.

셋째, 대대급에서 대대장과 주임원사의 관계는 지휘관과 보좌관의 관계이다. 주임원사는 대대장에게 부대활동을 지휘 업무에 참고할수 있도록 조언하고, 병 과 부사관 관련 업무를 보좌, 대대장의 지휘활동의 연장선상에서 훈련·각종 명령 이행 상태를 대대장을 대신하여 확인 하는등 업무를 보좌한다. 대대장은 주임원사가 병 · 부사관의 대표자로서 인식, 그 위상을 존중하며 주임원사의 건의내용은 적극 수용한다. 대대장과 주임원사는 모든 사항에 대하여 정보를 교환할 수 있도록 시간 및 활동여건을 보장하도록 해야 한다.

장교와 부사관의 직책별 관계를 정리하여 보면,

우선 군의 간부로서 엄정한 상하관계를 들 수 있다. 부사관은 장교의 권위와 계급을 존중하고, 장교로부터 신뢰를 받도록 임무를 수행해야 하며 특히, 직속상관의 명령에 절대 복종해야 한다. 그리고 장교는 부사관의 연륜과 군 경험을 인정하여 인격체로 대우해야 한다.

다음은 군사적 동일 목표를 수행하는 동반자 관계로서, 부사관은 장교가 본연의 역할수행에 전념하도록 조언 및 조력하고, 장교는 부사관의 역할을 이해하고 부사관이 능력을 발휘하도록 지원하며, 장교와 부사관 모두 상호존중과 신뢰를 유지시켜 나가야 한다.

업무분담 면에서는 장교는 주로 "무엇을(What)" 하나의 목표에 관심을 가지며 부사관은 "어떻게(How)" 하나의 방법에 중점을 두어야 한다. 이를 세부적으로 살펴보면 장교는 방침수립 · 계획구상, 부대작전 · 훈련, 부대준비 태세 유지, 부사관 전문성 개발 및 업무수행을 위한 여건을 조성하며, 부사관은 수립된 명령 · 지시 및 방침에 의거 부대 일상업무, 개인 · 팀훈련, 전투준비태세 유지 및 부여된 임무를 완수한다.

장차 안보환경은 급속하게 변화할 것으로 예상된다. 따라서 부사관들에게 요구되는 능력과 역할도 변해야 한다는 것은 필연적인 것이다. 전쟁양상은 첨단무기 개발로 가공할 파괴력을 가지고 전 전장 동시 통합작전이 전개 될 것이고 국방면에서 예산과 인력이 제한된 가운데서도 전문 인력 소요는 증대될 것이다. 이러한 미래 안보환경에서의 간부역할은 전쟁양상 면에서 분권화 작전수행에 따라 소부대 전투지휘의 중요성이 증대되고 안보 · 국방분야에서는 신분별 역할 분담과 인적자원의 질적 향상, 그리고 간부들의 역할이 확대 될 것이다. 따라서 장교와 부사관의 역할 분담과 상호보완을 통한 부사관의 역할은 소부대 전투지휘자로서, 첨단무기 및 장비의 전문가로서, 병교육의 전문가로서 역할이 요구될 것이다. 또한 하부구조의 핵심관리자로서, 장교의 조언자로서, 그리고 부대전통을 계승자로서 역할이 요구되고 있다.

2. 바람직한 부사관 상

가. 의식면

부사관에 대한 전반적인 상황인식은 종전의 지휘관 또는 장교의 보좌 위주의 지원업무 등 수동적이고 책임기능이 결여된 역할에서 부사관은 병과 부사관의 양성교육에서 교관 및 훈육전담과 첨단장비 운용 주 책임자로서 장교와 '업무파트너' 기능으로 위상이 전환되고 있다.

과거에는 지휘관 및 장교 보좌위주 지원 업무수행의 행정보급관 역할과 장비관리 및 운용 보좌를 부 담당관이 해 왔으며 명목상 부대 전통 계승자이지만 책임 기능이 결여되었으나 현재 및 미래는 병과 부사관 양성교육 교관 및 훈육전담 업무를 하고 장교와는 업무파트너로서 기능전환이 절실히 요구된다.

행정보급관의 과중한 업무 경감조치를 위해 병사의 신상, 인사관리 사고 예방분야에서 병 특기변경 건의와 병 진급 심의, 명령을 의뢰하고 성과제 외출, 외박 대상자를 선정하며 각종 휴가와 일정을 관리 작성하고, 애로 건의사항에 대한 수렴조치와 사고 예방교육을 전담한다. 그리고 장교와 부사관 상호간 협조 및 보완적 역할수행을 위한 업무분담 조정을 위해서는 중대장 확인 행정보급관 전담업무를 소대장 및 부소대장에게도 담당하도록 하여 성과제 외출, 외박대상자 선정과 면회시 외출, 외박 대상자 선정, 애로 건의사항 수렴 조치, 사고예방 교육, 장비 및 보급품에 대한 손망실을 처리하게 한다.

또한, 중대장 전담업무를 부중대장과 소대장에게도 동시 전담 업무토록 하기 위해 개인화기 사격통제, 일일 교육결산을 맡도록 한다.

한편, 의식구조 면에서는 부사관에 대한 일반적인 인식을 장교, 부사관, 병의 시각으로 보면 다음과 같다[4]

첫째, 장교가 부사관을 보는 시각은 보면, 장교는 대부분 부사관을 동반자적 관계보다는 신분상의 상·하관계로 인식하고 업무능력 면에서 적극성과 창의성이 부족하며 많은 부사관들이 현실에 안주하려는 의식이 강하다고 인식하고 있다. 한편, 소수의 부사관들이 범한 과오를 전체 부사관의 과오로 간주하는 경향이 아직도 있

4) 정길호,'정예부사관 인력관리 정책 발전방향', 국방연구원, p,14

으며, 부사관에 권한을 부여하는데 인색한 편이다.

둘째, 부사관 본인들 또한 자신의 신분에 대하여 지위와 권위가 낮다고 인식하고 있으며, 대체로 어렵고 힘든 직업으로 여건이 허락하면 전역을 고려하겠다는 의견이 많다.

셋째, 병이 부사관을 보는 시각을 보면, 특히 일반사회 경기가 호황기에는 부사관을 비인기 직업으로 간주하고 부사관을 자신들의 간섭자로 인식하는 경향이 있다. 병의 대표로서 병을 직접 지휘하는 중간 관리자로서의 역할 수행이 미흡하다고 인식하는 경우도 있다. 인격적으로 존경심이 덜 한다고 느끼며, 교육수준과 기본자질에 대한 부정적인 견해를 나타내는 경우도 없지 않다.

이상과 같이 부사관에 대한 부정적인 요소도 많이 있지만 천직으로서의 직업의식과 진정한 주인의식을 견지하는 것이다. 누군가의 평가보다는 조국에 대한 충성심과 사명감을 가지고 본인이 택한 군인의 길을 소중히 생각하는 마음이 있어야 한다. 내가 맡은 임무가 가장 중요하고 내가 함께하고 있는 사람들이 가장 소중한 사람이라는 인식을 가지고 누가 보든 안보든 맡은바 임무에 충실하여야 한다.

나. 부대활동 면

부사관들이 부여된 직책에 대해 최고 전문가가 될 때 부사관의 위상은 저절로 격상될 것이다. 이를 위해서는 부사관 스스로가 전문 직업인으로서의 역할에 자긍심을 가져야 한다. 미 부사관 신조에 나오는 "나보다 더 이상의 전문가는 없다"는 말처럼 풍부한 경험과 전문성을 겸비한 교육훈련의 전문교관 역할에 무한한 자부심을 가져야 한다.

부사관들은 소부대 전투의 달인이다. 6.25 전쟁, 베트남전, 대침투작전에 이르기까지 부사관들의 활약상은 이루 다 말할 수가 없다. 이러한 전투기술을 병사들에게 전수하여야 한다. 부사관은 하부구조의 핵심 관리자로서 가정에서의 어머니 같은 존재이다. 병들의 내면 생활을 꿰뚫은 상태에서 자식이나 동생을 지도하듯 병들을 관리하여야 한다.

부사관들은 부대의 전통을 계승하고 발전시키는 산 증인이다. 부대의 전통과 뿌리를 통해 부대원들의 소속감과 애대심을 고취시켜 전투력을 발휘하는 무형전력으로 승화시키는 중요한 역할을 담당한다. 또한 부대가 화합·단결의 전통을 계승하기 위해서도 부사관의 역할은 대단히 중요하다.

다. 생활면

부사관들은 지역사회의 일원으로 앞장서고 있으며 국민으로부터 사랑 받고 국민에게 믿음을 주는 군대 육성의 선봉에 위치한다. 또한 '부사관 단'을 중심으로 동료의식을 강화해 기쁨과 슬픔을 함께 나누는 숭고한 전통이 병영에 따뜻한 인정의 꽃으로 피어나고 있다. 한 가정의 성패는 가장에 의해 좌우되고 바람직한 가치관이 있으면 '풍족하지는 않지만 부족하지도 않다'는 여유로움 속에서 생활할 수 있다. 선배 부사관들이 후배 부사관들에게 근검절약하는 모범을 보여 훌륭한 후견인이자 조언자 역할을 수행해 후배 부사관들도 건전한 생활인으로 성장할 수 있도록 이끌어야 한다.

2) 구현방안

가. 바람직한 부사관상 구현을 위해서는 점진적이고 장기적인 안목으로, 정책부서에서 여건조성과 제도적 뒷받침을 해주고 교육기관에서는 교육을 통해 전문지식을 함양시켜야 한다. 야전부대에서는 각급 제대 주임원사와 같은 선도집단이 지속적인 실천의지를 보이고 지휘관들의 관심이 절대적으로 필요하다. 그리고 무엇보다도 중요한 것은 부사관들 스스로가 변화의 계기를 마련해야 한다는 것이다.

나. 구현방안은 먼저 부사관이 역할과 책임을 다할 수 있는 여건조성과 장교·부사관 공히 의식전환 및 공감대를 형성한 가운데 각급 제대 부사관단과 주임원사들이 구심점이 되어 주도적 역할을 해 주어야 한다. 작은 일부터 지속적으로 실천하는 것이 중요하다. 정책부서에는 제도적 개선을 통해 부사관의 자긍심을 고취시키고 부사관 종합발전 계획을 강력히 추진해야 한다. 교육기관에서는 전문지식 함양을 위해 교육 과정별 전문능력 구비를 위한 교육의 '질'을 향상시키고 부사관 학교가 '부사관의 요람'으로서의 역할을 수행해야 한다. 야전부대에서는 부사관들이 중심이 되어 '붐'을 조성하고 실천하며 자질 우수자 선발을 위해 부사관들이 노력해야 하며 자기계발 노력 우수자에 대해서는 포상·진급 등에서 우선권을 주는 등 동기를 부여해야 한다. 또한 일과 후 개인의 능력계발을 위해 부사관들과 지휘관들이 시간을 보장해 주고 격려하는 등 여건을 보장해야한다. 결국 외형적 요소보다는 자기계발을 통해 전문성을 구비하는 등 내실이 중요하다고 하겠다.

다. 우리 군은 부사관이 군의 중추이자 전투력 발휘의 핵심이라는 인식 하에 부사관의 위상제고와 권위신장을 위해 육군 부사관 종합발전계획을 적극 추진해 오고 있다. 그 결과 위상 및 역할 면에서 부사관의 역할과 책임을 정립해 정착 중에 있고 주임원사의 권위신장과 활동 여건도 크게 개선되고 있다.

부사관 자원획득 및 교육면에서는 우수자원 획득을 위해 과감한 투자와 노력을 병행, 획득된 자원들의 능력계발을 위한 교육확대와 각 학교 교육과정의 교육체계 개선, 5만여 부사관의 요람인 부사관 학교의 시설현대화가 실현되었다. 또한, 인사관리 면에서 전·후방 계획인사 제도를 제한적으로 시행하고 있고 기타 평정 및 진급제도를 현실적으로 개선했다. 사기 및 복지분야 에서도 복지개선은 물론, 부사관 명칭 개선과 원사들의 직급이 상향 조정되었다.

결론적으로 부사관 역할과 책임을 구현하고 부사관의 위상을 한층 격상시키기 위해서는 육군의 정책적인 분야 발전과 병행해서 부사관들 스스로가 변화의 주체가 되어 사명감을 견지하고 역할과 책임 완수에 전력할 때 부사관의 위상은 자연스럽게 격상될 것이라고 확신한다. 이는 바로 우리 군이 강군으로 가는 지름길이기도 하다.

제 5 장 병영생활

제 5 장 병영생활

제1절 내무생활

1. 내무생활

내무생활이란 영내거주 의무가 있는 군인이 내무실을 중심으로 이루어지는 일상활동이다. 내무생활의 목적은 전우애를 기르고, 단체생활에 필요한 협동정신과 자율성을 배양하며, 병영생활에서 오는 심신의 피로를 회복하고, 유사시 즉각 임무를 수행할 준비를 갖추는데 있다.

1) 내무실 거주대상 및 지도

가. 거주대상

원칙적으로 병과 내무생활 대상 하사로 하고 GP, GOP, 해(강)안 경계부대, 격오지 등 별도의 독신 간부숙소가 없는 곳은 간부의 거주도 가능하다.

나. 내무생활지도

병사들의 내무생활 지도 및 감독하는 책임자는 중대장, 소대장, 행정보급관, 부소대장, 당직사관 / 부사관, 분대장 이다. 내무생활지도를 위해서는 인간중심의 부대관리 개념하에 부하에 대한 사랑과 이해, 자기희생이 선행되어야 한다.

다. 부착물 및 비치품

부착물은 육군 복무신조, 직속상관 관등성명(1 · 2차 상급지휘관), 알림판(지시사항, 병영생활 행동강령, 내무생활 임무 분담표, 표어, 포스터, 기타 등), 분대장 임명장, 정서순화용 액자 및 달력 등이다.

비치품은 총기대, 국방일보 철과 오락기구(장기, 바둑), 주전자, 컵, 온도계, 거울, 휴지통, 기타 등이다.

2. 일과

일과란 교육훈련, 근무 및 내무생활 등 일일 과업을 말하며(기상, 점호, 국기게양 및 강하, 식사, 오전 및 오후과업, 자율 활동시간, 취침) 등으로 구분한다. 군대는 1일 24시간 계획된 일과를 수행하기 때문에 일과표는 강제성을 지닌 명령으로 일과 계획은 사전에 전 인원에게 전파하고 공휴일 및 휴무일에는 별도의 휴무계획서를 작성하여 시행한다.

1) 일조점호

일조점호는 하루를 시작하는 첫 일과로 인원파악과 건강상태를 확인하고, 애국가 및 육군복무신조 제창, 조국 기도문 낭독을 통해 확고한 국가관과 투철한 군인정신을 함양하기 위해 실시하는 행사이다.

가. 진행순서

① 점호집합 ② 점호준비 보고 ③ 인원 및 건강점검 ④ 애국가제창 ⑤ 육군복무신조 제창 ⑥ 조국기도문 낭독 ⑦ 지시사항하달 ⑧ 점호 끝 보고 순이다. 체력단련 미실시 부대는 지시사항 하달 후 지휘관 책임 하 여건을 고려 국군도수체조 및 뜀걸음을 실시한다.

> 육군복무신조
> 우리는 국가와 국민에 충성을 다하는 대한민국 육군이다
> 하나, 우리는 자유민주주의를 수호하며 조국통일의 역군이 된다.
> 둘, 우리는 실전과 같은 훈련으로 지상전의 승리자가 된다.
> 셋, 우리는 법규를 준수하고 상관의 명령에 절대 복종한다.
> 넷, 우리는 명예와 신의를 지키며 전우애로 굳게 단결한다

나. 국군도수체조순서

① 다리운동 ② 팔운동 ③ 목운동 ④ 가슴운동 ⑤ 옆구리운동 ⑥ 등배운동 ⑦ 몸통운동 ⑧ 팔다리운동 ⑨ 온몸운동 ⑩ 뜀뛰기운동 ⑪ 팔다리운동 ⑫ 숨쉬기 운동

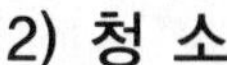

2) 청 소

청소는 항상 청결하고 정돈된 환경을 조성하기 위하여 내무생활 임무분담제에 따라 자율적으로 실시한다. 내무생활 임무분담제란 내무생활간 해야할 과제를 도출, 열외 없이 임무를 부여하되 개인임무와 공동임무(분대단위)로 구분한다.

3) 식 사

식사시 단정한 복장과 즐거운 마음으로 질서를 유지한 가운데 규정된 시간과 장소에서 식사를 해야 하며, 취사장을 보유한 부대에서는 표준식단표 준수, 정량급식 및 위생을 감독하기 위해 매식사시 급양감독관을 임명하여 운용한다.

4) 과업출장 준비

과업은 주간 훈련예정표에 의거 진행되며 과업출장전 각개병사는 청소 및 정돈, 과업준비(복장착용, 장비 · 교보재 · 작업도구준비, 군장결속 등), 필요시 일품검사 준비를 하며 분대장 이상 지휘자(관)는 인원 및 건강확인, 복장 및 장비점검, 정신교육을 실시한다.

5) 상향식 일일결산 및 자율활동 시간

오후과업이 종료되면 상향식 일일결산과 석식, 청소, 장비손질, 기타활동, 근무자 신고 및 동아리활동 등을 실시한다. 결산목적은 오늘 업무수행 결과 평가 및 도출된 문제점에 대한 대책을 강구하고 내일업무 확인 및 점검, 업무수행 간 예상되는 제한사항 해소와 지시 및 공지사항을 전파한다.

6) 일석점호

매일 취침 전에 인원 및 건상상태를 점검하고 하루를 결산하는 행사로 내무실에서 하는 것이 원칙이며, 필요시 내무실 밖에서도 실시한다.

가. 점호순서

① 점호준비 보고 ② 인원 · 건강 · 장비 점검 ③ 육군복무신조 제창 ④ 지시사항 하달 ⑤ 기타활동(필요시) ⑥ 점호끝 보고

7) 취침준비 및 소등

일석점호가 끝나면 취침준비 실시 후 22:00에 취침방송과 당직사관 통제하 취침, 취침시에는 하루를 반성하는 명상의 시간을 부여한다.

8) 경계부대 일과

GP, GOP, 해(강)안 경계부대는 부대의 임무와 여건 때문에 표준일과표를 적용하는 부대와 일부상이하게 일과표 적용 즉 점호, 식사, 과업출장 준비는 표준일과표를 준용하고, 합동근무 투입 및 철수는 별도로 적용한다.

9) 상근예비역 일과

상근예비역은 원칙적으로 내무생활을 미실시 한다. 다만, 작전, 훈련, 특정한 교육훈련시에는 예외로 한다. 일반적으로 상근예비역 일과는 출근점호와 오전 및 오후과업, 식사, 퇴근점호로 구분하며, 퇴근점호를 제외하고는 표준일과표의 절차와 동일하게 적용한다.

10) 휴무일과

정상적인 근무일로부터 일정기간 동안의 휴식을 말하며, 정기휴무, 공휴일, 특별휴무로 구분한다. 정기휴무는 토요일 오후부터 일요일 일석점호 이전까지, 공휴일은 국가에서 지정한 휴무일, 특별휴무는 부대창설기념일과 진중휴무일이다. 휴무일 일과의 핵심은 휴식과 전투준비의 조화를 유지하는 것이다.

11) 비상소집

비상사태에 대처하기 위하여 군인 및 군무원을 긴급히 소집하는 것으로, 비상소집이 발령되었을 때에는 지체없이 소속부대로 귀대해야 한다. 발령시기는 국가비상사태가 발생한 때, 작전비상사태가 발생한 때, 천재지변, 기타 재난이 발생한 때, 기타 지휘관이 필요하다고 인정한 때 등이다.

3. 병영생활

중대급 이하 제대에서 병영행사는 주로 각종 신고(전입, 전출, 진급, 파견 및 출

장)와 분대장 임명식, 총기수여식, 기타 행사(생일자 · 이등병 · 운전병 · 취사병의 날)가 이루어진다.

1) 각종신고

가. 전입신고

전입자에게는 편안하고 따뜻한 마음이 들도록 분위기를 조성하고 신고준비는 행정보급관이, 신고는 중대장이 종결하고 행정병에게 신고준비를 시키거나 소대, 분대, 내무실 신고는 일체 금지한다. 개인장구류는 정비, 보수, 세탁하여 최대한 양호하고 깨끗한 상태로 지급하고 면담시 정확한 신상파악(애로 및 건의사항 포함), 신병에게 부모와 전화 통화 기회를 부여한다. 개인특기, 중대여건, 본인희망 등을 고려하여 보직을 부여하고 전입자 소개는 총기수여식과 병행한다.

나. 전역 및 전출 신고

전역 및 전출자에게 중대발전에 기여했다는 자부심을 가지도록 격려한다. 전역 및 전출 당일까지 최선을 다하는 모습을 견지토록 유도한다. 개인화기 및 장구류는 정비, 보수, 세탁하여 1일전 반납하고 전역 및 전출신고는 최대한 신속하게 실시한다.

2) 총기수여식

전입신고 및 면담 후 연병장 또는 막사 앞에서 여건을 고려하여 실시한다. 총기수여식은 군인으로 거듭나는 행사이므로 엄숙하고 절도있게 실시해야 한다.

선 서 문

하나. 나는 지급받은 총기를 나의 생명과 같이 아끼고 신성한 국방의 의무에만 사용 하겠습니다.
둘. 나는 지급받은 총기가 국민의 피땀인 세금으로 마련된 것임을 명심하고 내 몸과 같이 아껴 항상 청결히 보존하며, 사용가능한 상태로 유지하겠습니다.
셋. 나는 지급받은 총기를 어떠한 이유라도 타인에게 대여 또는 양도하지 않겠습니다.
넷. 나는 지급받은 총기의 관리소홀로 발생한 사고에 대하여 책임을 지겠습니다.

3) 분대장 임명식

전임 분대장 전역 1주일 전 · 후에 실시하며 분대장 인계인수는 사전 충분한 시간을 두고 실시하고, 소대장이 직접 확인한다. 보고서는 불필요하고, 인계인수 미흡시 소대장 통제하 인계인수 한다. 주요 인계인수사항은 지휘관(자)지휘의도, 분대원 신상파악 결과, 분대 장비 및 물자, 지휘통솔 및 교육훈련 노하우 등이다.

4. 내무검사

내무검사는 제규정의 이행여부, 교육정도, 병기 · 시설 · 장비 · 비품 · 보급품의 보존상태, 명령지시의 숙지 및 실행상태 등의 점검을 통해 미비점을 도출하여 보완함으로써 완벽한 전투준비태세를 유지하는데 있다.

1) 내무검사 종류

정기내무검사는 주말, 월말 또는 연말에 정기적으로 실시하는 내무검사로 통상 지휘관이 주관하지만 위임하여 실시가 가능하고, 수시검사는 불시에 실시하거나 별도지시에 의거 실시하는 내무검사로 지휘관 또는 지휘관이 지명한 장교 · 준사관 · 부사관, 당직근무자가 실시한다.

2) 준비사항 및 수검요령

지시된 복장으로 내무실 침상위에 일석점호와 동일한 대형으로 정렬하고 행정병 및 기타 근무병은 해당지역에 위치한다. 모든 출입문 · 책상서랍 · 서류함 개방, 장비 정돈, 현황을 유지한다.

제2절 근 무

1. 근무

근무란 부대의 인원과 재산을 보호하고, 규율과 보안을 유지하며, 각종사고를 예방하고, 비상사태에 대비하기 위하여 실시하는 제반활동이다. 당직근무는 통상 일일단위로 교대하기 때문에 일직사관(사령)이라 부르는 경우가 있는데 당직사관(사령)이라 해야 한다. 당직근무는 당직사관, 당직부사관, 당직병, 위병근무는 위병조장과, 초병, 기타근무는 불침번, 군기순찰 등이 있다.

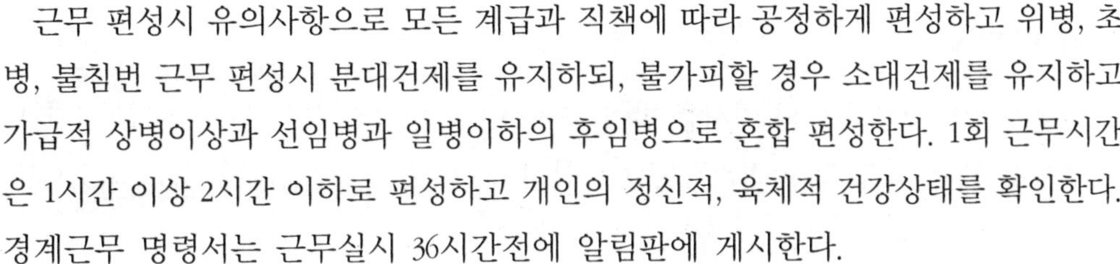

근무 편성시 유의사항으로 모든 계급과 직책에 따라 공정하게 편성하고 위병, 초병, 불침번 근무 편성시 분대건제를 유지하되, 불가피할 경우 소대건제를 유지하고 가급적 상병이상과 선임병과 일병이하의 후임병으로 혼합 편성한다. 1회 근무시간은 1시간 이상 2시간 이하로 편성하고 개인의 정신적, 육체적 건강상태를 확인한다. 경계근무 명령서는 근무실시 36시간전에 알림판에 게시한다.

2. 당직 근무

당직근무란 일과시간 지휘관의 명을 받아 군기유지, 제규정 이행, 인원·물자·시설보호, 기타 각종 사고예방을 목적으로 하는 근무이다.

당직사관은 위관 및 부사관, 당직부사관은 분대장 및 병장, 당직병은 상병이상으로 편성한다.

1) 당직사관

지휘관 또는 당직사령의 지시를 받아 과업 종료시간부터 익일 과업개시시간까지 지휘관을 대리하여 근무한다. 점호, 순찰, 위생검사, 장비 및 보급품검사 등을 통하여 제규정 이행 및 군기유지, 인원 통제, 근무자의 근무상태, 장비관리 상태, 화재 및 도난 예방, 위생상태 확인 및 감독 등 필요한 조치를 강구한다. 근무자 총기, 탄약 불출 및 반납을 확인하고 사고발생시 필요한 조치 후 지체 없이 당직사령 또는 지휘관에게 보고한다.

2) 당직부사관

당직사관의 지시를 받아 근무하며 ① 인원 및 장비현황 파악 ② 근무자 인솔 및 교대, 순찰 ③ 과업진행사항 전파 및 통제 ④ 일조 및 일석점호시 병력통제 및 보고 ⑤ 당직사관 순찰시 당직근무실 위치 ⑥ 청소 및 정리정돈 등 기타 당직사관이 지시한 사항 등을 확인한다.

당직사관의 지시에 의거 순찰간 제규정의 이행 및 군기유지, 인원통제, 근무자의 근무상태, 군용물의 관리유지, 화재 및 도난 예방, 위생상태를 확인하여 필요한 조치를 취하고 당직사관에게 보고한다. 환자, 출장, 식사 및 기타 변동인원 파악 후 당직사관에게 보고한다.

3) 당직병

당직사관(당직부사관)의 지시를 받아 근무하며 ① 인원 및 장비현황 파악 ② 과업 진행사항 전파 ③ 청소 및 정리정돈상태 확인 ④ 기타 지시받은 사항 등을 확인한다.

3. 위병근무

위병근무란 부대의 인명과 재산을 보호하고, 규율과 질서를 유지하며, 영문출입자 통제, 군사비밀 보호, 화재예방 등을 목적으로 하는 근무이다.

위병조장은 대대급 이하부대는 분대장 또는 병장, 초병은 상병이상 선임병과 일병이하의 후임병 으로 혼합 편성한다.

1) 초 병

초소에 배치되어 근무하는 자를 말하며, 초병은 정당한 사유없이 자신이 근무하는 초소를 이탈해서는 안되고, 지정된 시간내에 초소에 위치하여야 한다.

2) 초병의 권한

① 초병은 경계근무상 상관외 누구의 지시도 받지 않는다. ② 초병은 수하 불응자에 대하여 포획하거나 무기 사용이 가능하다. ③ 초병은 출입하는 모든 인원과 차량에 대하여 필요시 검문검색을 실시한다.

3) 초병의 무기 사용시기

① 신체, 생명 또는 재산을 보호함에 있어서 그 상황이 급박하여 무기를 사용하지 아니하면 보호할 수 없을 때 ② 야간에 3회 이상 수하를 하여도 이에 불응하거나 도주 또는 초병에게 접근할 때 ③ 폭행을 당하거나 또는 당할 우려가 있을 경우 그 상황이 급박하여 자위 목적상 부득이 할 때 이다.

4) 수하요령

① 손들어! ② 움직이면 쏜다! ③ 암구호(문어 및 답어) ④ 누구냐! ⑤ 용무는! ⑥ ()보 앞으로 또는 옆으로.

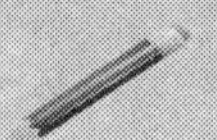

5) 보 고

① 최초보고는 상황발생시 즉시 인지한 사실 그대로 신속하게 보고한다.

② 중간보고는 최초보고 사항 중 변경되었거나 수정된 사항 위주로 정확하게 보고하고 진행사항을 6하 원칙에 의거 수시로 보고한다.

③ 최종보고는 감시 및 식별, 전반적인 조치내용을 상황발생시 부터 종료시까지 종합하여 보고한다.

4. 기타근무

1) 불침번

일석점호 직후부터 익일 기상시 까지 당직사관의 지시를 받아 근무하며 내무실의 출입자 감시, 화재 및 도난예방, 환자파악을 한다. 근무간 수시 확인사항으로는 ① 인원 및 장비 ② 화재 및 도난 예방 ③ 환자유무(발생시 즉시 보고) ④ 내무실 환기 및 온도 점검(동계 18℃유지) ⑤ 근무자 근무시간 통보 ⑥ 각 병사의 취침상태 점검 ⑦ 기타 지시된 사항을 확인한다.

2) 군기순찰

지휘관의 명을 받아 영내·외 순찰, 군기유지를 유지하고 질병치료 또는 기타보호 필요시 진료안내 및 보호, 경미한 군기 위반자는 현지에서 교정하고 중요 군기위반자는 소속부대 또는 인근 헌병대에 통보 및 인계한다. 주요 확인사항으로는 ① 규정된 복장 착용 ② 경례, 보행군기(탈모 및 입수보행, 보행중 흡연 및 취식) ③ 내무부조리 및 안전예방 활동 ④ 환경보전 활동 ⑤ 기타 지시된 사항을 확인한다.

제3절 복 지

1. 복지

개인 기본권을 보장하고, 일상생활에서 발생하는 욕구를 충족시켜 근무의욕을 고취시키는 활동으로 면회, 외출 및 외박, 휴가, 종교활동, 우편물교환, 통신 등이 포함된다. 궁극적으로는 업무의 능률과 전투력 증진에 기여하는 것이다.

2. 면 회

병은 원칙적으로 휴무일에만 면회가 가능하고 평일에는 불가하다. 단, 부득이한 경우 대대장급 이상 지휘관 승인후 지정된 장소에서 면회는 가능하다. 면회실은 위병소 부근에 설치함이 원칙이나 예외적 상황을 고려하여 별도의 장소에도 설치가 가능하다.

면회시에는 지정된 장소에서 고성방가, 소음, 음주행위를 금지하고 쓰레기는 되가져 간다. 또한 부대를 배경으로 사진촬영을 하여서는 안된다.

3. 외출 및 외박, 휴가

1) 외출 및 외박의 구분

가. 정기외출 : 공휴일에 정기적으로 허가하는 외출

나. 특별외출 : 포상, 위로, 특수한 사정으로 특별히 허가하는 외출

다. 공용외출 : 업무연락 및 기타 공무수행을 위해 실시하는 외출

라. 외 박 : 특별한 사유가 있거나 특별한 기간에 영외에서 숙박하고 귀영하는 제도

※ 외박시간은 48시간을 초과할 수 없으나, 공휴일이 지속될 경우 72시간까지 허가 가능하며, 21:00까지 귀영해야 한다.

2) 휴 가

휴가는 실시목적에 따라 연가, 공가, 위로휴가, 포상휴가, 청원휴가, 기타휴가(전역전 휴가, 장기근속휴가, 재해구호 휴가)로 구분한다. 휴가는 보직병력의 15% 이내

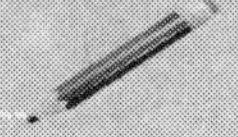

로 제한한다.

3) 사적용무 해외여행

장관급 지휘관(육직부대 : 영관급 지휘관)의 승인 하에 친족의 경조사 및 질병치료, 휴가 중 국외여행을 목적으로 수교국가중 무관주재국 및 겸임국에만 여행이 가능하다.

지금은 중단된 금강산 여행은 장병, 군무원, 사관생도, 사관후보생, 피교육생, 군고용원은 불가하지만 국방부 장관 승인시에는 가능하다.

4. 우편물 교환

영내 거주하는 장병이 편지, 전보, 소포 등을 외부인이나 영내인원에게 보내고 받는 것으로 군사우체국을 통하는 것이 원칙이지만 상급부대 승인시에는 민간우체국을 통해서도 가능하다.

우편물은 최대한 신속하게 수발되도록 조치하고 영내거주 군인은 면회자 및 기타 인편을 이용하거나 민간인 주소 또는 명의를 빌려서 우편물발송을 금지한다. 또한 모든 우편물은 통신비밀 보호법 제3조(통신 · 대화비밀의 보호)법률에 의하지 아니하고는 검열이 불가하다.

5. 통신

1) 군용전화

전화를 걸때는 자신의 근무처와 계급, 성명을 말한 다음 간단명료하게 용무내용만 통화하되, 비밀사항은 반드시 보안장비 또는 음어통화를 활용한다.

전화를 받을때는 신호음이 울리면 최단시간 내 받고, 자신의 소속(근무부서), 계급, 성명을 밝힌다.

2) 인터넷(인트라넷)

인터넷은 장관급이상 지휘관 승인 하 설치가 가능하며 보안조치를 강구해야 한다. 인터넷 보안을 위해서는 국방정보통신망(인트라넷) 및 기타 컴퓨터와 분리해야

하고 침입차단·탐지시스템 등을 이용하여 외부로 송신되는 모든 자료에 대한 통제를 강구하고 인가된 인원만 사용한다.

6. 종교 활동

종교 활동은 군인으로 하여금 올바른 인생관과 가치관을 확립하고, 신앙전력화로 무형전투력을 극대화하기 위한 요소이다. 각급 부대 지휘관은 군에서 인정하는 종교를 수요일 자율 활동시간 및 일요일 종교 활동시간에 임무수행에 지장이 없는 범위 내에서 자유롭게 종교 활동을 할 수 있도록 여건을 보장한다.

군인은 자기가 신봉하는 종교를 이유로 임무수행에 위배되거나 군의 단결을 저해하는 일체의 행위를 금지하고 지휘관 또는 군종장교는 개인적으로 신봉하는 종교를 장병에게 강요해서는 안된다. 또한 종교적인 편견을 가지고 부대를 지휘하거나 장병들에게 영향을 주어서는 안된다.

제4절 병영관리

1. 병영관리

병영관리란 병영내 인원, 장비, 물자, 시설 등을 효율적으로 관리하는 활동으로 전투력을 극대화 시키고 사고예방에 기여함에 있다.

1) 병영생활 행동강령

① 분대장을 제외한 병 상호간 명령이나 지시, 간섭을 금지한다.
② 어떠한 경우에도 구타 및 가혹행위를 금지한다.
③ 폭언·욕설·인격모독 등 일체의 언어폭력을 금지한다.
④ 언어적·신체적 성희롱, 성추행, 성폭행 등 성군기 위반행위를 금지한다.

2. 병원관리

병원관리란 전투력을 구성하는 병력을 효과적으로 관리하는 제반 활동으로, 중대에서는 신상파악, 전입신병과 보호 및 관심병사관리, 내무부조리 근절, 건강관리 등이 주요 업무이다

1) 신상파악

성장환경, 개인특성, 부대생활, 당면문제를 면담, 관찰, 조언, 개인의사, 각종기록, 과학적 기법(교우도식, KMPI, 바이오리듬 등)을 활용한다.

2) 신상파악 시 착안사항

① 상대방이 자연스럽게 이야기할 수 있는 분위기를 유도한다.
② 감시당하고 있다는 느낌이 들지 않도록 신상 파악한다.
③ 말을 하기보다는 듣는 입장에서 대화한다.
④ 신상 파악시 인지한 내용은 특별한 경우가 아니면 문제 삼지 않는다.
⑤ 어느 한 가지 방법으로 파악한 결과를 신봉해서는 안된다.
⑥ 간부라고 신상파악을 소홀히 해서는 안된다.
⑦ 신상파악내용은 생활지도기록부에 기록한다.

3) 보호 및 관심병사 관리

① 신상파악 결과를 기초로 문제점을 입체적으로 정확히 파악하여 적시적절하게 조치
② 부대 내 모든 조직을 이용하여 관리
③ 부모, 가정, 친구, 동기 등과 연계하여 관리
④ 간부 및 군종장교, 병영 상담관과 1 : 1 관리
⑤ 마약, 정신이상자, 질병자 등은 전문가의 도움을 받아 조치
⑥ 격려 및 칭찬 등으로 군 생활에 자신감을 가질 수 있도록 하고 달성 가능한 임무를 부여하여 성취감을 고취시킨다.

4) 내무부조리 근절

내무부조리의 유형에는 구타, 가혹행위, 암기강요, 성군기 위반, 금전거출, 기타 등이다. 성군기 위반이란 성을 매개로 군기강을 문란하게 하여 부대단결을 저해하거나 군 위상을 실추시키는 성희롱, 성추행, 성폭행을 말한다.

5) 건강관리

군인의 건강을 유지하고, 체력을 향상시켜 군의 전투력을 극대화 시키기 위한 보건, 위생 및 체력단련 활동이다.

가. 위생관리 : 개인위생, 부대위생, 야전위생, 위생 점검

① 개인위생은 구강, 손, 발, 목욕 및 세탁, 두발 상태를 점검한다.

② 부대위생은 취사장 및 식당, 화장실 및 세면장, 저수탱크, 피복등 기타위생으로 구분, 관리한다.

③ 야전위생은 숙영시설, 취사장, 화장실, 쓰레기 분리수거장을 확인하고 관리한다.

④ 위생 점검은 개인위생(일일), 위생시설(주1회 이상), 신체검사(월1회 이상 간이신검, 연1회 이상 정밀신체검사)

나. 질병관리 : 전염병 관리, 계절별 주요 질병관리

① 봄, 여름은 무좀, 식중독 및 세균성 이질, 수인성 전염병(콜레라, 장티푸스), 유행성 결막염(아폴로 눈병), 사교상(뱀), 온열손상(열경련, 열피로, 열사병), 말라리아 등을 집중 관리하여야 한다.

② 가을, 겨울철은 유행성출혈열, 렙토스피라증, 쯔쯔가무시증, 한랭손상등이 있고 기타 내성발톱, 봉와직염, 옴, 황사 등을 집중 관리하여야 한다.

③ 전염병의 분류 및 조치는 제1군 전염병(콜레라 등)은 발생 즉시 격리하고 제2군 전염병(일본뇌염 등)은 예방접종을 하며, 제3군 전염병(유행성출혈열 등)은 발생즉시 군단 지원병원급 이상 병원부대로 후송한다.

다. 환자관리 : 진료, 입원, 민간병원 위탁진료, 퇴원

① 진료는 가장 가까운 군 의무시설에서 1차 진료 후 정상적인 외래진료 절차에 따라 조치한다.

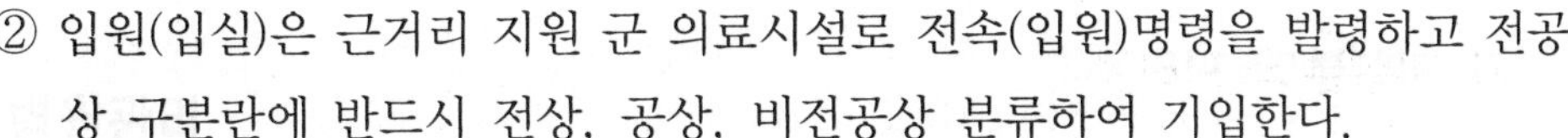

② 입원(입실)은 근거리 지원 군 의료시설로 전속(입원)명령을 발령하고 전공상 구분란에 반드시 전상, 공상, 비전공상 분류하여 기입한다.

③ 퇴원하는 인원은 병원에서 발부하는 「퇴원환자 건강정보지」를 적극 활용하여 조기적응에 노력한다.

④ 응급환자는 일보변경 약속표 등을 지참하여 가까운 병원(민간병원 포함)으로 후송하고 민간병원으로 후송시는 응급처치 후 즉각 군 병원으로 후송한다.

⑤ 민간병원 위탁진료는 군 의료지원 능력이 미치지 못하거나 환자상태가 위급하여 군 의료기관으로 후송이 제한 될 때 민간병원에서 응급처지한다.

3. 시설관리

시설관리란 부대에서 보유하고 있는 시설을 사용가능 상태로 유지하기 위하여 수행하는 시설보수 및 유지업무를 담당한다.

1) 시설보수

가. 격별보수는 건물 재산가격의 3%이내는 사용부대에서 보수한다.

① 월 1회 이상 시설물점검(시설전담 부사관)보수소요 확인하고 점검결과 건물 예방보수 점검카드에 기록 및 건의한다.

② 행정보급관은 건물 예방보수 점검카드를 근거로 보수소요를 작성하여 지휘관에게 보고한다.

③ 매분기 초 자금수령 및 물품구매 후 부대일지에 기록한다.

④ 시설물 보수 결과 부대일지 및 건물이력카드에 기록을 유지하고 사용결과는 지휘관과 상급부대에 매 분기 말 보고한다.

나. 소규모 보수(위임 및 지정보수)는 대규모 보수 방지를 위해 시설물 재산 가격의 4~20%까지 투자하는 보수이다. 행정보급관은 주기적으로 시설보수사항을 건의하고 공병부대는 부대시설 보수 계획에 반영하여 보수한다.

다. 대규모 보수(계획보수)는 시설물 수명을 현저히 증가시키기 위한 보수로써 군사령부, 육군본부의 계획에 의하여 보수한다.

2) 시설물의 관리

모든 건물은 일련번호를 부착하고 출입문 좌측상단에 건물 이력카드함을 설치하여 건물이력카드를 비치하고 월 1회 이상 점검 후 기록한다. 또한 관리하고 있는 건물에는 관리책임자(방화, 긴물)를 임명하고 긴물 입구 상단에 표찰을 부착한다. 모든 열쇠는 행정반에 통합보관 열쇠함에 보관하고, 통합 열쇠함 열쇠관리는 주간에는 행정보급관, 야간에는 당직사관이 휴대하여 관리한다.

4. 장비관리

장비 및 보급품은 전투준비태세 유지를 위한 핵심요소로서, 철저한 예방정비와 주기적인 점검 및 손질을 통해 항상 가동상태를 유지함으로써 전투준비태세 완비에 기여한다.

전투준비태세를 완비하기 위해서는 장비별 관리 책임자 임명(정 · 부) 및 운용, 장비별 수리부속 및 부수기재 확보, 고장 발생시 원인 분석 교육, 관리병 정비능력 상태 점검(월 1회) 및 정비여건 보장, 장비취급 및 정비요령 숙지 등이다.

5. 보급품 관리

전투력을 유지하고 향상시키기 위해서는 보유하고 있는 보급품을 경제적이고 효율적으로 관리하여 사용하는 것이 중요하므로 전 장병은 보급품 애호정신과 주인정신을 가져야 한다.

주기적으로 보급품관리의 중요성 및 관리요령을 교육하고 개인보급품 주기표를 부착하여 실명제 관리를 하며 내무검사, 일품검사, 일석 점호시 개인보급품 보유 및 관리 실태를 확인한다.

일품검사는 부대 보유물자를 분기 1회 검사하는 것으로 상시 부대 전투준비태세 유지에 기여할 뿐만 아니라 실 소요량을 산출하기 위한 기초가 되는 중요한 활동이다.

6. 환경보전

주둔지 자연환경 보전 및 쾌적한 생활환경 조성으로 병영생활의 질을 향상시키

고, 환경 친화적인 활동으로 녹색병영을 건설하는데 있다.

1) 환경보전 이유

대부분 주둔지가 상수원 지역에 위치하여 수질에 영향을 미치고 있으며 부대전술공사, 훈련, 작전시 불가피한 자연훼손 발생하고 있다. 병영생활로 인한 환경오염 유발요인 상존하고 자연생태계의 보고인 비무장 지대 및 민통선 지역을 관리해야 한다.

가. 수질오염 예방활동을 위해서는 부대에서 사용하는 물은 최대한 절약하고, 합성세제 사용을 억제하고, 폐식용유는 처리기준을 준수한다.

나. 폐기물 오염예방활동 위해서는 폐기물 감량화 노력, 쓰레기 분리수거, 수집 및 매각 등을 통하여 예방한다.

다. 음식물 쓰레기는 병영생활에서 가장 많이 발생(35%)되는 것으로 규정대로 처리하지 않으면 토양 및 수질오염의 원인이 된다.

2) 야외훈련 간 환경보전

가. 폐기물은 전투식량, 음식물 쓰레기, 각종 분리수거용품 등을 정리하여 훈련장에 남지 않도록 전장정리를 하여야 한다.

나. 자연훼손은 무분별한 벌목과 쓰레기무단매립, 숙영흔적 방치, 진지축성 후 미복구 등이며 훈련 전 환경보전에 대해 교육시켜야 한다.

제5절 인 사

1. 인사관리

1) 복무유형별 의무복무기간

복무유형별 의무복무기간과 장학금 및 위탁교육 수혜를 받았을 경우 추가 복무기간을 제시

가. 복무유형별 의무복무기간

① 장기복무자 7년

② 단기복무자 : 남군 4년, 여군 3년

나. 장학금 수혜를 받은 자의 추가 복무기간

① 임관전 장학생으로 선발되어 수혜를 받은 자 : 수혜기간

② 복무 중 야간 위탁교육 수혜자 : 수혜기간의 1/2

* 야간 위탁교육은 부대에서 근무하면서 교육을 받는 것임.

③ 복무 중 외국유학 수혜자 : 수혜기간의 2배

2) 군인의 계급과 부사관의 서열

군의 계급과 명칭, 그리고 부사관의 서열을 명확히 이해하고, 군에 종사하는 군무원과의 관계, 그리고 일반직 공무원과의 관계를 이해

가. 군인의 계급과 명칭

장교는 장관·영관 및 위관으로 구분한다.

① 장관 : 원수, 대장, 중장, 소장, 준장

② 영관 : 대령, 중령, 소령

③ 위관 : 대위, 중위, 소위

④ 준사관은 준위로 한다.

⑤ 부사관 : 원사, 상사, 중사, 하사

* 부사관후보생의 서열은 하사 다음으로 한다.

⑥ 병 : 병장, 상병, 일병, 이등병

* 훈련병은 이등병에 속한다.

나. 주임원사의 서열

① 주임원사는 해당 부대 부사관 중 최고의 서열

② 주임원사는 직책에 대한 서열로써 각종 행사시 해당 부대의 참모 서열을 적용

③ 주임원사는 계급이 아닌 직책으로써 계급서열(준위 다음)과 직책서열(해부대 참모)을 적용

2. 교육 및 선발

1) 국외군사교육

미래 국방환경 변화에 주도적 역할을 수행할 수 있는 핵심 전문인력 육성과 군 정보화·과학화를 주도할 선진 군사지식 습득 및 해외 지역전문가 양성, 우방국 협력 증진을 위한 능력개발 교육제도

① **지원자격** : 중사 이상의 장기복무자

② 평가요소는 개인자력(평정, 교육, 상훈, 경력, 잠재역량)와 어학능력, 면접임.(시기 및 평가요소는 당해연도 지침에 의거 변경 가능)

* 격오지 / 접적지역 근무자는 우대방침에 의거 가산점 부여

2) 능력개발 국비 위탁교육

직무수행능력 향상 및 자기 발전을 위하여 국내 야간 대학(교), 사이버대에 개인 학비로 다니는 인원을 선발하여 장학금을 지원하는 교육제도

① **지원자격** : 장기복무 부사관

② **평가요소** : 평정, 교육성적, 경력평가, 상훈으로 구분

③ **학비지급 기준** : 석·학사(야간) 4개 학기, 전문학사(야간) 4개 학기

* 사이버과정 : 학사(4-8개 학기), 전문학사(4개 학기)

④ **선발기준**

- 교육 이수후 추가 가산복무(수학기간의 1/2)
- 국비 위탁교육을 받은 실적이 없고, 처벌 및 과사실이 없는 자원
- GOP, 해·강안 등 격오지 근무간부 사이버과정 위주 선발
- 병과 및 직군, 직무 등을 고려 전공학과 범위에서 선발

⑤ **제한사항**

- 통학거리 1시간 이상 선발 제한(사이버과정 제외)
- 즉각 출동 및 대기가 요구되는 직위 제한
- 국비 위탁교육 기 수혜자는 선발 불가

3) 군사영어반

연합작전 수행능력 구비 및 우수한 어학자원 육성을 위한 교육과정

① **지원자격 :** 중사이상 장기복무 및 장기예비 선발자, 어학능력(TOEIC, TEPS) 450점 이상자

② **평가요소 :** 평정, 교육, 경력, 상훈, 영어능력(선발시험), 잠재역량

③ **선발시 제한사항**

- 근무태도 불성실자, 악성 사고자 및 군 위신 실추자
- 보수교육 중이거나 교육이수 후 장기활용이 제한되는 자
- 지휘관 의견 및 근무평정에 불성실자로 평가된 자
- 현 직책에서 보직기간이 만 10개월 미 경과자

4) 해외파병

국가를 대표하는 국제 평화유지를 위해 해외파병 임무를 수행할 인원을 선발하는 제도

① 선발계획 및 공고는 육군 인트라넷 공지사항

② 파병기간은 진급 경력 평가시 해 계급 필수직위 및 격오지 근무로 인정

③ 파병기간 동안 해외파병 수당 지급

④ 평정, 지휘관의견서 등 부대에서 성실하게 근무한 인원을 선발하므로 현재 근무하는 직위에서 성실하게 근무하고, 자기관리가 철저해야 함.

5) 장기복무자 선발

장기복무자란 본인의 지원에 의거 선발되어 의무복무기간 7년 이상 근무자

① **선발시기 :** 매년 10월(년 1회)

- 남군 : 임관 4년차 장기예비자로 선발 후, 6년차에 장기복무자로 확정
- 여군 : 임관 3년차 장기예비자로 선발 후, 5년차에 장기복무자로 확정

② **평가요소 :** 근무평정, 지휘추천, 교육성적, 심층면접, 상훈, 격오지근무, 의견서, 심사위원 평가(잠재역량, 질적평가)

* 지휘추천 배점 비중이 크므로 임무에 대한 열정적 근무 자세 필요.

* 특기분야 잠재역량(경연대회 상장, 자격증, 학위 취득 등)을 보완

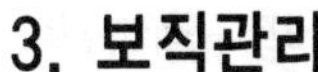

3. 보직관리

1) 보직관리 개념 방향

편제된 계급과 직군 직위에 보직되어 최소 12개월 이상 복무하고, 편제직위 보직 불가시 동일 병과내에 보직 가능함을 제시

가. 보직관리

① 편제된 계급과 직군 직위에 보직함을 원칙으로 하되 편제직위 불가시 동일 병과내 보직 가능

② 최소한 1개 직위에 12개월 이상 보직

③ 상위직위 보직시에는 장기복무자 또는 진급예정자 우선 보직

* 주임원사 직위는 공통으로 보직할 수 있음

나. 순환보직

① 순환보직으로 폭넓은 업무 능력 배양

② 단계별 보직관리로 업무능률 향상

③ 동일 직위 장기근무로 인한 권태감 해소 및 복무의욕 고취

④ 필수직위 미수행시 진급에 불이익, 다양한 제대 및 직책 근무 해야 함.

2) 인사교류

전방과 후방지역에서 근무하는 인원들이 상호 교류를 통해 근무의욕을 고취하고 근무 형평성을 보장하기 위해 시행하는 제도

가. 교류

① 전·후방교류 : 1·3군 10년 이상 장기근속자 중 희망자

② 측방교류 : 1·3군 전입 후 3년 이상 근무자 중 희망자

나. 교류방법

① 육·국직부대 및 2작사 근무 부사관은 1·3군으로 전원교류

② 1·3군 근무 부사관은 육·국직 및 2작사로 교류

③ 측방교류 희망자는 1군과 3군 상호교류

④ 후방 부대로 교류는 1·3군에서 장기 근속한 인원을 우선 분류
⑤ 부부군인, 다자녀, 고충부사관 등은 개인 우대규정, 희망지역 근무가능
* 희망지역에서 근무 후 인사유형별 혜택기간이 종료되면 원복 또는 최소 근무지 고려 재분류

3) 초임부사관 부대분류

초임부사관은 부사관학교에서 양성교육을 수료한 인원을 대상으로 무작위 공개 전산분류하고, 해당 병과별 최하급 제대에 보직

가. 보충부대 판단

① 육본(군별) ⇒ 군사령부(사·여단별 보충판단) ⇒ 육본(공개전산분류)
② 현역자원 : 원소속부대 복귀(부대별 초과직군은 타부대로 보충)
③ 민간자원 : 부대별 인력운영수준을 고려하여 보충
* 특전사, 정보사는 자체적으로 획득하여 교육 후 보충

나. 선발보충 직위

① 1배수 선발 : 수방사 35특공대 및 33헌병대
② 1.5배수 선발 :
- 수방사 : 1경비단, 55경비대대, 특수임무대 여군
- 학교기관 분대장 및 반장
- 국방부 및 육본 의장대대, 심리전단 여군

③ 2배수 선발 : 화방사 특임대대
④ GP, GOP, 해·강안부대로 분류되어 보직되면 진급, 장기복무 선발시 격오지 및 접적부대 근무 가산점 부여

4) 여군부사관 인사관리

여군은 모든 직위에 보직이 가능하나 부대 임무, 특성과 장점을 고려하여 전 · 평시 동일한 임무수행이 가능토록 인사관리

가. 인사관리 유형(남군과 동일하게 필수직위 이수)

① 일반직위 : 남군과 동일한 기준을 적용하여 운용하는 직위
② 특수직위 : 특정 임무수행을 위해 최초 모집시 선발하는 직위

* 특전·의장·헌병부사관, 정보사 특수요원, 체육선수

③ 행정지원 부사관 : 육 · 국직부대 부 · 실장 및 군급부대 지휘관을 보좌하는 직위

나. 보직 제한직위

① 강인한 체력 및 직무를 요구하는 전투부대 또는 직책

② 수색, 정찰 등 특수작전 임무수행부대 또는 직책

③ 지리적 위치 및 적과 직접적인 교전 가능성이 있는 부대 등

5) 선발직위

육본 선발심의에 의거 보직되며, 보직기간 통제 등 별도의 인사관리를 적용하는 직위

가. 선발 절차

① 선발계획 공문하달 및 인트라넷, 국방일보에 공개

② 선발심의 : 육본 인사사령부

나. 선발직위

① 한미연합사, 한국군지원단, JSA 경비대대 : 전 직위(영어 필수)

② 화생방 방호사령부(24특임대대) : 화학부사관(191특기) 직위

③ 국군복지단, 인사사 재경근무지원단 : 클럽 및 회관 관리 직위

④ 학교(교육)기관 : 교관, 중대장, 소(부소)대장, 학생대장, 훈련부사관, 관찰 통제관

다. 선발직위 인사관리

① 훈련부사관 기본임기 3년 + 추가연장 2년, 총 5년 이상 근무한 인원은 개인이 희망하는 지역으로 분류

② 기타 직위 임기만료자는 인력운영수준과 최소근무지를 고려, 분류

6) 고충부사관 인사관리

고충사유 해소가 가능하도록 희망하는 지역에서 복무할 수 있는 제도

가. 고충의 정의

직계 존·비속, 형제·자매, 처가 부모에게 발생된 인적·물적 고충사유로 인해 본인의 보직이동을 통해 조치하지 않으면 안되는 경우

나. 기준

① 인적고충 : 입원치료기간이 최소 3개월 이상 요구되는 환자 및 직접 부양하는 장애인이 있는 경우(본인 포함)

* 장애인은 1급 또는 2급으로 한정

② 물적고충 : 본인이 아니면 가사 및 생계유지가 곤란한 경우

③ 기타 : 배우자 사망 또는 이혼으로 현 근무지에서 초등학교 취학전 자녀 양육이 곤란한 경우

* 신청대상 : 1년이상 복무한 자(전역 1년 이내자 제외)

7) 청원휴직 및 복직

개인의 유학 및 연수, 병 간호 등을 목적으로 현재의 신분은 보유하면서 직무수행을 일시적으로 해제 및 환원하는 제도

가. 휴직종류 및 기간(장기복무부사관 대상 적용)

① 자비로 해외 유학시 : 2년 이내

② 참모총장이 정하는 연구기관, 교육기관 등에서 자비연수시 : 2년이내

③ 장기간 요양을 필요로 하는 부모, 배우자, 자녀, 배우자의 부모 간호를 위해 필요한 때 : 1년 이내(복무기간중 총 3년 이내)

나. 휴직 및 복직 명령권자

① 자비유학 및 연수시 : 참모총장(인사사령관)

② 기타 청원휴직 : 장관급 부대장

③ 6개월 이상 휴직자는 휴직전 부대로 우선 분류하며, 제한시 타부대 재분류

④ 6개월 미만 휴직자는 근무하던 부대의 직위를 공석으로 운영하다 복직시 재보직

* 휴직기간은 복무기간에 포함되지 않으며 급여가 지급되지 않음.

8) 보직해임

도덕적 결함이 있거나 직무수행능력이 부족한 자에 대하여 현 임무수행을 강제로 해제하는 조치

가. 보직해임 이유

① 직무유기, 근무태만, 항명, 폭행, 상해, 가혹행위, 군무이탈자

② 공정의무, 청렴의무, 비밀엄수, 품위유지 위반자

③ 직무수행에 성의가 없거나 포기한 자

④ 기타 군 발전에 저해가 되거나 도덕상 결함자

나. 보직해임시 불이익

① 국내·외 위탁교육, 해외파견, 진급 등 각종 선발제한

② 진급 및 장기복무 선발시 감점 적용(각 -3점)

다. 보직해임 심의

① 심의부대 : 연대급(대령급)이상

② 심의의원(3-7명) : 장교 및 최선임 부사관 1명

③ 보직해임시 추가로 형사처벌 및 징계, 현역복무부적합 조사위원회 회부

④ 보직해임이 처분된 날로부터 30일 이내에 인사소청(법무부)를 할 수 있음

9) 후송복귀자 인사관리 기준

질병이나 사고로 군병원에 입원한 후 소속대로 복귀한 부사관의 인사관리 제도

가. 보직관리

① 후송복귀자는 후송전 직위에 보직함이 원칙

② 장기간 입원시에는 부대 임무 및 후임자 보충을 고려하여 타 직위로 조정될 수 있음

나. 진급관리

① 전·공상인 경우 입원기간에 관계없이 인사관리상 불이익이 없음

- 전상은 적과의 교전, 전투중 발생한 상이자를 말함.
- 공상은 공무수행 중 또는 공무와 관련된 사고 및 재해로 발생한 상이자

② 비전·공상인 경우(음주운전 등 공무이외 사고)
- 퇴원시까지 진급심사 대상에 제외
- 입원한 날로부터 6개월이 경과되면 휴직조치
- 휴직기간은 1년 이내로 하고 그 기간이 만료될 때까지 복직되지 않을 시 병원에서 전역조치

* 휴직 : 부사관 신분은 보유하나 직무수행을 일시적으로 해제하는 행위

10) 군사특기 재분류

특기(직군)별로 인력운영수준이 불균형하거나 부대개편, 직군 신설 등의 사유 발생시 육본 계획에 의거 특기(직군)를 변경하는 제도

가. 지원자격

① 군 복무중 선발되어 국외 군사교육을 6개월 이상 이수자
② 변경하고자 하는 특기관련 전문자격증 및 면허증을 취득했을 때

나. 선발절차

① 직군별 인력운영 수준을 고려하여 재분류, 헌병수사관 및 기무요원은 해당 직무교육 수료시 재분류
② 선발시 고려요소
- 직군별 인력운영수준을 고려하여 선발
- 지원한 직군 관련 자격증, 학위(전공분야), 직군분야 경력 등 개인의 자력을 확인하여 종합평가
- 심의에 적용되는 자격증 및 학위 등은 기록변경 보고된 사항만 적용

* 군사특기 재분류는 육군 계획에 본인이 희망하는 특기가 있을 경우 가능

4. 진급관리

1) 근무평정

근무평정은 개인의 업무실적, 능력, 자질 등을 객관적으로 평가하며, 지휘권확립과 교육·진급·장기복무 선발 등에 필요한 인사관리의 기본 자료로 활용

가. 근무평정 작성 원칙

① 지휘권 확립과 객관적인 평가를 위해 1·2차 평정자에 의한 복수평가

  * 해당부대 편제기준 직위별 평정계통에 의거 작성

② 전·후반기로 구분하여 연 2회 정기적으로 실시

③ 종합평가는 전·후반기 모두 1차(절대평가), 2차(상대평가)

  - 상대평가시 상층 등급은 대상인원의 30% 이내 부여

  - 훈련부사관 교육과정을 수료한 중대장은 1·2차 절대평가

나. 근무평정 작성대상 및 시기

① 전반기 기준일 (2. 1), 작성일 (4. 1), 후반기 기준일(8. 1), 작성일(10. 1)

② 기준일 현재 평정권자와 함께 근무한 기간이 반드시 60일 이상일 때 평정작성 가능

③ 전문하사 및 당해연도에 임관한 초임하사는 평정을 작성하지 않음

다. 평정집단 구성

① 평정집단은 계급별, 기능병과별, 직위별로 구성하여 평가

② 전투병과 : 보병, 포병, 기갑, 방공, 정보, 공병, 정보통신, 항공

③ 기술병과 : 화학, 병기, 병참, 수송

④ 행정병과 : 부관, 헌병, 경리, 정훈

⑤ 특수병과 : 의무, 법무, 군종

⑥ 직위별

  - 주임원사 : 대(대)급 이상 제대 주임원사 직위

  - 지휘관(자) : 중대장, 소대장, 분대장, 포병부대 포반장 직위

  - 훈련부사관 : 훈련부사관 교육과정 수료 후 해당직위 보직자

  - 선발직위 교관 : 교육기관 교관 직위

  - 참모직위 : 기타 직위

  * 여군은 남군과 동일하게 평정집단 구성

라. 근무평정 업무실적 작성 방법

● '12. 1. 20.- 29 사단에서 실시한 중대 전술훈련평가시 실전적인 전투지휘훈련으로 우수중대 선정에 기여하여 사단장 표창 수상 (00사단 상훈명령 제0

호, '12. 3. 15)

- '12. 3. 10 - 12 부대 집중정신교육기간 동안 창의적인 교육방법으로 분대원들의 확고한 대적관 확립과 장병 정신전력 함양에 기여함.
- 분대원의 생각, 의식구조, 생활방식을 이해하고 지속적인 면담 및 가정과 연계한 유기적인 신상관리 등 사고 없는 중대육성에 기여하여 연대장표창 수상(00연대 상훈명령 제0호, '12. 9. 25)

2) 진급선발 대상

부사관으로 임관하여 계급별 최저 복무기간을 마친 인원 중에서 상위직책을 감당할 능력이 있는 자를 선발하여 1계급 상위계급 부여

가. 선발중점

① 조국과 군을 위해 헌신, 봉사하는「참군인」
- 군인의 본분과 도리를 다하는 자
- 솔선수범으로 상·하, 동료로부터 신뢰와 존경을 받은 자
- 국내·외에서 국위를 선양하고, 군의 명예를 고양한 자
- 격오지 등 근무환경이 열악한 지역에서 성실히 근무하는 자
- 주인의식을 견지하고, 창의적으로 업무를 수행하는 자

② 부사관의 역할 및 책임완수를 통해 부대발전에 기여하는 자
- 병 기본 및 주특기 훈련 전문가
- 직무지식과 업무수행 능력이 우수한 자
- 부대관리 및 각종 사고예방에 기여하는 자

③ 군의 화합과 단결, 일 중심으로 부대전통을 발전시키는 자

나. 선발대상

① 정상진급 : 진급 최저복무기간이 경과한 자
- 하사 ⇒ 중사 : 하사로서 2년
- 중사 ⇒ 상사 : 중사로서 5년
- 상사 ⇒ 원사 : 상사로서 7년

② 근속진급 : 계급별 근속연한이 경과한 자
- 하사 ⇒ 중사 : 하사로서 6년

- 중사 ⇒ 상사 : 중사로서 12년

다. 진급선발 절차

① 하사 ⇒ 중사 : 사(여)단급 이상 , 편제상 장군직위

* 여군 : 군사령부 급(1·3군사, 2작사, 수방사, 특전사, 군수사, 교육사, 항작사, 국통사, 기무사, 정보사, 777부대)

② 중사 ⇒ 상사 : 사(여)단급(보병), 훈련부사관, 행정 / 특수병과(육본), 기타(군사령부 급), 여군(육본)

③ 상사 ⇒ 원사 : 육본, 여군(육본)

* 인사검증위원회에서는 평정, 처벌기록 등에 대해 당사자로부터 해명서를 접수받아 사실관계를 검증하여 진급심사위원회에 제공

라. 진급평가 요소

① **표준평가**

- 계량적 평가 : 평정, 경력, 교육, 상훈, 근속기간, 진급연차, 지휘추천을 배점기준에 의해 점수로 평가
- 질적 평가 : 계량적 평가점수와 별도로 평정, 경력, 교육, 상훈, 지휘추천에 대해 '긍정적 사항'과 '부정적 사항'을 종합적으로 분석한 후 A, B, C 등급으로 평가

② **잠재역량 평가**

- 자기개발, 공과사실, 자질 및 덕목, 신체 및 체력 등을 '긍정 사항'과 '부정적 사항'으로 분석한 후 3개 등급(A, B, C)으로 평가

마. 경력평가

① **긍정적 평가요소**

- 야전 및 정책부서 주요직위에서 근무한 자
- 해당계급 전 기간 중 해당병과 및 직군 경력 "상"층인자
- GP · GOP, 해(강)안, 방공진지, 통신중계소, R/D기지 등 열악한 지역 장기 근속자
- 교관, 훈련지도부사관 및 중대장, 훈련부사관 근무를 경험한 자

② **부정적 평가요소**
- 경력 및 근무여건 고려 요령위주로 경력을 관리한 자
- 해당직군 경력 "하"층자 및 격오지 근무경력이 없는 자
- 기회주의적 주특기 변경 및 위규 보직자
- 해당계급 보직해임 사실이 있는 자

바. 잠재역량 평가

① **잠재역량 :** 미래지향적 능력으로 외부로 드러나지 않으나 내재하고 있는 무형적 능력과 가능성을 말하며 장차 상위계급으로 진출시 발휘할 수 있는 잠재된 능력

② **자기계발**
- 병과 및 특기 관련 국가공인 자격증 취득
- 전투발전 및 교리개선, 각종 관리개선 제기

③ **공과사실**
- 제도, 규정, 방침 개선으로 사고예방 및 예산절감을 위해 창의적으로 근무
- 전투유공, 전투력 향상, 군기강 확립, 부대관리 향상 등에 기여

④ **자질 및 덕목**
- 육군 가치관 및 "위국헌신"의 정신 실천
- 충성심, 도덕성을 겸비하여 군 발전에 공헌
- 자기희생적 솔선수범으로 상·하 동료로부터 신뢰와 존경을 받는 자

⑤ **신체검사 / 체력검정**
- 어떠한 임무가 부여되더라도 수행할 수 있는 체력 유지
- 체력 검정시 특급을 받을 수 있도록 평소 체력단련

5. 복지혜택

1) 주거시설 지원

군 간부는 임관 후 별도의 군 숙소(독신 · 기혼)에서 생활하므로 부대 배치 후 군 숙소 지원

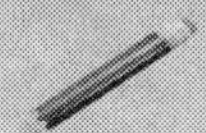

가. 군 숙소 입주대상

① 중사이상의 간부로서 근무지에 자가를 보유하지 않고 부양가족이 있는 세대주

② 기혼 초급간부(하사), 근무지내 유주택자라 할지라도 작전상 필수요원 등은 해부대 군 숙소 관리위원회 의결 후 부대장 승인을 득하여 입주 가능

* 미혼자 : 부대별 독신자 숙소에 입주

나. 이사화물비 지급

① 부양가족을 동반한 가족 이사자와 임관일 기준 6년 이상 복무한 단독 이사자

② 본인 부담으로 먼저 이사한 후 소속부대에 신청하여 지급

③ 복무기간과 이사거리 및 부양가족 동반여부에 따라 차등지급

다. 주택수당 지급대상 : 하사 - 대령(복무 3년 미만 하사 제외)

2) 군 간부 제수당

가. 공통 수당

① 정근수당 : 1년 단위로 봉급액의 5%씩 증가되며, 1월 및 7월에 지급

② 정근수당가산금 : 30,000원(근속년수 5년 미만), 하사는 15,000원

③ 시간외 근무수당 : 인정범위내(24-67시간) 초과내역 확인 후 지급

* 시간당 기준액 : 계급별 기준 호봉액 × 70% ×1.5/226

④ 가계지원비 : 매월 봉급액의 16% 지급

⑤ 직급보조비 : 하사(95,000원)

⑥ 교통보조비 : 하사(70,000원)

⑦ 명절휴가비 : 연 2회(설날, 추석을 포함한 월), 봉급액의 60% 지급

⑧ 연가보상비 : 봉급액 × 1/30 × 연가보상일수

나. 추가 수당

① 가족수당 : 배우자(40,000원), 기타 부양가족(20,000원)

* 주민등록상에 같이 포함되고, 실제로 생계를 같이 하는 자

② 주택수당 : 월 80,000원

③ 육아휴직수당 : 월 500,000원

- 만 6세 이하의 자녀를 양육하기 위하여 30일 이상 휴직한 자
- 임신 또는 출산하게 된 때로부터 30일 이상 휴직한 여자군인

3) 군인연금

가. 군인연금의 종류

① 정상전역시 : 퇴직금, 퇴직금 공제 일시금, 퇴직금 연금 일시금, 퇴직 일시금

② 상이전역시 : 상이연금, 장애보상금

③ 일반사망 / 순직시 : 유족연금, 유족연금 부가금, 사망조의금, 사망보상금, 유족연금 일시금, 유족 일시금

나. 19년 6개월 미만 근무자 연금

퇴직일시금, 상이연금, 장애보상금, 사망조의금, 사망보상금, 유족연금 지급

다. 유족 급여 수령 우선순위 : 배우자, 자녀, 부모 순으로 수령

제 6 장

부 록

1. 참모부 담당관 주기별 주요업무
2. 부대 정밀진단 점검표
3. 당직근무 간 각종 사고 조치요령
4. 자살징후 목록표
5. GP, GOP, 해·강안 부대 일과표
6. 중대급 장교·부사관 역할과 책임구분(육규 112)
7. 군사학의 주요용어 해설

*** 참고문헌**

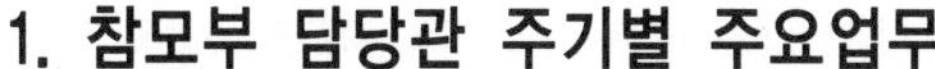

1. 참모부 담당관 주기별 주요업무

1) 인사담당관

구 분	주 요 업 무
일 일	◦금일 실시 사항 확인◦상황보고 내용 확인 / 전파 ◦병력 변동 확인(일보확인)◦주요업무 추진 / 교육훈련 준비상태 점검 ◦군기 위반자 단속 ◦일일결산(지휘관 지시사항, 내일예정사항) ◦기타 부여된 업무 수행◦내일 전역자, 휴가자 확인
주 간	◦상급부대 주요 예정사항 확인 / 전파◦전입신병 인솔 ◦우편물 분리, 수취상태 점검 ◦사고예방활동 ◦실습계획표 교육훈련 여건에 부합되게 작성 ◦부사관 내무검사 ◦전투편성표 최신화◦인사명령 작성 / 보고
월 간	◦월간 주요 예정사항 확인◦국기게양식 준비 ◦병 신청 / 병력결산 확인◦일일명령 발령 ◦병 진급 / 전역 / 보직업무 명령 발령◦각종 서약서 유지 ◦각종 자금 신청 / 결산 확인 ◦태권도 승급심사 준비
분 기 / 반 기	◦무료 군사우편물 발송현황 종합 / 보고(지휘서신, 무료군사우편) ◦병 군사특기 재분류 상신◦태권도 승단심사 ◦동원자원의 날 행사 참가◦간부휴가 / 외박계획 수립 ◦분기양식지 수령◦장교 예상 손실 판단 보고 ◦일반 사업비 사용 계획(반기) 결과 확인 ◦전반기 성과분석
연 간	◦부대창설 기념행사 준비 ◦정기 / 추가평정 ◦정기체력단련 ◦장교 / 부사관 지휘추천 ◦피보험자 건강진단 / 암검사 : 격년제◦소득세 연말정산 신청 ◦연가보상비 신청◦해빙기 안전사고 예방활동 ◦동계 화재사고 예방점검 ◦정기 문서이관 / 인사명령지 결산
기 타	◦군무 이탈자 발생시 사고자 수배의뢰 / 상황보고 ◦표창수여(표창, 상장)◦전역 간부 퇴직금 신청 ◦이·취임식 등 각종 행사주관◦각종 신고 준비 ◦진지공사간 안전예방활동◦간부사관, 단기복무부사관 획득 ◦병력동원 대체지정자명부 수정 ◦전시 완편명부 최신화

2) 정보담당관

구분	주요업무
일일	◦일일 기상파악 / 보고◦예하대 실시, 예정사항 파악 ◦영문, 통제구역 출입증 발급 / 회수 ◦비밀 접수 / 파기, 보안일일결산 ◦외래인 부대 출입통제, 보안조치 ◦위병소 출입통제, 일일결산일지 작성 ◦전산보안, 신원조사, 비밀복사통제 ◦일일보안 이행실태 확인 ◦체신전화(공중전화) 영내 설치 확인 ◦비밀 합동보관소 운용 ◦개인소유 PC부대 반입, 반출승인 및 보안성 검토
주간	◦주간기상 접수 / 전파 ◦지휘보고 / 울타리 점검 ◦주간 보안결산, 예정사항, 회의록 작성 ◦반입도서 / 기타자료 보안성검토 ◦정보분석 장비 셋트 점검 ◦비문소각장 정리 / 점검
월간	◦불온자료수거, 비밀파기, 정보 월력표 전파◦자원매각에 따른 보안성 검토 ◦전투지원태세의 날 행사 ◦보안지도 방문 / 불시보안점검 ◦월별 간부보안의식 개혁 실천사항 하달 ◦개인보안 수준표 유지
분기	◦보안업무 성과 분석 ◦불온 유인물 군내반입 차단 활동 ◦지형정보 소모 삭제 ◦울타리 점검 / 군사자료 수거 ◦영외 통제초소 점검 ◦비밀안전지출 / 파기훈련 실시
반기	◦비밀 소유 조사 및 재분류 ◦암호자재 경연대회 ◦부대 위장망 소요 제기
연간	◦비밀관리 기록부 갱신 / 이기 감독 ◦보안감사 수검 ◦군인가족 보안교육 ◦보안경연대회 ◦연간 보안활동계획 수립 ◦문서 이기 ◦보안내규 수정 ◦훈련간 확인 / 점검사항(준비태세, 기타 훈련시)

3) 작전담당관

구분	주 요 업 무
일 일	◦금일 실시 / 예정사항 확인 ◦상황보고 내용 확인 / 전파 ◦사무실 정리 / 청소상태 확인 ◦훈련장 상태 확인 ◦교육보조재로 불출 / 수령 ◦교육훈련 준비상태 점검 ◦병기본과목 교관 임무 수행 ◦유, 무선 통신 소통상태 점검 ◦보안일일 결산◦일일결산 일지 작성

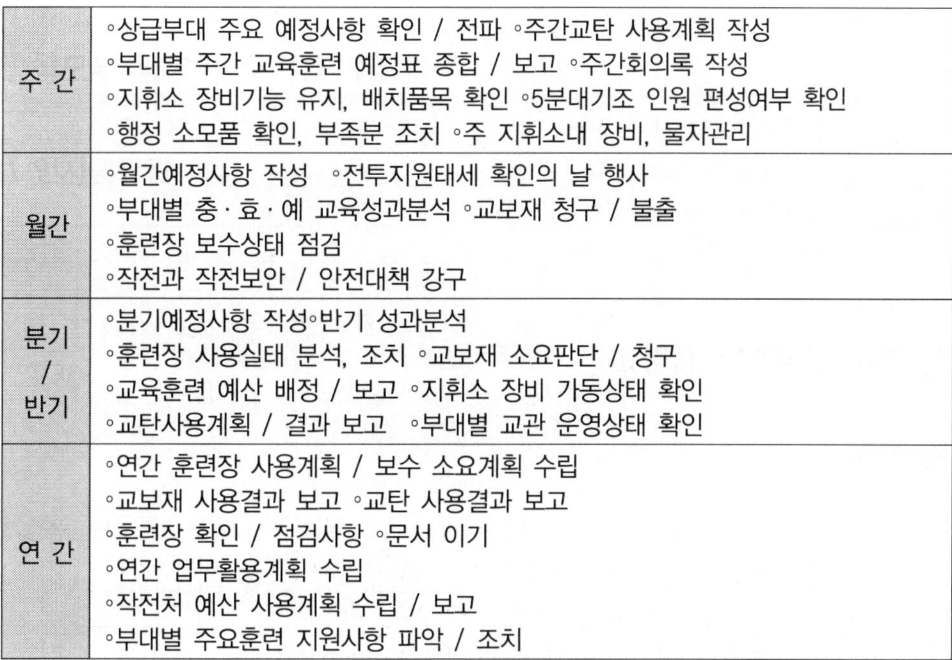

주 간	◦상급부대 주요 예정사항 확인 / 전파 ◦주간교탄 사용계획 작성 ◦부대별 주간 교육훈련 예정표 종합 / 보고 ◦주간회의록 작성 ◦지휘소 장비기능 유지, 배치품목 확인 ◦5분대기조 인원 편성여부 확인 ◦행정 소모품 확인, 부족분 조치 ◦주 지휘소내 장비, 물자관리
월간	◦월간예정사항 작성 ◦전투지원태세 확인의 날 행사 ◦부대별 충·효·예 교육성과분석 ◦교보재 청구 / 불출 ◦훈련장 보수상태 점검 ◦작전과 작전보안 / 안전대책 강구
분기 / 반기	◦분기예정사항 작성◦반기 성과분석 ◦훈련장 사용실태 분석, 조치 ◦교보재 소요판단 / 청구 ◦교육훈련 예산 배정 / 보고 ◦지휘소 장비 가동상태 확인 ◦교탄사용계획 / 결과 보고 ◦부대별 교관 운영상태 확인
연 간	◦연간 훈련장 사용계획 / 보수 소요계획 수립 ◦교보재 사용결과 보고 ◦교탄 사용결과 보고 ◦훈련장 확인 / 점검사항 ◦문서 이기 ◦연간 업무활용계획 수립 ◦작전처 예산 사용계획 수립 / 보고 ◦부대별 주요훈련 지원사항 파악 / 조치

4) 군수담당관

구분	주 요 업 무
일일	◦군수실무자 업무 연락 ◦국방물자 시스템 일일 청구조치 현황파악 ◦물자 부족분에 수시 청구 / 불출 ◦2종창고 현황판 유지 / 창고보수 ◦일반물자 정비소요 발생시 점검
주간	◦지휘보고 자료준비 ◦일품검사 계획 및 결과보고서 종합 / 청구 / 보급 ◦연대와 중대간 재산정리 ◦폐품 보유현황 파악 / 반납 건의 ◦창고 청결의 날 행사 추진 ◦예하부대 물자 관리상태 점검 ◦중대급 전산재산 대장 점검
월간	◦국방물자시스템 오류현황 점검 ◦위생구 수령 / 불출 ◦천막 구성품별 실태 점검, 이력카드 정리 ◦취사장별 점검을 통한 취사기구 부족상태 파악

분기	◦분기 일품검사 계획 수립 / 하달 ◦분기 피복 수령 / 불출 ◦치장물자 현황 / 순환주기 확인 ◦창고개방의 날 행사 추진
반기	◦전투장비 지휘검열 준비
연간	◦비밀관리 기록부 갱신 / 이기 감독 ◦보안감사 수검

2. 부대 정밀진단 점검표

1) 인사분야

구분	진 단 과 제	진단결과
신상파악 및 보호관심 병사관리	전입신병 신고, 면담, 등 신상파악은 면밀하게 실시 하는가	
	가정, 학교 등과 연계된 입체적인 신상파악을 하는가	
	보호관심병사를 제대로 파악(분류)하였고 최신화 되었는가	
	보호관심병사 범주에 구타우려자 및 전력자, 성추행 우려자 및 전력자, 상습적인 언어폭력자가 포함되어 관리되는가	
	보호관심병사 휴가, 외출 및 외박시 조치는 적절한가	
	간부 신상파악은(사생활 문란, 과다부채, 음주고벽자 등)	
	보호관심장병 지도 및 관리방법은 적절한가	
	보호관심병사(A급)를 군종장교(상담관)와 1:1관리체계를 유지하는가	
자살사고 예방	자살징후 목록표는 잘 활용하는가	
	자살우려자의 애로 및 건의사항은 충분히 수렴 조치 했는가	
	인성검사결과를 활용하고 정신질환자, 성격이상자 등을 구분 관리 하는가	
	자살우려자에 대한 다중 관리체계를 강구 하는가 (자매결연, 군종장교(병), 군의관, 정훈장교, 주임원사, 상담관 등)	
	자살사고 예방교육은 적절히 실시 하는가	
	자살사이트 접속 또는 마약복용 경험자는 없는가	
	적절한 병영 스트레스 해소대책은 강구 하는가 (운동, 오락, 자유시간 보장, 외출 및 외박, 휴가, 환경정리 등)	
	자살우려자에 대한 적절한 지휘조치를 강구 하는가 (인성검사, 보직변경, 부적합처리, 부모면담, 사회봉사활동 등)	
	자살유발 외부 환경요인은 차단 하였는가 (자살장소로 고려되는 곳 통제, 농약, 신나 등 관리 철저)	

구분	진 단 과 제	진단결과
구타/ 가혹행위, 언어폭력 근절	구타 / 가혹행위, 언어폭력 근절 교육은 주기적, 반복적으로 실시 하는가	
	구타/ 가혹행위, 언어폭력 색출활동을 주기적으로 실시 하는가 (설문, 마은의 편지, 건의함, 상담관 보고, 우체통, E-mail 등)	
	언어폭력 근절을 위한 금지 및 준수사항을 지키는가	
	상호의사소통 활성화를 위한 제도가 정착 되었는가	
	내무생활 임무분담제가 규정대로 시행 되었는가	
	병영생활개선간담회가 실질적으로 시행 되는가	
	지휘자(관), 부사관, 당직근무자의 취약지역 순찰은 제대로 하는가	
	구타 및 가혹행위자, 언어 폭력자를 엄정하게 신상필벌 하는가	
성군기 위반사고 예방	성군기 위반사고 예방교육은 내실있게 시행 하는가	
	내무실은 건제대로 편성되었으며, 취침도 그대로 하는가	
	침대, 침낭, 모포, 포단 등은 개인별로 사용 하는가	
	여군 및 여군무원 숙소에 대한 적절한 통제대책은 강구 되었는가	
	이성의 숙소에 단독으로 출입하는 자는 없는가	
	성군기 위반사고 예방을 위한 준수사항이 제대로 이행 되는가	
	영내 음란물, 음란 인터넷 사이트 접속 등은 차단 되었는가	
	주기적으로 성군기 위반행위 색출활동을 전개하는가 (설문, 마음의 편지, 건의함, 상담관 보고, 우체통, E-mail 등)	
	성군기 위반자를 엄정하게 신상필벌 하는가	
	성군기 위반사고 발생시 피해자 보호조치를 철저히 강구하는가	
병원관리 및 내무생활 지도	간부 음주운전 사례는 없는가	
	소·중대 내에 집단소외를 당하는 병사는 없는가	
	충성클럽(회관) 관리병, 취사병, 오폐수 관리병, 운전병, 당번병 등 지휘 사각지대 근무인원 관리 및 면담은 정상적으로 실시하고 있는가	
	내무실에 도난사고는 없는가	
	내무실 정리정돈 및 청결상태, 불필요한 물품을 보관하고 있지 않는가	
	악습 및 내무부조리는 없는가	
	수양록은 실질적으로 기록하고 주기적으로 점검하고 있는가	
	개인위생상태는 양호하며, 각종 시설 및 도구는 잘 갖추어져 있는가 (두발, 면도, 세탁, 세면 등)	
	외출 및 외박, 휴가는 공정하게 편성되어 있는가	
	초급간부의 당직근무후 적절한 휴식은 보장되는가	
	간부들의 출·퇴근은 정상적으로 무단결근자는 없는가	
	습관적인 결식 병사는 없는가	

구분	진 단 과 제	진단결과
	내무실내 금전거출 행위는 없는가	
	휴가복귀시 반입금지 물품 반입사례는 없는가	
	병사 및 간부의 근무편성은 공정한가	
	부대일지는 규정대로 기재되고 결재 하는가	
	점호행사는 건제유지하에 규정대로 실시 하는가 (점호순서, 열외자, 현황, 분대장에 의한 보고 및 확인 등)	
사고예방 관련 제도시행	병영생활 행동강령을 주기적이고 반복적으로 교육 하는가	
	장병인성교육은 방침대로 실시 하는가 (정신교육계획 반영, 분대장 인성교육, 이등병의 날 행사 등)	
	자살사고 예방 심리치료 프로그램(Vision Camp)을 잘 적응 하는가	
	부대정밀진단은 계획된 주기대로 내실있게 시행 하는가	
	부대정밀진단 과제목록을 부대 실정에 맞게 수립하여 시행 하는가	
	부대정밀진단을 연동식부대운영계획 및 주간훈련예정표에 반영 하는가	
	부대정밀진단을 체계적으로 계획을 수립 시행하는가(대대급 이상)	
	부대정밀진단 결과에 대한 교육 및 시정조치가 제대로 이루어지는가	
	제대별 군기강확립 및 사고예방 평가회의를 방침대로 실시 하는가	
	분대 건제유지 활동이 정착 되었는가	
	분대 건제유지 정착을 의한 교육 및 위반자에 대한 조치가 잘 이루어지는가	
	병 상호간 금지사항은 잘 준수 되는가 (병 상호간 지시, 명령, 간섭금지)	
	분대장 관찰보고 제도는 방침대로 시행 되는가	
	통합취사병, 운전병, 행정병, 파견병, 지원 및 배속병력 등을 잠정분대로 편성하여 운영 하는가	
	상향식 일일결산이 제대로 이루어지는가	
	사고예방활동 사항을 상향식 결산 및 지휘보고에 포함 하는가	
	병영생활고충상담관 운영이 활성화 되었는가	
	계층별 의사소통 간담회를 방침대로 시행 하는가	
	사고우려 병사에 대한 적시적인 현역복무 부적합 처리를 하는가	
	문제간부에 대한 적절한 지휘조치가 이루어지는가	
	음주 및 회식문화 개선 지침이 잘 이행되는가	
	사망사고 대응조치 모델에 대해 교육하였고 간부들이 초동조치내용을 숙지하고 있는가	
	대민물의 사고발생시 초동조치를 위한 기능별, 사전 협조회의, 임무숙지, 예행연습(FTX 등)을 주기적으로 실시 하는가	

구분	진 단 과 제	진단결과
	제대별 사고 대책회의 구성 및 임무수행 절차가 숙달되어 있는가	
	육군안전센터 입력자료를 적극 활용하여 부대운영에 반영하는가	
	군기강 확립 집중강화기간에 각종 사고 예방활동을 내실있게 시행하는가	
	각종 사고사례 및 교훈 등이 간부에 의해 적시적으로 전파 및 교육 되는가	

2) 정보분야

구분	진 단 과 제	진단결과
군사자료 보호	주요군사자료(비밀, 개인 신상자료)는 잠금 장치된 장소(용기)에 보관되어 있는가	
	음성비문 생산 및 보유, 평상시 사용하고 있지는 않는가	
	반입된 도서, 음반 등은 보안성 검토가 되어 있는가	
	출입통제구역의 출입인원 통제는 잘되고 있는가	
핵심요원 인원 관리	보안관계관 임명은 적시·적절하게 되어 있는가	
	위병소는 잘 관리되고 초병의 임무수행 요령은 숙달되어 있는가	
	신원조사는 적시적으로 처리하였으며, 결과는 적절한가	
	비밀취급인가 대상 직위자 보직 전·후 조치들은 적절한가	
부대시설 침입및노출차단	비인가 촬영도구(사진기, 캠코더 등)을 보유하고 있지는 않은가	
	울타리 높이는 2m를 유지하고 있으며, 월담 / 출입 가능 장소가 있지는 않은가	
	사무실 잠금장치 실태 및 일과후 열쇠 보관함은 정상적으로 운용되는가	
	등화관제 준비상태 및 사용실태는 적절한가(대상부대 / 시설만)	
유·무선통신보안대책	유무선 통신장비에 보안 경고 스티커는 부착되어 있는가	
	전문 송·수신간 불필요한 은어를 사용하고 있지는 않은가	
	음어 및 난수표 사용은 잘 되고 있는가	
정보체계 보안관리 및 전산자료 유출차단	암구호 전파 및 숙지상태는 적절한가	
	전산기, 보조기억매체의 보급 또는 반입, 반출 절차는 준수되고 있는가	
	각종 정보체계의 보급 또는 반입된 목적에 맞게 사용되고 있는가	
	전산기 시동 및 화면보호기, 비밀번호는 사용되고 있는가	
	보조기억매체 관리대장은 기록, 유지되고 있으며 실제보유량과 일치하는가	
	하드디스크 내에 주요 군사자료가 수록되어 있지는 않는가	
	디스켓 내에 비인가 비밀 또는 대외비가 수록되어 있지는 않은가	

구분	진 단 과 제	진단결과
보안자세 및 장비 운용관리	일일 보안결산은 규정대로 이루어지는가	
	음어 및 통신확인표의 보유량은 정확하며, 지정된 장소에 보관하고 있는가	
	방첩함 및 쓰레기통은 매일 소각 처리하고 있는가	
	보안장비의 작동상태는 양호하며, 납봉은 이상이 없는가	
	보안장비에 의해 송·수신된 내용이 평문으로 재송·수신되고 있지는 않는가	
	보유자재, 장비의 보관함은 견고하며, 2중 잠금장치가 되어 있는가	

3) 작전 및 교육훈련 분야

구분	진 단 과 제	진단결과
전투준비 태세	상황발생시 신호규정은 정확히 숙지하고 있는가	
	전투일일결산 현황판은 최신화하고 있는가	
	경계근무초소와 사경도는 잘 정비가 되어 있는가	
	근무명령서에 의해 경계근무가 실시되고 있는가	
	경계근무초소 통신망은 소통이 잘 되어 있는가	
	보초 일반수칙 및 특별수칙에 대해 숙지 및 실천은 (우발상황 조치요령 점검 : 총기피탈, 거수자 출현 등)	
	화생방 장비, 물자 관리는 규정대로 하고 있는가	
	화생방 요원은 일일명령과 일치 하는가	
	자동 경보기함은 제 기능을 발휘 하는가	
	5분 전투대기 임무수행 준비는 잘 되어 있는가	
	출동대기부대 탄약 및 B/L탄약 분배 준비는 잘 되어 있는가	
	개인임무카드 준비 및 임무숙지 상태는 양호한가	
교 육 훈 련	연동식 부대운영계획에 의해 부대정밀진단이 시행되는가	
	주간 훈련 예정표는 규정대로 작성하여 시행하고 있는가	
	각종 훈련계획에 안전통제 계획이 반영되었으며, 실효성 있게 시행 되는가	
	각종훈련장에 대한 주기적인 안전진단을 실시하고 적절한 조치를 강구하였는가	
	교관준비 및 실습계획표는 제대로 시행되고 있는가	
	교보재는 정비하여 제 기능이 발휘 되는가	
	훈련간 안전 제한사항에 대한 조치계획은 준비 되었는가	
	각종 훈련간 효과적으로 안전통제 편성 및 운영 하는가	

구분	진 단 과 제	진단결과
	각종 훈련시 적극적인 현장지도가 이루어지는가	
	건조기 사격 / 야외훈련간 산불 예방교육 및 대책을 강구 하는가	
	야외훈련 및 부대활동간 위험예지훈련을 생활화 하는가	
	사격장에 대한 철저한 안전대책이 강구 되었는가	
	훈련간 활성교보재 사용요령 교육 및 전장군기가 잘 유지되는가	
	교탄은 교육훈련에 맞게 수령하여 사용 되는가	
	교육 실시간 교육 열외인원은 없는가	
	혹서기 및 혹한기 훈련지침을 준수 하는가	
	훈련 사후검토 및 그 결과를 교육훈련에 반영하고 있는가	

4) 군수분야

구분	진 단 과 제	진단결과
총기, 탄약, 폭 발 물 관리	총기,탄약 1일단위 실셈확인(장부와 보유수량일치)하는가	
	무기고,탄약고 2중 잠금장치 및 열쇠관리는 2중 이원화 관리되고 있는가	
	탄약병 신상관리 및 주기적 면담을 실시 하는가	
	개인 책상, 관물대를 주기적으로 확인 하는가	
	은닉탄에 대한 불시 또는 주기적 점검을 하는가	
	사격후 탄피는 100% 반납 하는가	
화 재 사 고 예 방	불이 있는 곳에 항상 사람이 위치하여 통제 하는가	
	소화기는 구비되었으며, 월 단위 가동 상태를 확인 하는가	
	비인가 전열기구를 사용하지 않는가	
	유류고에 플래시 및 인화물질 보관소는 비치되어 있는가	
	취사장 화부 점화시 간부에 의한 통제가 되는가	
	인화물질은 별도 관리, 보관하고 있는가	
차 량 사 고 예 방	전기시설에 대한 안전점검, 누전차단기는 작동 되는가	
	소방대 편성 최신현황 유지 및 임무숙지 상태는	
	위험예지훈련은 하는가(이동계획 수립, 안전대책)	
	배차단계는 준수하고 있는가	
	선탑자, 운전병에 대한 안전교육은 실시 되는가	
	자가차량에 대한 통제대책은 준수되고 있는가	

구분	진 단 과 제	진단결과
급 야 관 리	부식의 변질상태 및 정량을 수령 하는가	
	취사장 환경정리, 취사병 위생상태는 양호한가	
	조리간 부식 및 조미료는 정량 투입하고 있는가	
	해충박멸과 구서 대책은 강구 되었는가	
	식기 세척장은 잘 준비되어 있는가(세제, 수세미 등)	
보 급 관 리	시장성 품목에 대한 통제, 불시 재물조사를 하는가(지휘관 결재)	
	개인 보급품 및 소모품은 규정대로 보급 되는가	
	일품 검사는 규정대로 하고 있는가	
환 경 보 전	오·폐수 처리장은 정상 가동 되는가	
	누유되는 장비는 없는가	
	잔반장 관리 및 잔반 처리는 잘 되고 있는가	
	화장실 인분처리 및 처리절차가 정상적으로 이루어지고 있는가	
	폐건전지는 규정대로 회수, 보관, 반납되고 있는가	
	쓰레기 분리수거 및 처리절차가 정상적으로 이루어지고 있는가	

3. 당직근무 간 각종 사고 조치요령

1) 군무이탈자 발생시

가. 찾지 말고 당직사령에게 즉각 보고(6하 원칙)
무장 및 비무장 여부, 인상착의 포함

나. 당직사령 및 중대장에게 보고 후 봉쇄선 병력 배치

다. 중대 총기 및 탄약 이상유무 확인(실셈파악)

라. 전 간부에게 상황전파(비상연락망 이용)

마. 중대장 도착 전까지 대대 당직사령 추가지시 이행

※ 최초보고 지연으로 조기 검거 실패 과다

2) 사망자 발생시

가. 신속한 보고(당직사령, 지휘관)

나. 헌병수사관 도착 전까지 사건현장 보존

사망자 시신을 옮기거나 수습하는 행위 금지

사고현장 경시, 병력출입 통제(경계병 배치)

다. 목격자 확보, 병력동요 통제

라. 사건 현장에 대한 동영상 및 사진 촬영, 개인사물함 보존

마. 중대장 추가 지시사항 이행

바. 비상연락망 이용 간부에게 상황전파

사. 지휘보고 및 상황보고 체계확립

3) 화재 발생시

가. 최우선적으로 화재지역 인원대피 및 화재경보 전파

※ 인원, 총기 및 탄약, 비문 순으로 대피 및 지출

나. 중대 가용한 소화기 집중운용 진화 실시(소방대 편성표 운용)

다. 당직사령 및 중대장 즉각 보고

※ 인접 소방서에도 동시 연락(소방차 지원요청)

라. 진화 후 인원 및 장비 수습

마. 피해상황 파악 후 지휘보고

바. 화재 발생시 지출 우선 순위

① 총기 및 탄약, 가연성 폭발물(휘발유, LPG) ② 비문 ③ 통신장비

④ 전투장비 및 물자

4) 환자 발생시

가. 이상 징후 발견자(불침번)는 신속하게 당직사관에게 보고

나. 환자상태 확인, 신속하게 군의관(의무병) 진료조치

다. 당직사령에게 신속히 보고

라. 환자 복귀시 불침번에 의한 지속적인 관찰 및 상태보고

※ 상황이 긴급할 경우 멀리 위치한 군 의무부대로 후송하는 것보다 가까운 민간병원에서 우선 조치하는 것이 중요하다.

5) 음주 소란자 발생시

가. 당직사령에게 보고

나. 음주 소란자는 내무실에서 격리(당직실, 교관 연구실 등)
다. 조용히 타일러 재운 후 술이 깨고 나면 합당한 조치
라. 계속 소란시 강제로 제압 후 취침(감시요원 배치)
마. 주류 반입경로 등을 파악, 원인제거에 주력
바. 내무실내 위해도구(야전삽, 청소도구 등) 제거
※ 음주 및 흡연, 술과 담배는 허가된 시간과 장소에서 마시거나 피워야 한다.

6) 긴급 지휘보고 내용

가. 총기(폭발물) 관련 인질난동, 살인, 강·절취 및 피탈
나. 대민집단 난동 및 충돌로 사상자 발생
다. 군 내부문제를 대외에 여론화할 목적으로 영외에서 자살
라. 군무이탈 및 무단이탈하여 정치 및 군사에 관한 개인의견을 발표하여 물의 야기
마. 상관에 대한 육체적 상해 초래 및 집단항명
바. 타군 부대간 집단충돌 사고로 사상자 발생
사. 차량, 화재, 폭발 및 기타 안전사고

4. 자살징후 목록표

행동변화	징 후	확인결과
자살의사 표현행동	1. 주위 동료들에게 농담반 진담반으로 죽고 싶다고 표현	
	2. 수첩, 노트 등에 삶을 비관하는 내용 기록	
	3. 부모, 동료, 애인, 상관, 형제들에게 유서 작성	
회피현상	4. 말이 없어지고 대화 회피	
	5. 매사에 의욕이 없어지고 업무 회피 및 염증 표출	
	6. 고립되고 위축된 행동	
의지력 약화	7. 매사에 흥미를 상실하고 자신감 결여	
	8. 행동이나 표정이 밝지 않고 항상 우울한 행동	
	9. 죄책감 표현	
식욕부진 및 불면	10. 식사를 잘 안하거나 의욕없이 식사	
	11. 한밤중에 앉아 있거나 초조하여 잠을 못 잠	
	12. 숙면이 불면으로, 불면이 숙면으로 변함	

주변정리	13. 사물함 정리, 빌린 돈 갚는 행동	
	14. 가까운 전우와 차분한 대화를 하고 소중히 간직한 물건을 줌	
	15. 몸치장을 하고 내복을 갈아입는 등 행동변화	
세상비관 언행	16. 평시 "죽어버리면 그만"이라는 언행 등 현실도피나 죽음에 대한 합리화성 발언	
	17. 세상을 저주하고 삶의 애착감에 대한 거부감 표현	
불안전한 행동	18. 이성을 상실한 비정상적인 언행(폭언, 과격행동)	
	19. 쫓기듯 초조해 하고 안절부절 못한 행동	
	20. 음주나 약물을 복용	

5. GP, GOP, 해 · 강안 부대 일과표

1) GP 부대

구 분 (월)	춘 · 추계(3, 4, 9, 10)	하 계(5~8)	동 계(11~2)
전원 투입	BMNT–20'+10		
정비 및 조식	~07:00	~06:00	~08:00
취 침	07:00~12:00	06:00~13:00	08:00~12:00
중 식	12:00~13:00	13:00~14:00	12:00~13:00
교육, 작전, 정비	13:00~17:00	14:00~18:00	13:00~17:00
투입준비 및 석식	17:00~EENT전	18:00~EENT전	17:00~EENT전
전원동시근무투입	EENT–10'+20		
점 호	20:30~20:50	21:30~21:50	19:30~19:50
취 침	20:50	22:00	20:00

2) GOP 부대

구 분 (월)	춘 · 추계(3, 4, 9, 10)	하 계(5~8)	동 계(11~2)
아침 전원감시	BMNT−30'+10 ~ BMNT+30'(1H)		
철 수	BMNT+30'~BMNT+60(30')		
군자검사, 조식/정비	BMNT+60'~BMNT+90(30')		
점호 / 취침	BMNT+90'~13:00(점호는 생활관에서 인원점검 위주)		
점호 / 중식	13:00~14:00(1H)		
오 후 일 과	14:00~17:00(3H)	14:00~16:00(2H)	14:00~16:00(2H)
석식/자유시간 (근무자신고/군장검사)	17:00~EENT−70'	16:00~EENT−70'	16:00~EENT−70'
저녁 전원 감시	EENT−30'~EENT+30(1H)		
철 수	EENT+30'~EENT+1H(30')		
군장검사 / 정비	EENT+1H~EENT+1H30'(30')		
취 침	EENT+1H30~		

3) 해안 부대

구 분	하 계	동 계
일조점호/체력단련, 조식	06:00~08:00	06:30~08:30
근무자 취침/정비	08:00~12:00	08:30~12:30
중식	12:00~13:00	12:30~13:30
지휘관 시간	13:00~14:00	13:30~14:30
교육훈련/해안 수색작전	14:00~16:00	14:30~16:30
지휘관 시간/체력단련	16:00~17:00	16:30~17:30
석식 및 정비/군장검사	17:00~EENT−30	17:30~EENT−30
경계작전(매복조투입)	(EENT−30~EENT+30) ~(BMNT−30~BMNT+30)	
일석점호	21:30~22:00	21:30~22:00

4) 강안 부대

구 분 (월)	춘 · 추계(3, 4, 9, 10)	하 계(5~8)	동 계(11~2)
아침 전원감시	BMNT-30'~ BMNT+30'(1H)		
철 수	BMNT+30'~BMNT+60(30')		
군자검사, 조식/정비	BMNT+60'~BMNT+90(30')		
점호 / 취침	08:00~13:00(점호는 생활관에서 인원점검 위주)		
점호 / 중식	13:00~14:00(1H)		
오 후 일 과	14:00~17:00(3H)	14:00~16:00(2H)	14:00~16:00(2H)
석식/자유시간 (근무자신고/군장검사)	17:00~EENT-70'	16:00~EENT-70'	16:00~EENT-70'
저녁 전원 감시	EENT-30'~EENT+30(1H)		
철 수	EENT+30'~EENT+1H(30')		
군장검사 / 정비	EENT+1H~EENT+1H30'(30')		
취 침	EENT+1H30~		

6. 중대급 장교 · 부사관 역할과 책임구분(육규 112)

1) 목적

중대급 장교·부사관의 업무 및 역할 재정립을 통해 중·소대장의 임무 수행간 지휘관 확립을 보장하고 행정보급관의 과중한 업무를 경감하여 부대관리에 전념 가능한 여건을 보장하며 장교 및 부사관이 상호 협조 및 보완적인 역할수행이 가능토록 하는데 있다.

2) 업무수행 책임구분 용어 재정립

중(부)대장 (소대장)	행정보급관 (부소대장)	임 무
전담	·	O 중(부)대장 / 소대장이 계획부터 시행까지 전적으로 맡아 실시 O 책임 : 중(부)대장/소대장
·	전담	O 행정보급관(부소대장)이 계획부터 시행까지 전적으로 실시하되, 시행 전·후 지휘관이게 내용보고 O 책임 : 행정보급관 / 부소대장
확인	전담	O 행정보급관(부소대장)이 결정권을 갖고 업무를 수행하되, 반드시 시행전 중(부)대장 및 소대장에게 보고 O 책임 : 공동책임 – 주책임 : 행정보급관(부소대장) – 부책임 : 중(부)대장 / 소대장은 부책임
승인	담당	O 필히 시행 전에 중(부)대장 / 소대장에게 건의하여 승인 후 행정보급관(부소대장)이 업무를 수행하며, 수시 업무 진행사항을 지휘관에게 보고 O 책임 : 공동책임 – 주책임 : 중(부)대장 / 소대장 – 부책임 : 행정보급관(부소대장)

※ 중대급 모든 수행업무는 해당 지휘관에게 보고(최초, 중간, 결과)

3) 분야별 업무 및 역할(육규 112)

[부중대장 보직중대 기준]

계	인사업무	교훈업무	작전업무	동원업무	정보업무	군수업무
79건	40건	13건	5건	5건	3건	13건

가. 인사업무

주요업무	세부업무		중대: 중대장	중대: 부중대장	중대: 행보관	소대: 소대장	소대: 부소대장
부대병력 유지	일일 병력현황 확인 / 기록유지			확인	전담		
	병력예상손실 판단 / 보충 건의		승인		담당		담당
병 인사 관리	병 보직 부여 / 조정		승인		담당		
	병 특기변경 건의		승인		담당		
	병 진급 심의 / 명령 건의		승인		담당	확인	담당
	신상 파악 / 생활지도기록부 관리		확인		전담	확인	전담
	애로 / 건의사항 수렴 및 조치		승인		담당	담당	담당
	가정통신문 발송		전담				
사기양양 및 군기유지	휴가 일정 작성/관리	연가/공가/100일 휴가	승인		담당	확인	담당
		포상/청원/위로휴가	승인		담당	확인	담당
	외출·박 대상 선정	성 과 제	승인		담당	확인	담당
		면 회 시	승인		담당	담당	담당
		포 상	승인		담당	담당	담당
	우 편 수 발			확인	전담		
	종 교 활 동			확인	전담		
	경리업무	병 봉급, 수당 등	확인		전담		
		중대 운영비	승인		담당		
		병 통장 회수/관리			전담		
	복지활동	운동 / 오락기재 관리			전담		
		내무반/복지·편의시설, 비품관리		확인	전담		전담
	포상	포상계획수립 및 시행	승인		담당	담당	담당
의무근무	위생관리(목욕/세탁/이발/방역)				전담		전담
	건강관리(진료/외진/입실/후송)			확인	전담	확인	전담
군기군법 및 질서유지	사고예방 교육		승인		담당	담당	담당
	사고예방 활동		확인		전담		전담
	보호·관심 병사 관리		확인		전담	전담	
	사고발생시 조치		승인		담당		
	군기교육	군기교육 대상자 심의 / 결정	확인		전담		
		건강상태확인 / 교육입소		확인	점단	확인	점단
	징계계획 수립 및 시행		승인		담당		
기타	내무생활	임 무 분 담 제		확인	전담	확인	전담
		내무부조리 척결(행동강령)	확인		전담	확인	전담
		휴무·자유 시간 보장	승인		담당		담당
	신고	각종신고(전출·입, 전역, 파견, 휴가)	전담				
		휴 가 복 귀		확인	전담		전담
		외출·박(출발 / 복귀)			전담		전담
	전입병 동화교육 계획수림 / 시행				전담		전담
	중대 관인 보관 / 날인		확인		전담		
	부대일지 / 행정서류 기록 및 관리		확인		전담		
	각종 행사(신고 / 행사) 준비				전담		전담

나. 교훈업무(13건)

주 요 업 무	세 부 업 무		중 대			소 대	
			중대장	부중대장	행보관	소대장	부소대장
부대훈련계획수립 및 시행	주간훈련예정표 초안작성		전담				
	순환주기(월간)훈련계획		전담				
	개인화기사격통제		전담	전담		전담	전담
	병 훈련 / 측정		확인			전담	전담
	교육훈련지원			확인		전담	전담
성과분석	일일교육결산		전담			전담	전담
정신교육	기 본 정 훈		전담				
	시 사 안 보		전담				
	충·효·예 교육	충	확인	전담			
		효 · 예		확인	전담		
	문 화 활 동			확인		전담	
	단 결 활 동		전담				
	가 치 관 교 육		전담				

다. 작전업무(5건)

주 요 업 무	세 부 업 무	중 대			소 대	
		중대장	부중대장	행보관	소대장	부소대장
경 계	경계근무 편성	확인		전담		
국지도발	전투대기 편성, 운용	확인	전담		담당	담당
전면전 대 비	개인임무카드	승인	담당		전담	
	전투세부시행규칙	전담			전담	
	전투장비 / 물자관리	확인		전담	확인	전담

라. 동원업무(5건)

주요 업무	세 부 업 무	중 대			소 대	
		중대장	부중대장	행보관	소대장	부소대장
동원훈련	훈련물자 준비	승인		담당		
동원준비 태세유지	전시 완편명부 작성	승인	담당		담당	
	동원간부 임무수행철 작성	승인	담당			
	인도인접 / 동원함 관리	확인		전담		
	치장물자 / 장비 준비	확인		전담		

마. 정보업무(3건)

세 부 업 무	중 대			소 대	
	중대장	부중대장	행보관	소대장	부소대장
전투지원태세 확인의 날 확인활동	확인		전담		전담
출타장병 보안교육(외출 / 외박 / 휴가)	확인		전담		전담
보조기억매체, 전산기/상용 정보통신 장비 관리	확인	전담			

바. 군수업무(13건)

주요 업무	세 부 업 무	중 대			소 대	
		중대장	부중대장	행보관	소대장	부소대장
장 비 / 보급 품 관 리	전입병 병기 수여식	전담				
	수시 재물조사 / 결과 조치		확인	전담		전담
	보급품수불 확인 / 감독		확인	전담		전담
	급양감독(취사단위부대)		확인	전담	확인	전담
	총기 / 탄약일일결산	승인		담당	승인	담당
	손 망 실 처 리	확인		전담	담당	담당
시 설 관 리 / 유 지	재해·재난대비 준비 / 훈련	전담				
	월동 / 월하준비		확인	전담	확인	전담
	시설물 점검·보수 / 유지 ※ 전투시설물 관리 포함		확인	전담	담당	담당
	격별보수비 신청 / 집행		확인	전담		
환 경 보 전	재활용자원 분리수거 / 재활용		확인	전담		전담
	오·폐수처리(장) 관리 / 유지		확인	전담		전담
	자 연 정 화 활 동	확인		전담		

7. 군사학의 주요용어 해설

가상돌파구[Assumed Penetration)

상황을 통제할 능력을 보유한 상태에서 방어의 지속성을 유지하면서 적에게 돌파를 허용할 수 있는 최대의 허용범위를 가상한 적 돌파구의 폭과 중심.

가상적국[Hypothetical Enemy State]

어떠한 국가가 작전계획을 수립할 때 그 계획의 전제가 되고 기준이 되는 적국을 말하며, 이러한 가장적국의 상정은 지리적, 역사적 조건에 의하여 필연적으로 이루어지며, 현실적으로 전쟁이 행하여지는 경우가 많음.

가시거리[Visibility Range]

지(수)평선 위로 크고 작은 목표물을 육안으로 볼 수 있는 정도의 수평거리.

가용부대[Troops Available]

작전을 수행하기 위해서 지휘관이 운용 가능한 편제 및 비편제상(배속 및 지원)의 전투, 전투지원, 전투근무지원 부대.

가용자원[Available Resources]

지역내에 있는 동원자원 중 충원소집 후위동원대상자, 국외체류자, 수감자, 행방불명자 등을 제외한 실제 충원소집 가능자원.

가장[Disguise]

지휘관이 계획을 수립하는 과정에서 그의 상황판단을 완성하고 방책을 결정하는 데 필요한 현행상황에 의한 추측 또는 장차 예기되는 사건에 대한 예상으로서 확실한 증거 없이 사실로 간주하는 것.

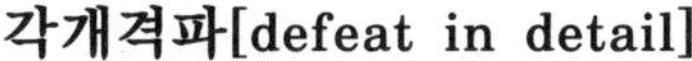

각개격파[defeat in detail]

이미 분단되었거나 이격하여 위치한 적이 상호지원하기 전에 각각의 적을 격파하는 전술행동.

각서[Memorandum]

1. 이 문서는 합동부대급 이상의 지휘관이 일상적인 업무를 수행함에 있어 시행일정 및 예정사항 같은 것을 자신의 참모 개개인에게 보내는 비공식 문서로서 통상 한 페이지 정도로 작성됨.
2. 일반적인 지시, 일반명령, 문서회람 또는 규정이 부적합할 때 사용하며, 그 종류는 지휘각서, 교육각서, 참모각서로 구분되며, 나아가서 상대국에 대하여 자기 나라의 희망이나 의견 따위를 적은 양식의 외교문서임.

간격[Gap, Interval]

1. 장벽이 설치되지 않은 장벽의 공간지대(gap).
2. 공격지대 및 방어지역에 있어서 배치부대간의 공간(gap).

간부교육(幹部敎育 : Lead education)

해당 직책별 임무수행 능력과 제대별 통합전투력 발휘능력을 구비하기 위하여 정신전력, 전투지휘, 상황조치, 교육훈련관리, 교관임무수행 및 부대관리능력 배양에 중점을 두고 간부를 대상으로 실시하는 교육. 간부교육 방법에는 정과교육, 소집교육, 자습교육, 기회교육이 있음.

- **정과교육**

  간부교육의 핵심적인 교육 형태로 연간훈련계획과 연계시켜 주요훈련 전에 선 간부교육 위주로 실시하며, 대대급 이상 제대는 현지전술토의, 지휘통제기구훈련, 전투지휘훈련 등을 실시함. 정과교육은 연간 및 주기훈련계획, 연동식 부대운영계획, 주간훈련예정표에 반영하여 실시해야 함.

- **소집교육**

  간부직무능력을 향상시키기 위해 소집하여 실시하는 교육으로 초임간부 소집교육과 실무능력 향상을 위해 동일 직책별로 소집하여 실시하는 부대 집체교육이 있음.

- **자습교육**

간부의 자질과 잠재능력 향상, 지식 함양을 위해 교범탐독 등 특정과제를 부여하고, 지정된 도서를 숙독하여 그 결과를 발표 또는 토의하는 방법으로 실시하는 교육.

- **기회교육**

상급자와 부하 간에 가용한 모든 접촉수단을 통하여 이루어지는 생활화 교육으로 간부교육계획에 반영하지 않고 실시하며, 1:1 개별지도, 동직자(同職者) 교육, 참모계선별 교육이 있음.

간이비행장[Rough Surface Airfield]

시설이나 규격에 관계없이 전술적 목적으로 이착륙만 가능하도록 만든 넓은 공지를 이용한 비행장.

간접사격[Indirect Fire]

1. 표적을 직접 조준하지 않고 실시하는 사격.
2. 포진지 또는 포반에서 볼 수 없는 목표에 대하여 실시하는 사격.

간접전략[Indirect Strategy]

국가전략의 한 형태로서 핵 억제력 또는 정치적 억제력에 의해서 무력행사가 제한되어 있는 경우에 군사력은 제 2차적으로 사용하고 주로 정치, 외교, 경제, 심리 등의 비군사적 방법을 사용하여 소기의 정치목표를 달성하려는 국가전략.

간접침략[Insurgency]

무력침략이 아니고 침투, 파괴행동 등 간접적인 방법으로 침략하는 것으로서 다른 나라의 내부변혁 또는 침략자를 이롭게 하는 행위로서 내란을 유발하도록 하는 선전, 내란발생 지원, 제오열의 파견, 특정한 정당에 대하여 물적 또는 재산적인 원조, 파괴행위의 장려, 평화적인 분쟁 해결을 거부하는 것.

감시[Surveillance]

1. 정보목적상 시각, 청각, 전자, 사진, 기타 다른 수단에 의해 공중, 지표면, 수상, 수중해역, 인원 또는 물체에 대한 조직적인 관측.
2. 행동의 우위를 확보하고 적의 동태를 파악하기 위하여 취하는 관찰행동.

감시 및 정찰작전[Serveillance and Reconnaissance Operation; SRO]

지·해상 감시장치 및 유·무인 항공기와 우주비행체를 이용하여 적의 의도와 능력을 파악하고 필요한 정보를 적시에 제공하기 위해 수행하는 작전.

감제[Domination]

보다 높은 지점으로부터 관측 혹은 사계에 의해서 적의 활동을 통제하는 것.

감청[Monitering]

통신유통 상황에 대한 정상상태의 유지와 통신개선 또는 참고목적으로 적 및 아군(자체 및 인접부대)의 통신상황을 청취, 검토 및 혹은 기록하는 행위.

갑종사태[Class Kab Situation]

대규모의 적의 침투·도발로 인한 비상사태로서 통합방위본부장 또는 지역군 사령관의 지휘·통제하에 통합방위작전을 수행하여야 할 사태를 말함.

강습[Assault]

특정한 국부적인 목표에 대해 짧고 맹렬하면서 질서있는 공격을 감행하는 것.

강습도하[River Crossing Assault]

부대가 도섭이 불가능한 하천에서 이용 가능한 수단을 최대한 활용하여 신속하게 도하하는 방법으로서 사용수단은 정찰단정, 공격단정, 수륙양용차량, 항공기 급조도하수단, 민간선박, 교량가설단정 등이 있음.

강습부대[Assault Force, Strike Force]

강습에 참가하기 위하여 최초로 적의 거점지역을 탈취할 임무를 부여받은 부대나 또는 습격 또는 돌격 작전을 위하여 적절히 편성된 부대.

강조선[Line of Criticality]

방어작전의 성공을 보장하고 방어목적을 달성하기 위하여 지휘관이 강조하는 부대운용의 지침으로서 전방 방어지역에서 적의 돌파를 일련의 지형을 연결한 선으로, 방어편성과 저지진지 구축의 일반적 위치를 협조시키는 수단이며, 확보 및 저지를 위한 통제선이자 역습능력을 고려한 돌파 한계선임.

강제진입작전(强制進入作戰 : FEO ; Forcible Entry Operations)

무장 저항 하에 있는 적 지역에 군사거점을 확보하는 작전을 말하며, 통상 전구작전이나 주요작전의 최초단계, 전구작전의 일부, 작전적 수준의 기습작전 목적으로 수행됨.

개략계획[Outline of Plan]

최초 세부계획을 수립하기 전에 방책의 특징 또는 원칙적인 사항을 개략적으로 표시하는 사전계획.

개인보충(Individual Replacement)

부대병력의 결원을 보충하는 방법으로써 계급별, 병과별, 군사특기별로 편제상의 공석을 충원하는 것을 말함.

개편(Reorganization)

어떤 형태의 부대로부터 다른 형태의 부대로 변경하거나, 편성표를 새로이 발간 또는 개정하여 인원 및 장비를 변경시키는 것

개인참모[Personal Staff]

지휘관이 직접 조정하고 통제하기를 요망하는 개인적인 업무 또는 특정분야에 관하여 지휘관을 보좌하는 참모로서 통상 감찰참모와 법무참모, 정훈공보참모 등이며, 이러한 참모장교를 부여받은 업무에 관하여 지휘관에게 직접 보고함.

거부[Denial]

적에 의한 지역, 인원, 시설과 설비 및 물자의 사용이나 또는 그로부터 얻는 이점을 방지 또는 방해하는 것.

거부작전(拒否作戰 : **Denial Operation)**

전략적·전술적인 가치를 갖는 지역 또는 목표를 적이 점령하거나 이용하는 것을 방지 또는 방해하기 위하여 실시하는 작전을 말하며, 전략적으로는 적의 작전지속능력 또는 전쟁수행능력을 무력화시키는 것을 말하지만, 전술적으로는 적 부대의 이동을 방해 또는 지연시키는 폭파장애물의 운용 효과를 말함.

거부표적[Denial Target]

적의 사용을 거부하거나 파괴시켜야 할 설비, 지역 또는 시설로서 거부표적의 지정은 전략적인 이유로 군단 또는 야전군에서 실시함. 또한 계획의 실행을 위해서 거부표적이 어느 부대 책임지역에 위치하는가를 확실히 해야 함. 거부표적은 발전소, 철로, 유류 저장시설 등이 포함됨.

거점[Strong Point]

1. 통상 강력히 요새화되어 자동화기로 무장되고 타 진지로부터 보호를 받는 진지 내의중요지점.
2. 작전의 성공을 위해 점령되는 지형상의 요충지.

거점방어[Strong Point Defense]

방어작전의 성공을 위해 지형상 요충지에 통상 대대급제대의 진지를 구축하고 사주방어를 할 수 있도록 편성된 방어.

건제부대[Organic Unit]

법령에 의하여 창설된 부대의 기본제대로 편제상 단일지휘관에 고정편성된 부대를 말하며, 건제부대에 대한 지휘, 통제는 교리 또는 규정이 정하는 바에 의함.

게릴라[Guerrilla]

일정한 제복을 착용하지 않고 또한 정규군에 속한다는 것을 명시하지 않고 대적 전투행위를 하는 사람 또는 그 단체, 유격전(Guerrilla Warfare)을 수행하는 주체.

격멸[Destruction]

적의 인원 및 장비를 사살, 파괴 또는 포획하여 적의 전투력을 무력화시키는 공격행동.

격퇴[Repulse]

배치된 적 또는 공세행동중인 적에게 화력이나 공세행동을 가하여 그들의 임무를 포기하고 퇴각하게 하는 공격행동.

격파[Repture, Defeat]

적의 인원, 장비 및 시설 등에 피해를 주어 적 전투력의 기능을 감소내지 상실하도록 하여 그의 전투력을 발휘하지 못하도록 하는 공격행동.

견부진지[Shoulder Critical Point]

1. 전방 및 측후방을 통제할 수 있고 적의 진출에 있어서 필히 확보되지 않으면 안 되는 요충지
2. 살상지역을 형성할 수 있고 차후작전을 유리하게 하도록 하는 진지.

견제[Contain]

적 부대를 정지, 억제 혹은 포위하거나 적의 행동을 일정한 지역에 집중하도록 하여 타 방향으로 진출하려는 것을 방지시키는 전술적 행동, 즉 적의 이동이나 재배치를 방지하기 위하여 충분한 압력을 가하는 전술적 행동.

견제공격[Holding Attack]

적을 현진지에 고착시키거나 주공을 기만하여, 주공지역에 적의 증원을 방해하고 적의 예비대를 조기에 결정적이 아닌 곳에 투입케 하도록 하기 위하여 조공이 실시하는 공격.

견제부대[Holding Forces]

1. 어떤 장소나 진지를 확보하도록 임무를 부여받은 부대.
2. 견제공격을 실시하는 부대.

결심[Decision]

지휘관이 상황을 판단하여 그의 임무를 성공적으로 수행하기 위한 최선의 방책으로서 의도하는 바를 6하 원칙에 의거 명확하고 간결하게 진술하는 것.

결정적 목표[Decisive Objective]

단일목표로서 이를 점령, 통제 또는 확보함으로써 임무완수에 가장 효과적으로 공헌하는 목표.

경계[Security]

한 부대가 전투력을 보존하고 부대의 안전 및 행동의 자유를 도모하기 위하여 적의 공격, 기습, 관측 및 기타위협으로부터 아군 부대를 보호하기 위하여 취하는 모든 수단.

경계경보[Security Alert]

적의 지상공격 및 침투가 예상되거나 적의 항공기나 유도탄에 의한 공격이 예상될 때 발령되는 경보.

경계부대[Guard Force]

경계를 주 임무로 하는 부대로서 본대의 전방, 측방, 후방에서 작전하는 부대.

경계정찰대[Security Patrol]

야간이나 제한된 시도조건하에서 첩보를 수집하거나, 필요시 잔류하여 유도병 임무를 수행하도록 공격개시 이전에 파견하는 소규모 부대.

경고[Warning]

일상적인 방어수단으로부터 군비의 실질적인 증가. 테러활동 또는 정치적, 군사적 위협 등 잠재하는 적 활동의 넓은 범위에 걸쳐 내재하는 위험의 통지.

경보[Alert]

1. 행동 또는 방어를 위한 준비태세 보호.
2. 실제 또는 긴박한 위험에 대하여 대비하도록 알리는 것.

경제수역[Economic Zone]

연안국 영해의 외측에 접촉하는 일정범위의 수역으로서 연안국이 그 수역의 해중, 해저 및 지하에서 다음의 권리와 관할권을 갖는 수역을 말함(통상 200해리 적용).

경포[Light Artillery]

구경 120mm 및 그 이하의 곡사포 및 평사포.

경항공기[Light Aircraft]

최대 이륙중량이 12,500Ib(5,670kg) 미만인 항공기.

계급(Rank)

규정에 정해진 한계 내에서 직위를 표시하고, 지휘관 또는 어떠한 권한을 행사할 수 있는 자격을 부여한 등급.

계략(Ruse]

기만작전의 한 방법으로 아군의 허위첩보를 고의적으로 적에게 전달하여 적을 기만하는 방법으로 전장에서 단순한 전술적인 속임수에서부터 전략적 제대의 속임수까지 포함될 수 있음.

계엄령[Martial Law]

전시, 사변 또는 이에 준하는 국가비상사태시에 병력으로써 군 사상의 필요에 대응하거나 공공의 안녕질서를 유지할 필요가 있을 때 국가 최고통수권자인 대통령이 헌법을 근거로 재정된 계엄법에 따라 발동하는 국가 긴급명령의 일종.

계획인사

부대별 장기적인 인력운영 및 보직판단에 대한 예측이 가능하도록 사전에 각 개인별 보직에 대하여 충분한 검토를 통해 적재적소에 보직시켜 권역(지역)별, 유형별(특기별)로 다양한 근무경험을 축적하도록 유도하여 군 및 개인의 발전을 도모하고 인사운영에 대한 신뢰성과 공정성을 증대시키는데 목적이 있음.

계획 · 결심 · 시행주기(PDE Cycle ; Planning, Decision and Execution Cycle)

지휘관 및 참모의 적시적인 상황판단 및 결심을 지원하기 위하여 주요시점에 참모와 예하부대의 상호활동을 통합하는 일련의 순환과정을 말하며, 이러한 계획 · 결심 · 시행주기를 통하여 전투력 운용의 통합성을 달성할 수 있음.

계획지침[Planning Guidance]

참모들이 판단을 준비하거나 수정하는 데 도움을 주기 위해서 참모 요원에게 하달하는 지휘관의 지침.

계획표적[Planned Target]

사전에 표적해 사격을 실시하려고 계획한 표적으로 계획표적을 계획하는 목적은 부대 임무수행에 방해를 줄 표적에 정확하고 적시적인 사격을 실시하는 데 있음. 이는 예정표적과 요청표적으로 구분됨.

고공강하[High Altitude Low Opening; HALO]

낙하산에 의한 공중침투의 한 방법으로서 2,500피트 이상의 고도에서 자유 낙하하여 강하자 자신이 낙하산을 개방하거나 기계적 장비에 의하여 낙하산을 개방하는 특수기술로서 요망지역 침투를 목표로 함.

고립방어[Isolated Defense]

적에 의하여 고립된 부대가 아군부대와의 연결이 불가능할 때 연결 될 때까지 또는 중요지형을 계속 확보하여 차후작전에 유리한 발판을 제공하기 위하여 특정 지역에서 전면방어 개념하에 취해지는 방어작전.

고속접근로[High Speed Approach]

고도의 기동성을 보유한 부대(기갑, 기계화, 차량화 등)가 목표(목적지)에 이르기 위해 사용될 수 있는 기동공간과 양호한 도로망이 있는 접근로.

고속침투[High Speed Infiltration]

북괴의 비정규전 부대가 아 방어선을 은밀 또는 강습침투하여 아군의 기동장비를 탈취, 신속하게 중요지역으로 진입 후 교란 및 파괴행위를 자행할 것으로 예상되는 침투행위.

고수방어[Defense in Place]

강력한 방어 편성과 결전의 의지를 기초로 방어지역의 상실을 최대한 억제하면서 적의 공격을 저지 격멸하기 위한 방어작전의 개념.

고슴도치작전(~作戰 : Hedge Hog)

적성항적 및 미식별기가 특별공중감시구역(SSS)과 고속전술조치선(HTAL), 전술조치선(TAL)을 침투하여 통과하거나, 한국방공식별지대(KADIZ)로 통과하여 대한민국 영공으로 접근할 때, 이에 즉각 대응하기 위하여 수행하는 방공작전을 말함.

고정사격[Fixed Fire]

적의 중 접근로에 사격방향을 고정시키고 집중사격하는 것.

고정익 항공기[Fixed Wing Aircraft]

1. 동체에 날개가 고정되어 있는 항공기, 회전익 항공기를 제외한 전 항공기.
2. 모든 비행상태에서 고정된 익면을 갖고 그 익면에서 발생하는 양력으로 비행하는 항공기.

고정포[Fixed Artillery]

중요지역의 방호를 위하여 고정된 위치에서 사격할 수 있도록 준비된 포병화기.

고정표적[Fixed Target]

움직이지 않는 표적, 즉 교량이나 기타시설 등.

고착견제[Fixed Holding]

적의 이동이나 전환배치를 방지하기 위하여 적부대를 정지, 억제 혹은 포위하거나 적의 행동을 일정한 지역에 집중하도록 하는 전술적 행동.

고착부대[Fixing Force]

기동방어시 조기경고, 방어, 지연, 적 기만 및 와해, 그리고 지연진지를 점령함으로써 적의 병력을 집결시켜 적으로 하여금 아군 역습에 취약하게 하기 위하여 전방 방어지역에서 운용되는 비교적 경장 비화된 부대.

곡사포[Howitzer]

평사포와 박격포의 특성을 가지고 있는 대포이며, 저사계 및 고사계 사격을 할 수 있음.

공문서(Official Document)

육군 내부 또는 각급기관 상호간이나 대외적으로 공무상 작성 또는 시행되는 문서. 도면, 사진, 전자문서 등의 특수매체 기록등도 포함.

공격[Attack]

정지하고 있거나 아군측으로 이동해 오는 적에 대하여 적극적으로 주도권을 행사하여 진격하는 공세 행동.

공격개시선[Line of Departure]

돌격주정 제1파가 예정시간에 지정된 해안에 상륙할 수 있도록 해상에 적절히 표시한 조정선으로 대략 상륙해안과 평행되게 해상에 지정되는 선이며 이 선을 연해 계속되는 주파가 해안으로 최종적인 이동을 위해 전개하는 곳임.

공격개시시간[H-Hour, Time of Attack]

공격이 개시되는 시간으로서 만일 공격개시선이 지정되었다면 공격부대의 선두가 공격개시선을 통과하는 시간.

공격개시일[D-Day]

특정작전을 개시하는 일자 또는 예정일자.

공격대기지점

공격제대가 공격개시선을 통과하기 전에 점령하는 최종위치로 공격개시선 직후방의 은폐, 엄폐된 지역에 위치함.

공격대형[Attack Formation]

공격을 취하기 위한 부대의 전개대형.

공격작전[Offense]

적의 전투의지를 파괴하기 위하여 가용한 수단과 방법을 사용하여 전투를 적방향 이끌어 나가는 작전을 말하며 궁극적인 목적은 적의 전투의지를 파괴하는 데 있음. 부가적으로 중요지형의 확보, 유리한 상황 조성, 적 고착 및 교란, 적 자원의 탈취 및 파괴, 적 기만 및 주의전환, 첩보획득향중 하나 또는 그 이상의 목적을 달성하기 위하여 실시됨.

공격준비사격[Preparation Fire]

공격제대의 공격을 지원하기 위하여 적의 진지, 물자, 화력지원 수단, 통신 및 지휘소, 관측소를 파괴, 요란 및 제압하기 위하여 실시되는 사격으로서 지상화기, 공중폭격, 또는 함포에 의한 맹렬한 사격으로 시간계획에 의거 사격이 실시되는 강력한 예정사격임.

공격준비파괴사격[Counter Preparation Fire]

적의 공격이 임박했음이 발견되었을 때 실시하는 강력한 예정사격으로서 이는 적의 공격대형을 파괴하고, 지휘, 통제, 통신 및 관측체제를 와해시키며 적의 공격준비사격의 효과를 감소시키고 적의 공격의지를 저하시키기 위하여 실시하는 사격임.

공격축선[Axis of Attack]

1. 공격작전의 주력이 지향되는 일련의 선,
2. 공격부대가 사용해야 할 공간을 한정하고 방향을 명시하는 통제 방법.

공격헬기[Attack Helicopter]

공중으로부터의 화력사용을 주임무로 수행하는 헬기로 500MD-TOW, AH-1J/S, AH-64 등이 포함됨.

공군력[Air Force Power]

공군이 지상 · 해상, 공중 및 우주공간에서 군사작전을 수행하는데 필요한 군사력으로서 인력, 무기체계, 기지로 구성되며, 이에는 유 · 무형의 모든 요소가 포함됨.

공군연락장교[Air Liaison Officer ; ALO]

전술항공통제반의 선임공군장교로서 공수, 항공정찰, 근접항공지원 등 공군의 운용에 관하여 지상군 지휘관에게 조언하며, 공지합동작전에서 공군의 협조에 중점을 두고 지상군의 항공지원 계획수립을 보좌하며, 전술항공통제반 요원의 활용을 감독하고 예하 전술항공 통제반에 대한 책임을 짐.

공대공 유도탄[Air To Air Missile ; AAM]

비행중인 항공기에서 공중표적에 대하여 사격하는 유도탄.

공대지 유도탄[Air To Surface Missile ; ASM]

비행중인 항공기에서 지상표적에 대하여 사격하는 유도탄.

공세[Offensive]

1. 주도권을 행사해서 적을 격파하는 적극적인 대규모 공격행동의 통칭.
2. 부대가 공격을 하고 있는 상태.

공세이전[Counter Offensive]

적의 공격을 무력화시키고 주도권을 확보하기 위하여 방어로부터 적극적이고 대규모적인 공세행동으로 전환하는 것으로서 반격과 동의어임.

공세적 방어[Offensive Defense]

먼저 적의 공격을 받아들여 방어의 이점을 최대로 이용하면서 적의 약점과 호기를 포착하여 적극적인 공세행동으로 적을 약화 또는 격멸하여 주도권을 장악하고 공세전환의 여건을 조성하는데 목적을 둔 적극적인 방어작전. 이는 다음의 공격을 위하여 공격과 방어의 이점을 조화시킨 적극적인 정신의 방어개념임.

공세적 방위전략[Offensive Defense Strategy]

공세적 작전으로 전략목표를 추구함으로 기초로 하되 상대방의 선제공격을 전제로 전략적 수세를 취하다가 즉시 공세를 이전하는 수세. 공세전략.

공세적 전 전장 동시전투(攻勢的 全 戰場 同時戰鬪)

미래 한반도 전쟁양상을 북한의 장거리 화력과 특수부대에 의해 전·후방 구분 없이 피아가 혼재된 비선형 전투가 수행될 것으로 예상하고 전·후방 동시전투를 통하여 적의 증원역량과 배합전 능력을 무력화하는 개념을 말함.

* 1985년부터 적용하던 공지전투개념이 한반도 전장환경에 적합하지 않다는 의문이 제기됨에 따라 1988년 공세적 전 전장 동시전투 개념이 정립되었음.

공수[Airlift]

공중수단을 이용하여 병력, 장비 및 물자를 이동하는 것.

공수작전[Airlift Operation]

공중수단을 통하여 필요한 시간과 장소에 군사력을 이동시키고 분쟁 지역으로부터 안전지역으로 철수시키는 작전으로 병참공수, 공정, 항공의무후송, 특수항공전 등의 임무를 수행하는 것.

공습경보[Air Raid Warning ; ARW]

적의 항공기, 유도탄, 지상전력에 의한 공격이 절박하거나 진행중일 때 발령되는 경보. 사전에 방어비상이 선포되지 않았거나 DEFCON-I 상태에서 공습경보가 발령되지 않았을 시에는 방어비상의 선포가 요구됨.

공역[Airspace]

육상 또는 해면을 포함하는 지표상에 구역과 고도로 표시되는 공중영역으로서 대개는 각 공역의 성격과 특성에 따라 선행어가 달라지며, 종류도 매우 다양함.

공역통제[Airspace Control]

전투지대에서 아군 항공기의 안전을 보장하면서 화력을 지속적으로 운용하기 위하여 공역사용을 협조, 통합, 조정 및 규제하는 것으로 이러한 공역통제는 제한된 공역에서 작전활동의 융통성을 주기 위해 실시함.

공용화기[Crew Served Weapon]

2명 이상의 인원이 1조로 조작하는 화기로 부대의 화력지원을 위해 사용됨.

공익근무요원[Public Good Service Member]

국가기관 또는 지방자치단체의 공익목적을 위해 경비, 감소, 보호, 행정업무, 국제협력, 예술, 체육 등에 소집되어 복무하는 자.

공정작전[Airborne Operation]

전략적 또는 작전적 임무수행을 위하여 전투부대와 장비를 수송항공기에 의하여 목표지역으로 이동시켜서 공두보를 확보한 후 제한 지상작전을 실시하는 작전. 통상 임무, 지휘, 규모, 항공기의 형태 및 용도, 근무지원에 의해서 공중기동 작전과는 구분될 수 있음.

공제선[Sky Line]

하늘과 지형이 맞닿아 경계를 이루는 선으로 이는 통상 산이나 능선과 같이 비교적 높은 지대의 정상점의 연속선으로 이곳에서 있는 인원이나 기타 장비 등은 육안으로 쉽게 발견되므로 군사적으로 중요시됨.

공중감시[Air Surveillance]

전자, 시각 또는 기타의 방법에 의하여 공간을 조직적으로 관측하는 것으로서 주로 관측공간 내의 피아 항공기 및 미사일의 이동을 확인하며 식별함.

공중급유작전[Air Refueling Operation; ARO]

비행중인 항공기에 연료를 공급하여 항공기의 체공시간을 연장함으로써 공군력의 제한성을 보완하는 작전으로 공군력의 융통성을 극대화하고, 신속대응능력 향상, 작전지속시간 연장, 작전영역 확대 및 무장탑재능력을 향상시킴.

공중기동작전[Air Mobile Operation; AMO]

지상전투에 참가하기 위하여 지상군부대 지휘관의 통제사에 전투부대와 그들의 장비를 항공기로써 전투지대로 이동하여 실시하는 작전으로서 탑재단계, 공중 이동단계, 착륙단계, 지상작전단계의 4단계로 실시함.

공중대기[Air Alert]

즉각적인 임무수행을 할 수 있도록 공중에 체공한 항공기의 작전대기상태로서 체공대기(airborne alert)라고도 함.

공중보급[Aerial Supply]

1. 공중으로 보급물이 지상구조반이나 생존자에게 전달되는 행위 혹은 과정.
2. 항공기로 주·부식, 물자, 장비 등을 보급하는 것.

공중우세[Air Superiority]

공군력에 있어서 적보다 우세한 전투능력을 가지고 적 공군력의 대항에도 불구하고 주어진 시간과 장소에서 적의 간섭을 받지 않고 지상, 해상 및 공중작전이 허용되는 공중작전에서의 상대적인 우세정도.

공중 재급유[Air Refueling]

비행중인 전투기 및 전투지원기를 재급유해 주는 것으로, 이것은 항공기 사용률을 확대하고, 항속거리를 증가시켜 잠재적 위협지역의 우회를 가능케 함.

공중투하[Air Drop]

항공기에서 목표지역에 병력, 장비 및 물자를 투하하는 행위.

이는 통상 지상병참선이나 비행장을 이용할 수 없을 때 또는 고립된 부대에 군수물자를 재보급할 때 사용함.

공지작전[Airland Operations]

공지전투를 확장 발전시킨 개념이며 화력과 기동을 이용하여 불확실한 전쟁환경에서 어떻게 싸울 것인가를 구상하기 위하여 전쟁전 준비 단계로부터 전쟁시행단계 및 전쟁후속단계까지를 망라한 개념으로서 공지작전을 시행할 수 있는 선결조건은 전장을 감시할 수 있는 신속 정확한 정보와 장거리 및 정면 사격체제, 전쟁을 효율적으로 수행 감독할 수 있는 C41체제 및 적절한 군수지원이 구비되어야 함.

공지전투[Airland Battle]

재래전에 핵, 화학, 전자전 등의 가용 전투력을 최대로 통합, 제대별 종심공격으로 전장을 확대하여 적 선두 및 후속제대를 동시에 타격함으로써 조기에 주도권을 장악하여 승전의 가능성을 증대시키는 공세적기동전.

공지합동작전[Air Ground Joint Operation]

합동작전체제의 한 형태이며 지상군과 공군이 합동으로 적을 격멸하는 합동작전으로서 근접항공지원, 감시 및 정찰, 공수 전자전, 합동공중공격반 운용 등이 포함되며, 공역통제가 중요시됨.

공 · 지 · 해 합동작전[Air-Ground-Sea Joint Operation]

합동작전체제의 한 형태이며, 육군, 해군, 공군이 합동으로 가용한 수단과 방법을 사용하여 적을 저지, 격멸하는 작전을 말하며, 공 · 지 · 해 합동작전에는 합동상륙작전, 합동방공작전, 합동특수전 등이 있음.

공해[High Seas, Open Sea]

한 국가의 내수, 영해, 배타적 경제수역 또는 군도국가의 군도수역에 포함되지 않는 해양의 모든 부분으로서 연안국이나 군도국이 배타적 경제수역을 선포하지 않았을 경우에는 영해의 바깥으로부터 시작됨.

공해자유권[Freedom of the High Sea]

공해에서 국제관습법의 일반원칙에 따라 항해의 자유, 상공비행의 자유, 해지전선 부설의 자유, 인공도서 등의 시설물 부설의 자유, 어로의 자유, 그리고 과학적 조사의 자유가 보장되는 권리.

공황[Panic]

급변하는 사태에 놀랍고 두려워 어찌할 바를 모르는 현상으로 공포가 지나치면 무모하고 분별없는 행동이 나타나는데 이러한 상태가 확대되는 현상을 말함.

과업[Tasks]

예하부대에 할당된 기능이나 직무 또는 상위기관에 의한 지시를 말함.

관리개선(管理改善 : MI ; Management Improvement)

창안 및 실용화, 제도개선, 평가분석, 재활용, 초과자산 발굴 및 활용, 수익증대 활동 등 부대의 임무를 경제적이고 효율적으로 완수하는데 기여하는 일체의 개선활동을 말함.

관심지역[Area of Interest]

해당부대의 작전지역을 초월하여 인접지역까지 포함한 지휘관이 관심을 두어야 할 지역으로서 현행 및 장차작전을 위해 상급부대 능력으로 정보를 수집해야 하고 상급부대에 요청하여 타격해야 함.

관인(Official Seal)

공문서를 기관 또는 기관장의 명의로 발송, 교부 혹은 인증이 필요한 문서에 사용하는 도장. 대내·외 기관에 문서를 발송할 때는 관인을 날인하여 발송함.

관측과 사계(觀測과射界 : Observation & Field of Fire)

관측은 육안이나 감시수단을 이용하여 적을 볼 수 있는 능력. 사계는 하나의 무기나 여러 무기가 지정된 진지에서 화력으로 효과적으로 통제할 수 있는 범위 즉, 사격을 할 수 있는 범위이며, 탄알이 미치는 범위.

관측소[Observation Post]

관측을 할 수 있고 사격을 요청 또는 조정할 수 있도록 통신이 설치된 장소.

광정면방어[Extended Defense]

전투정면이 정상적인 방어시보다 훨씬 넓은 경우에 실시하는 방어.

교대작전[Relief Operation]

전술작전이 장기화할 때 요구되는 투입부대에 의한 진지교대.
초월전진 및 후방진지를 통한 철수작전.

교두보[Bridgehead]

도하작전시 주력부대를 충분히 수용할 수 있고, 도하지점을 적절히 방어할 수 있으며 계속되는 공격의 발판을 제공할 수 있는 적측에 있는 지역.

교란[Harassing]

질서 있는 체제 및 작전에 혼란이 일어난 상태.

교리[Doctrine]

교리는 일반적인 개념과 군사적인 개념으로 구분되며, 일반적인 개념으로는 사상의 근거를 이루는 명제를 말하며, 종교적으로는 신앙의 진리로서 공인된 교조이며, 정치적으로는 기본방향을 제시하는 중요한 정치지침을 말함.

군사적인 개념으로는 군사력으로 국가목표를 달성하기 위하여 공식적으로 승인된 군사행동의 기본원칙과 지침으로서 권위는 있으나 적용시에는 판단이 요구됨.

교육[Education]

군사요원에게 군사지식과 기술을 부여하며, 지적능력, 덕성, 체력을 함양하기 위한 교수 및 학습활동이며, 광의의 교육에는 훈련이 포함됨.

교육훈련(教育訓練 : Training)

개인, 팀 또는 부대가 직무 및 임무를 수행하기 위하여 제반원칙 및 전투기술을 연마하여 숙달시키고 정신력과 체력을 발전시키며 군사전문기술을 체득하기 위해 실시하는 조직적이며 실제적인 활동을 말함. 광의의 개념에서 교육은 교육과 훈련, 연습의 의미가 모두 포함된 것으로 통상 모두 묶어서 교육훈련이란 용어로 사용함.

- **교육**(教育 : **Education**)

개인자질과 실무수행능력 향상 등 전·평시 임무수행에 적합한 지혜와 판단력을 함양하기 위하여 학교기관 또는 야전부대에서 실시하는 교수 및 학습활동

- **훈련**(訓練 : **Training**)

통합전투력 발휘차원에서 개인이나 부대가 부여된 임무를 효과적으로 수행할 수 있도록 전문적인 지식과 전투기술 등의 행동을 체득하기 위해 실시하는 실천적인 활동.

* 호국훈련, 화랑훈련 등(야전부대 전술훈련 등의 활동도 포함됨)

- **연습**(練習 : **Exercise**)

전시 작전시행절차 숙달을 위해 실시하는 훈련으로 작전계획, 교리, 전장 환경 등을 고려하여 최대한 실제와 같도록 실시하는 훈련.

* UFG 연습, 태극연습, 예행연습 등.

교전[Engagement]

적과의 접촉상태에서 공격행동을 취하는 전투행위 그 자체. 소부대가 참가하는 비교적 단기간의 전투이며 결정적인 교전은 한 부대가 전반적인 기동의 자유를 잃고 더 이상 계획된 행동을 주도할 수 없는 교전상태.

교전규칙[Rules of Engagement]

소관 군 당국에 의하여 발행한 지시로서 타국의 군대를 조우하여 교전을 시작하거나 계속할 환경과 제한을 명시한 지시.

구성군[Component Forces]

2개군 이상이 합동부대를 편성하여 합동작전을 수행 시 합동부대사령관의 작전통제하에 있는 각군부대의 총체를 지칭한 것으로서 각군에서 제공된 모든 단위대, 파견대, 각급부대 및 각종 시설부대가 포함됨.

구축함[Destroyer]

대양에서 독자적으로 작전할 수 있는 수상함정으로 순양함보다는 크기가

작고, 무장도 적게 장착하고 있으며 항속거리도 짧음. 기능은 전투, 선단호송, 함포지원 등 다양하고 대잠, 대함, 대공방어가 가능하며 호위함(FRIGATE)과 구분되는 이유로 호위함은 설계 및 기능에 있어 한 가지 임무를 수행하게끔 크기가 작은데 비해 구축함은 다양한 임무를 수행함.

구호소[Aid Station]

응급치료 분류 및 후송계통에 의하여 상급부대에 후송하는 최전방 의무치료시설로서 대대급에 설치됨.

국가비상사태(國家非常事態 : State of National Emergency)

전시, 사변 또는 이에 준하는 국가안전보장 상의 중대한 위협에 처하여 국가존립에 영향을 미칠 정도로 치안이 문란하거나 그러한 위험이 있는 상태를 의미함.

국가안보전략(國家安保戰略 : National Security Strategy)

국가전략의 일부로서 국내·외의 군사 및 비군사적 위협으로부터 국가안보목표를 달성하기 위하여 정치·외교, 정보, 군사, 경제, 과학기술, 사회·문화 등 국가안보의 모든 수단을 사용하고 개발하는 방책을 말함.

국가안전보장회의[National Security Council; NSC]

국가안전보장에 관련된 국내외 정책과 군사, 경제, 사회 등의 정책수립에 관하여 국무회의 심의에 앞서 대통령의 자문에 응하기 위하여 설치되는 대통령의 자문기관임. 본회의 의장은 대통령이 되며 국무총리, 통일부장관, 외교통상부장관, 국방부장관, 국가안전기획부장, 청와대외교안보수석이며 합참의장이 배석함.

국방기획[National Defense Planning]

국가목표와 정책을 달성하기 위하여 국방목표를 설정하고, 이를 달성하기 위한 최선의 국방정책과 군사전략을 선택하여, 이 정책과 전략을 수행하는데 필요한 국방자원을 가장 효율적으로 배분하는 일련의 과정을 말함.

국방기획관리[Defense Planning Management]

국방목표를 설계하고 설계된 국방목표를 달성할 수 있도록 최선의 방법을 선택하여 보다 합리적으로 자원을 배분·운영함으로써 국방의 기능을 극대화 시키는 관리활동으로 기획으로부터 계획, 예산, 집행에 이르기까지 국방관리기능을 유기적으로 연결하고 국방요원의 다각적인 노력을 체계적으로 결집시킨 종합적인 자원관리체계.

국방조직(國防組織 : Defense Organization)

국방목표를 달성하기 위해 임무 및 기능, 기구, 정원 등을 유기적으로 결합한 부대 또는 기관의 체계적인 총체를 말함.

- **부대**(部隊 : Troop Unit Force)

  국군조직법에 의하여 설치되는 국군의 모든 편성체를 말하며, 별도의 법령에 의하여 설치되는 기관을 제외한 군사조직 단위.

- **기관**(機關 : Agency)

  국군조직법과 다른 별도의 법령에 의하여 설치되는 교육, 연구, 시험, 특수목적의 조사, 수사 또는 재판 등을 주 임무로 하는 군사조직.

국지경계부대[Local Security Element]

적의 공격 또는 기습으로부터 부대를 방호하고 적의 접근을 경고함으로써 주력 부대가 전투태세를 갖출수 있도록 경계 활동을 하기 위하여 운용하는 소규모의 경계 부대로서 초병, 청음초, 정찰대 등으로 운용한다.

국지도발[Local Provocation]

적이 일정지역에서 특정임무 수행을 위해 상대국의 국민과 재산 또는 영역에 가하는 일체의 위해행위.

국지도발대비작전[Counter-Local Provocation Operation]

적이 일정지역에서 특정임무 수행을 위해 상대국의 국민과 재산 또는 영역에 가하는 일체의 위해행위에 대비하는 작전.

국지전쟁[Local War]

현대전의 한 형태로서 전면전쟁을 회피하면서 제한된 지역에서 어떤 조건하에 국가정책과 군사목적을 달성하기 위해 행해지는 전쟁형태.

군기사고(軍紀事故 : Military Discipline Accident)

개인의 감정이나 고의성이 개입되어 군 기강을 문란 시킬 목적으로 군 조직 내에서 개인 또는 집단 간에 군 기강 및규율을 지키지 않음으로써 발생되는 사고를 말함.

군인복무규율 및 국군병영생활 규정을 고의나 과실로 위반하여 발생한 사건·사고로서 징계 또는 형사처벌의 대상이 되는 사고를 말함.

군경력증명서(Certificate of Military Service Career)

예비역 장교 및 부사관이 각종 자격증 취득 및 취업을 위하여 군 경력기간을 입증하기 위해 병적기록에 관한 증명이 필요한 경우 육본에서 발급하는 서류를 말함.

군단[Corps]

상급부대의 작전적 목표달성에 기여하기 위하여 작전을 수행하는 최고의 전술 제대로서, 상급부대로부터 수개의 사단과 각종 전투 및 전투 지원부대를 배속받아 운용됨.

군대구분[Task Organization]

계획된 작전을 수행하기 위한 임시편성이며, 이는 전투편성이 복잡한 경우에 사용되며, 여기에는 필요시 과업분담의 구성 또는 지휘관계 등과 같은 전술적 구성에 관한 사항을 기술함.

군대부호[Military Symbol]

군의 편성, 장비, 시설, 부대이동 및 활동규모, 위치 등을 간단하고 용이하게 식별하기 위하여 사용되는 것으로 도형, 숫자, 문자, 약어, 색채 등의 조합으로 구성된 기호.

군령[Military Command]

국방목표 달성을 위하여 군사력을 운용하는 용병기능으로서 군사전략기획, 군사력 건설에 대한 소요제기 및 작전계획의 수립과 작전부대에 대한 작전 지휘 및 운용 등을 의미함.

군비[Armament]

국가와 국권을 지키기 위한 군사설비, 즉 군대의 병력·무기·장비·시설 등의 총칭.

군무원(Military Civilian)

군의 업무를 수행하는 공무원으로서 군법의 적용을 받으며, 직급에 따라 현역군인에 준하는 대우를 받음

군번(Service Number)

군에서 복무하는 개인에게 명확한 인사구분과 확인을 위하여 부여되는 숫자를 말함.

군비경쟁[Arms Race]

둘 혹은 그 이상의 적대국 중 일방이 그들의 국가안보 내지 우위를 보장할 수 있는 방법이 군사력이라는 확신하에 군대를 증강하거나 무기의 파괴력을 향상시키고 무기의 양을 경쟁적으로 증가시키는 일련의 행위.

군비통제[Arms Control]

잠재 적대국간 군비경쟁의 안정화, 즉 군사력의 운용과 구조(병력, 무기)를 통제하고, 합의사항 위반을 제재함으로써 전쟁위험과 부담을 제거 또는 최소화시켜 안보를 증대시키려는 모든 노력으로서, 군비축소, 군비해제, 군비제한, 신뢰구축 등을 포괄하는 개념으로 군비통제와 관련된 용어는 다음과 같음.

1. **군비통제 또는 군비관리**(Arms Con-Trol)

   군비축소, 감축, 삭감 및 제한을 망라.

2. 군축 또는 군비해제(Disarmament)

현 군비의 부분적인 축소 또는 완전한 제거나 폐지를 포함. (전쟁을 일으킬 수 없을 정도로)

3. 군비삭감(Arms Reduction)

전쟁의 가능성을 배제하지 않으면서 자발적으로 시행하는 감축 (보유무기 및 병력의 수량적 감축).

4. 군비제한(Arms Limitation)

특정 또는 비 특정기간의 군비수준을 어떤 일정규모 이상으로 늘리지 않도록 규제하는 것,

5. 신뢰구축조치(Confidence-Building Measures)

국가 상호간 오해·불신에서 오는 군사적 위협 도는 불안요소를 제거하기 위해 상호 정 보교환, 군사적 활동 및 군사력 사용 가능성을 제한하는 활동으로서 상대방 군사행동 의 예측 가능성 제고로 전쟁위험의 감소와 위기관리를 향상시키려는 제반조치.

6. 검증(Verification)

군비통제 협정 당사자들 간에 조약의무사항에 대한 이행정도를 인적, 기술적 수단으로 조사·증명하는 과정

군사개입[Military Intervention]

어떤 논쟁의 과정에서 문제를 적극적으로 해결하기 위하여 군사력을 사용하는 계획적인 행동.

군사교리[Military Doctrine]

군부대와 그 구성원에게 국가목표를 달성하기 위해 공식적으로 승인된 군사행동의 기본원칙과 지침. 이는 권위적인 것이지만 적용시에는 판단이 요구됨.

군사기만[Military Deception]

적의 군사적인 결심권자들에게 아군의 능력, 작전의도 및 운용에 대해 오판

하고 적이 아군의 임무수행을 도와주는 방향으로 특정행동을 하도록 유도하기 위하여 취하는 제반 활동으로 전략적, 작전적, 전술적 군사기만이 있음.

군사기본교리[Military Basic Doctrine]

군사전략개념을 구현하기 위하여 합동전장운용 개념을 핵심내용으로 발전된 국군의 최상의 교리로서 이는 합동교리와 각군교리에 지침과 기준을 제공함.

군사력[Military Power]

국가의 안전보장을 위한 직접적이며 실질적인 국력의 일부로서 군사작전을 수행할 수 있는 군사적인 능력과 역량.

군사분계선[Military Demarcation Line; MDL]

유엔군사령관 통제하에 있는 지역과 북괴군사령관의 군사통제하에 있는 지역을 분할하는 군사적인 경계선, 군사분계선은 임진강 북쪽둑(한강하구의 동북방 경계선)으로부터 시작하여 군사분계선 표시번호 0001에서 동해안 군사분계선 표시번호 1292까지 계속됨.

군사잠재력[Military Potential]

군사력 기반의 하나로서 무력을 건설·유지하는 데 가용한 국가자원.

군사전략[Military Strategy]

군사목표를 달성하기 위하여 군사력을 건설하고 운용하는 술과 과학.

군사정보[Military Intelligence]

적군 및 외국 군대 또는 군 관련 상황이나 활동에 대한 정보로서 군사정책 수립이나 군사작전을 계획하고 실시하기 위해 활용하며, 군사작전 수준에 따라 전략정보, 작전정보, 전술정보로 구분됨.

군사특기[軍事特技]

직위의 직무를 전문적으로 수행할 수 있도록 군사업무와 관련된 분야별

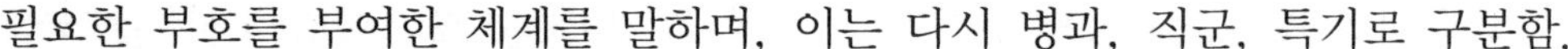

필요한 부호를 부여한 체계를 말하며, 이는 다시 병과, 직군, 특기로 구분함.

- **병과** : 군사특기 구분 시 운영측면을 고려하여 적성분야별로 구분한 것.
- **직군** : 병과 내에서 관련성이 있는 분야를 세분화하여 분류된 집단.
- **특기** : 직군 내에서 특정기술 및 기능별로 세분화한 것으로 개인의 해당 분야 자격을 표시하는 부호를 말함.

군수[Logistics]

무기체계의 연구개발, 장비 및 물자의 소요판단, 생산 및 조달·정비·수송·시설·근무분야에 걸쳐 물자, 장비, 시설자금 및 용역 등 모든 가용자원을 효과적·경제적·능률적으로 관리하여 군사작전을 지원하는 활동.

군수산업[Logistic Industy]

군수산업은 국방산업, 방위산업 등의 용어로 쓰여지고 있으며, 광의로는 군사적 요구를 충족시키기 위한 모든 산업이 망라됨. 협의의 의미로 군비 또는 전쟁에 소비되는 물자를 생산하는 산업을 지칭하며, 일반적으로 군사산업이라고 할 때에는 협의의 해석이며 민수산업과 구분됨.

군수품[War Supplies]

군에 소요되는 물품관리법상의 물품을 말하며, 국방부 및 직할기관 그리고 각 군에서 관리하는 동산 중에서 현금과 유가증권을 제외한 모든 물품을 말함.

군원[Military Aid]

한 국가가 다른 나라의 전투력 증강이나, 전쟁수행을 돕기 위하여 병력, 무기, 기술 및 경제적 원조를 하는 것.

군정[Military Administration]

1. 법률의 원리, 원칙 및 전쟁규칙에 의거하여 군 지휘관이 점령지역에서 입법, 사법, 행정권한을 행사하는 통치기능.
2. 국방목표 달성을 위하여 군사력을 건설, 유지, 관리하는 기능으로서 국

방정책의 수립, 국방관계법령의 제정, 개정 및 시행, 자원의 획득배분, 관리, 작전지원 등을 의미 함.

군제[Military System]

군사기구의 건설, 관리, 유지, 운용에 관한 제 제도의 총칭.

규정휴대량[Prescribed Load; PL]

편성부대 및 독립중대, 격리된 파견대에서 부대정비를 하기 위하여 보유하여야 할 15일분의 수리부속품과 인가된 특수공구를 유지하여야할 수량.

극한지 작전[Coo; Weather Operation]

북극 및 준북극지역에서와 같은 매우 추운 지역에서 실시되는 작전.

근거지[Base]

유격기지를 중심으로 모든 저항제대를 연결하는 병참지대로서 유격 전부대의 영향력이 강하게 미치는 지역.

근접방어사격[Close Defensive Fire]

화력으로 적의 공격의지 및 조직을 파괴하고 공격대형을 와해시키는 등 최대한의 피해를 강요하여 아군 방어작전을 지원하기 위해 실시되는 사격.

근접전투[Close Combat]

지근거리에서 소화기와 총검 및 기타 중화기를 사용하여 실시하는 전투.

근접정비지원[Close Maintenance Support]

속전속결의 현대전 양상에 부응하여 전투부대의 고장장비에 대한 후송부담을 없애고 신속하게 장비를 수리 복구할 수 있도록 2단계 정비능력을 갖춘 부대가 가능한 한 입고정비를 지향하고, 전투부대에 근접하여 장비가 고장난 현장에서 실시하는 정비자원.

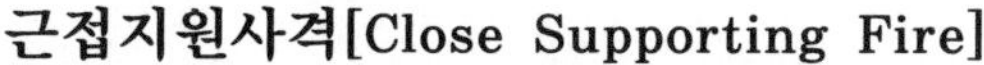

근접지원사격[Close Supporting Fire]

피지원부대에 근접하여 가장 긴급하고 중대한 위협이 되고 있는 적부대, 무기 또는 진지를 목표로 실시하는 사격.

근접항공지원작전[Close Air Support Operation; CAS]

우군과 근접하여 대치하고 있는 적의 군사력을 공격함으로써 우군의 지·해상군 작전의 돌파구를 형성하거나 적의 공격을 둔화시키며, 지·해상군의 전투자유성을 보장하기 위해 수행하는 항공작전.

근접항공지원에는 기계획 근접항공지원과 긴급 근접항공지원이 있음.

급속공격[Hasty Attack]

충분한 공격준비를 갖추지 않은 상태에서 부정확한 첩보에 의하여 적과 접촉시 최소의 계획으로 행군종대로부터 실시하는 공격작전의 형태.

급속도하[Hasty River Crossing]

공격기세를 최대한 유지하는 것으로 공격력이 상실 또는 둔화되는 것을 방지하기 위하여 하천에서 정지하지 않고 편제상의 도하수단 혹은 급조도하수단을 사용하여 실시하는 작전행동.

급편방어[Hasty Defense]

통상 적과 접촉중이거나 접적이 긴박하여 편성을 위한 가용시간이 제한될 때 편성되는 방어로서 급편 방어시에는 지형의 천연적인 이점을 최대로 이용하여 방어한다는 특징이 있음.

기간편성[Cadre Organization]

부대 증·창설시 증·창설요원에 대한 편성 및 교육을 실시하고 평상시 기본부대의 존속에 필요한 핵심인원만 규정한 편성.

기갑부대[Armmor Unit]

전차를 주축으로 하여 기계화보병, 자주포병, 기계화공병, 기갑수색대대, 육군항공 및 기타 필요로 하는 제병과 부대로 편성된 부대.

기계화[보병]부대[Mechanization Unit]

장갑차 및 차량으로 기동화된 보병부대라 전투력의 주체가 되어 전차, 포병, 공병 및 기타 제 병과부대로 편성된 부대.

기능특기[技能特技]

직군내에서 장기간에 걸쳐 기술 습득이 요구되는 전문직위 자격을 표시하는 부호를 말함.

예) 111-20(대전차 유도무기), 121-11(K계열 전차조종) 등

기동[Maneuver]

적에 비하여 보다 유리한 위치에 부대, 물자 또는 화력을 이동시키는 것.

기동계획[Scheme of Maneuver]

부대가 부여된 임무를 완수하기 위하여 적에 비하여 보다 유리한 장소로 이동시키기 위한 계획으로서, 예·배속부대 등의 기동 및 운용에 관한 계획.

기동방어[Mobile Defense]

적의 공격을 경고하며, 적을 불리한 지형으로 유인하고 저지하는데 필요한 최소한의 부대를 전방방어 지역에 배치하고 주력은 결정적인 장소와 시간에 적을 격멸하기 위하여 예비대로서 운용하여 과감한 역습으로 적을 격멸하는 방어형태.

기동부대[Maneuvering Forces]

1. 특수작전이나 임무의 수행을 목적으로 단일지휘관 아래 편성되는 임시적인 단위대의결합체.(특수임무부대)
2. 계속적이고 특정한 임무의 수행을 목적으로 단일지휘관 아래에 편성되는 반영구적인단위부대들의 편성체.
3. 특정된 과업완수를 위하여 기동함대사령관 또는 상급부서 지시에 의하여 편성되는 함대의 한 구성부대.

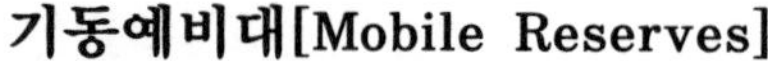

기동예비대[Mobile Reserves]

예상되는 증원이나 역습을 위하여 유리한 위치에 신속히 이동할 수 있도록 편성된 예비대.

기동전[Maneuver Warfare]

1. 하나의 전쟁수행 방식으로서 소모전과 구별되는 '기동', '지략'. '인간적 요소'를 보다중시하는 전격전, 마비전의 현대적 개념.
2. 화력보다는 기동을 중시하고, 지형확보보다는 '적 전투력 적멸'에 우선을 두며, 주전장 지역에 결정적이고 대규모인 전투력을 집중시켜 후방으로 전과확대하는 전쟁수행 방식 으로서 작전템포가 대단히 빠르고 임무형 명령과 예하 지위관의 독단활용 능력이 요구 되며, 전략 / 작전적으로 유리한 위치에서 적의 약점을 극대화시킴으로써 전략적 마비를 달성하는 개념.
3. 기동전의 주수단은 핵심돌파부대로 운용되는 전차와 강갑차, 자주포를 주축으로 한 기 갑 / 기계화 부대와 해상기동 및 공중 기동부대임.

기동타격부대[Mobile Striking Forces]

어떠한 지역에서나 운용이 가능토록 구성부대에서 차출되는 전투 및 전투지원부대를 포함하는 일반 예비대의 일부.

기동함대[Task Fleet]

계속적인 임무수행을 담당하는 함정 및 항공기로 편성된 기동지휘 조직.

기동헬기[Airmobile Helicoter]

공중강습적전시 무장병력 및 주요장비 공수를 주임무로 수행하는 헬기로 UH-1, UH-60, CH-47 등이 포함됨.

기동형태[Forms of Maneuver]

공격작전시 적에 비하여 유리한 위치로 부대 및 그 화력을 이동시키기 위한 이동형태이며 포위, 우회기동, 침투기동, 돌파 및 정면공격 등이 있음.

기록변경보고서[記錄變更報告書]

개인자력의 기록 내용을 최근현황으로 기록 유지하기 위하여 개인신상 변동사항을 보고하는 것을 말함.

기뢰[Mine]

「기뢰수뢰」의 준말로 수면 밑에서 폭발하는 장치를 가진 폭약통으로서 부설 위치에 따라 계류기뢰, 부유기뢰, 및 해저기뢰 등으로 분류하며 감응 폭발장치에 따라 접촉기뢰, 압력기뢰, 음향기뢰, 자기기뢰 및 복합기뢰로 분류함.

기뢰부설[Mine Laying]

미리 계획된 계획에 따른 특정한 해양, 항만, 호수, 강 및 해상 교통로에 수상함정, 항공기, 또는 잠수함에 의하여 기뢰를 부설하여 전술적 이익을 획득하기 위해서 부설함.

기뢰전[Mine Warfare]

기뢰의 전략적 및 전술적 활용과 그에 대한 대항책으로서 이는 기뢰 부설과 기뢰에 대한 방어를 위하여 가능한 모든 공격적 및 방어적인 방법을 포함함.

기만[Deception]

상대방의 상황인식에 영향을 줌으로써 상대방이 어떤 행동을 하거나 또는 하지 못하게 하는 것으로서, 조작, 왜곡, 징후의 변조를 통하여 상대방에게 해로운 방향으로 반응토록 유도함으로써 상대방이 판단을 잘못하게 하도록 고안된 수단 군에서는 군사기만을 사용함.

기만작전[Deception Operation]

아군의 작전의도, 능력, 배치 등을 적에게 오판하도록 유도하여 적을 아군의 의도대로 유인하거나 적의 기도를 사전에 포기하게 하는 계획적인 작전활동을 말하며, 기만방법에는 양공, 양동, 계략, 허식 등이 있으며, 지휘관은 이들간에 상호보완이 이루어지도록 통합운용 하여야 함.

기밀실[War Room]

상황도 또는 도표식 현황 및 기타 요구되는 관계사항을 유지하는 사령부급 별실로서 이곳에서 상황 브리핑 및 회의가 실시되며, 보안유지를 위해 일반인의 접근을 통제함.

기본 전술단위부대[Basic Tactical Unit]

독립적인 전술임무를 수행할 능력이 있는 기본단위부대.
보병대대는 보병의 기본 전술단위부대임.

기본화기[Primary Weapon]

전투부대가 기본적으로 갖추어야 할 화기, 즉 소총중대의 기본화기는 소총(M16)이며 조종사의 기본화기는 권총임.

기본휴대량[Basic Load ; B/L]

개인 또는 편제부대가 항시 보유하도록 인가된 탄약의 양으로서 화기당 발수 또는 부대당 수량으로 표시됨.

기선[Initiative]

최초로 행동하는 힘으로써 적이 공격이나 행동을 하기 전에 먼저 이를 공격 또는 행동하여 주도적 위치에서 적을 제압하는 작전행동.

기술교범[Technical Manual ; TM]

군의 주요장비 및 물자의 사용을 위한 설치, 운영, 점검, 정비 등에 관한 지식과 이에 필요한 수리부속품, 특수공구 목록 및 각종 전문적이고 기술적인 기본원리에 대한 운용지침서 및 절차를 지시하는 발간물.

기술도입생산[Production by Technical Transfer]

외국에서 개발되어 실용화된 무기체계를 외국의 원제작업체와 기술협력에 의하여 생산권한을 양도, 대여 또는 지원하에 생산하는 것을 말하며, 기술도입생산의 세부형태는 공동생산, 면허생산, 조립생산으로 구분함.

기술시험[Development Test]

시제품에 대한 기술상의 성능(신뢰도, 가용도, 보전도, 적합성, 호환성, 안전관계와 지원요소 등)을 측정하고 설계상의 중요한 모든 문제점이 해결되었는가를 확인하는 시험을 말하며 선행기술시험(DT1)과 실용 기술시험(DT2)으로 구분함.

기술정보[Technical Intelligence ; TECHINT]

기술정보란 군사목적을 위하여 현재나 미래에 적용될 외국 및 적국의 기술개발 내용과 이러한 기술에 의해 생산된 물자의 작전능력에 관한 정보를 말함.

기술정보의 대상은 광범위하여 진행중인 군사적전에서 현재 사용하고 있거나 향후 실질적으로 사용할 목적으로 연구개발중인 모든 분야의 외국 및 적국의 장비, 보급품, 설비, 시설물, 무기체계의 기술적 특성, 성능, 강·약점, 생산기술, 정비기술 등에 관련된 기술 등이 포함됨.

기습[Surprise]

적이 예상하지 못한 시간, 장소, 수단, 방법으로 타격하는 것을 뜻하며, 비록 알았다 하더라도 적이 계획한 시간 내에 효과적으로 대응하지 못하도록 더욱 빠르게 적을 타격함으로써 기습의 효과를 달성할 수 있음

기장[記章]

포상의 종류에는 포함되지 않으나 거국적 경축행사에 참석하거나 전쟁 또는 사변에 종군한 자에게 국가에서 기념표지로써 수요하는 휘장

기지방어[Base Defense]

전시 및 평시를 막론하고 적의 공격 또는 파괴행위로부터 그 효과를 제압하거나 감소시켜 부대의 임무 및 기능을 최대로 발휘할 수 있도록 하기 위한 군사방책으로서 기지단위 독립적전으로 수행됨.

긴급항공지원[Immediate Air Support]

사전에 계획된 바 없이 전투수행 중 긴급요청에 의해서 지원되는 항공지원.

낙오자 수집소[Straggler Post]

낙오자 초소 뜨는 낙오자선에서 수집된 낙오자를 원대복귀 또는 기타 필요한 조치를 취하기 위하여 집결시키는 장소로서 헌병에 의하여 운용됨.

낙진[Fallout]

핵폭발시 지상폭파구의 물질이 공중에 올라가 원자운으로 형성될 때 방사능 물질로 변하여 풍향에 의해 아랫바람 지역으로 이동하면서 일정시간 경과후 떨어지는 물질로서 방사능오염의 주요원인 물질임.

낙진예측[Fallout Prediction]

낙진입자가 지구 표면에 떨어지기 이전에 그 범위와 방향을 예측하는 것. 낙진예측 방법에는 정밀낙진예측과 간이낙진예측이 있음.

낙진지역[Fallout Area]

방사선 물질이 확산된 지대 또는 기상상태로 보아 방사선 물질이 확산된 것으로 예상되는 지역.

낙천자[落薦者]

처벌 등 특별한 사유로 인한 낙천사유 기준에 저촉되어 진급될 기본 자격 조건이 결여되는 자.

내란[Internal Disturbances]

국가의 정치적 기본제도 및 조직을 불법적으로 파괴, 변혁할 목적으로 대규모의 폭동을 일으키는 형태.

내무검사(內務檢査 : Inspection)

제 규정의 이행여부, 교육정도, 병기·시설·장비·비품 및 보급품의 보존상태, 명령지시의 숙지 및 실행상태 등의 점검을 위해 실시하는 검사를 말함.

내선작전[Operation On Interior Lines]

신속한 기동, 집중 및 분산의 이점을 획득하고 양호한 통신, 짧은 병참선을 이용하여 외부로부터 포위태세로 전진해 오는 적과 대적하고자 하는 작전.

내전[Civil War]

국내의 대립된 세력이 무력에 의해 서로 싸우는 상태로서, 내란이 전투형태와 같이 된 상태.

농축우라늄[Enriched Uranium]

천연우라늄을 가공하여 우라늄 235의 함유율을 10% 높인 것으로 열효율이 높음.

네트워크중심전(NCW ; Network Centric Warfare)

정보공유, 지휘속도 향상, 신속한 작전전개, 고도의 공격치명성, 생존능력 향상 등을 달성하기 위해 센서·지휘통제·타격수단의 네트워킹을 통한 정보우위의 달성으로 전투력 증대를 추구하는 전쟁양상을 말함.

다국적군[Coalition Force, Multinational Force]

2개 이상의 국가 또는 그의 군대가 공통의 목적을 달성하기 위하여 협력하는 것으로 각국 고유의 독자적인 지휘체제를 유지하면서 협동의 관계를 이룬다는 점에서 연합과 다르나 일반적으로 다국적군도 연합의 한 형태로 분류함.

다련장로켓[Multiple Rocket Launcher]

다수의 로켓탄 발사통을 상자형 또는 원통형으로 배열한 발사기로서 통상 차량에 탑재하여 자주화되어 있음. 이 발사기는 동시에 대량의 화력을 집중시키는 것을 목적으로 한 전술로켓 무기로서 광역지역의 동시제압, 대포병사격, 살포지뢰의 투하 등에 적합함.

다목적 소형헬기[Light Airborne Multipurpose System ;LAMPS]

함정에 탑재하여 대잠전(ASW), 대함유도탄방어(ASMD)를 주임무로 하며, 기타 임무를 부가적으로 수행하는 다목적 소형헬기로서 미 해군에서는 통상 SH-2 대잠헬기를 지칭함.

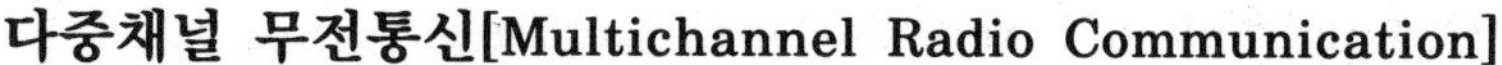

다중채널 무전통신[Multichannel Radio Communication]

초단파(VHF) 이상의 주파수를 사용하는 무전기와 반송장비 등을 사용하여 다중통신회로를 구성하는 방식으로서 부대간에 신속하게 많은 회선을 제공할 수가 있으며, 중계통신소를 설치 운용하여 통신거리를 연장할 수 있음. 그러나 다중채널 무선통신은 지형의 장애를 받고 적에 의한 도청과 전자방해를 받기 쉽기 때문에 무선통신에 준하여 보안에 유의하여야 함.

다중통신[Multiplex Communication]

한 통신로의 회선을 사용하여 수많은 통신을 구성하는 유·무선통신의 총칭.

다차원 작전[Multi Dimension Operation]

정면, 종심, 고도에 의해 한정되어 오던 전통적 전장개념에 추가하여 디지털화된 미래전장 통제능력에 의해 전장이 전자기적, 인간적, 시간적 차원을 포함하는 확대된 전투공간에서 다양한 차원으로 수행되는 작전.

① 전자기적 차원이란 디지털 통신에 의해 종래의 물리적 전장개념을 초월하는 영역을 포함하는 것이며, ② 인간적 차원은 정보기술의 발달에 의해 미래전투장면이 실시간대에 전세계에 방영되고 이를 시청하게 되는 시민들의 여론을 조성하여 전쟁지도에 영향을 미치게 되므로 각개 병사의 행동 하나하나가 전략적 의사결정에 영향을 미치는 결과를 초래함. ③ 시간적 차원은 작전 Tempo에 관련된 차원으로, 재래전의 경우처럼 작전 Tempo를 적보다 빠르게 유지함으로써 승리할 수 있었으나, 미래에는 아군의 의도대로 작전 Tempo를 조절하여 주도권을 확보, 유지하는 것이 중요함.

다탄두 유도탄[Multiple Individully Targetable Reentry Vehicle]

1기에 다수의 탄두를 장치하여 탄두 하나하나가 유도장치를 갖고 동시에 여러개의 목표를 공격할 수 있는 전략무기.

단거리 대공무기[Short Range Air Defense ; SHORAD]

통상 적의 근접지원 항공기나 회전익 항공기의 공격으로부터 주로 전방기동부대 및 시설을 방호하기 위하여 운용되는 대공무기로서 대공포와 휴대용 대공유도탄 등을 말하며, 군/군단 후방의 주요시설 및 기지방호를 위해 운용될 수 있음.

단거리 수직이착륙기[Short Takeoff and Vertical Landing]

단거리 활주 이륙과 수직착륙의 약자로서 수직 이착륙(Vertical takeoff landing), 단거리 이착륙(Short takeoff landing)을 합친 용어. 수직 이착륙(VTOL)기라도 짧은 거리를 활주함으로써 날개의 양력이 증가되어 유효탑재량을 30% 이상 증가시킬 수 있고, 이륙에 요하는 연료도 적게 들며 착륙은 탄약·연료를 소모했으므로 가벼워져 수직으로 할 수 있음.

단거리 탄도탄[Short Range Ballistic Missile ; SRBM]

600해리(약 1,000km)까지 사거리를 가진 탄도미사일.

단기복무[短期服務]

장기복무자가 아닌 자로서 부사관 의무복무 기간만을 복무하는 자를 말함.

단대호[Unit identification]

숫자상 부호. 병과 그리고 지휘제대를 나타내는 어떤 군사부대의 완전한 명칭.

단위부대[Unit]

법령에 의하여 창설된 부대로서 각군본부, 군(단)사령부, 작전사, 함대, 사단, 비행단 등에 예속되어 있으나 건제부대가 아닌 부대.

단편명령[Fragmentary Order]

1. 부대의 임무에 대한 변경과 전술상황의 변경을 알리는 데 사용하는 간략한 작전명령.
2. 해당하는 부대에 한하여 부분적으로 하달하는 명령. 단편명령의 각 부분은 단지 단편 명령을 접수하는 지휘관 또는 부대를 위한 지시사항만이 포함됨.

당직근무(當直勤務 : CQ ; Charge of Qarters)

일과시간 이후의 부대 일직근무를 통칭하는 용어. 당직사령,당직사관, 당직부관, 상황장교, 위병장교 등이 있음.

대간첩[Counter Espionage]

간첩활동을 수행하는 것으로 의심되는 개인, 단체 또는 기관에 대한 식별, 침투, 조작, 기만 및 압박을 통해 간첩활동을 탐지, 격멸, 무력화, 이용 또는 예방하는 방첩의 일부.

대공감시[Counter Surveillance]

적·아 항공기 및 대형유도탄의 발견, 확인, 판단을 목적으로 전자, 시각 및 기타 수단에 의하여 체계적으로 행하는 관측, 공중감시라고도 함.

대공무기[Air Defence Weapon]

방공임무를 수행하는 모든 무기로서 적의 항공기나 비행체를 파괴, 무력화, 공격효과 감소를 위하여 운용되며, 지대공, 공대공, 함대공 무기가 포함됨.

대공방어[Anti-Aircraft Defense ; AAD]

적의 공중공격에 대한 일체의 방어행동.

대공수[Anti-Airborne]

적의 공정작전, 공중기동작전에 대해 효과적으로 대처하기 위한 모든 활동. 여기에는 적의 항공기를 격추하기 위한 것부터 지뢰지대를 설치하는 소극적 활동이 모두 포함됨.

대공초소[Air Guard Post]

적 항공기의 접근을 조기 경보하기 위하여 대공관측이 용이한 곳에 위치한 초소.

대기동(對機動 : Counter-Mobility)

장애물 운용과 거부작전으로 적의 기동을 교란, 고착, 유인, 차단함으로써 적의 조직적인 작전활동을 방해하고 아군의 작전에 유리한 여건을 조성하는 활동을 말함.

대량보복전략[Massive Retaliation Strategy]

어떠한 형태의 도발행위에 대해서도 응징수단으로써 강력한 전략 열핵무기로 보복하겠다는 전략. 즉 최소의 도발에 대해서도 최고, 최대수준의 응징보복을 단행하겠다는 전략.

대륙간 탄도탄[Inter-Continental Ballistic Missile]

대양을 횡단하여 대륙간 사격이 가능한 사정거리 5,000마일 이상의 전략 탄도미사일.

대량살상무기(大量殺傷武器 : WMD ; Weapon of Mass Destruction)

핵, 화학, 생물학무기 등과 같이 대량살상 및 파괴를 유발하는 무기를 총칭함.

* 대 WMD작전 : 군사적 대응으로 적의 핵무기나 생화학무기의 사용을 억제하고, 위협 및 공격수단을 사전에 무력화하거나 화생방무기공격으로부터 피해를 최소화하면서 임무를 효과적으로 달성하기 위하여 실시하는 제반 작전활동을 말함.

대량전상자처리(大量戰傷者處理 : Mass Casualty Management)

대량전상자 발생 시 피해발생부대 주관 하 각 기능참모 및 제병과가 통합하여 지역피해통제 개념에 의거 환자응급처치 및 제독 등 전반적인 처리(영현, 오염물)를 포함한 조직적이고 체계적인 활동을 말함

대리[代理]

편제상 직위의 계급보다 하위계급자를 보직하는 것을 말하며, 직위 다음에 '대리'라고 명시하여 명령을 발령함.

대리전쟁[Proxy War]

한 국가가 직접 전쟁을 하지 않고 그의 우방국 또는 기타의 국가로 하여금 대신하여 타 진영이나 기타의 국가와 싸우게 하는 전쟁.

대민 군사지원[Military Aid to Civil Authorities]

해당 민간당국의 요청에 응하거나 또는 대통령의 지시에 의해 주민의 질서 유지와 복지 보존을 조력하기 위하여 취하여지는 모든 군사활동. 이러한 활동은 통상 재난, 폭동, 혹은 기능발휘를 위협하는 상태 등과 같은 국내 위기하에 실시하게 됨.

대민지원(對民支援 : Military Aid to Civil Authorities)

군의 자발적인 참여나 지방행정기관의 협조요청에 의하여 군이 지역사회와 주민을 지원하는 활동을 말함.

대비정규전[Counter Unconventional Warfare]

가용한 모든 수단과 방법을 사용하여 책임지역 내에서 군사활동 및 비군사활동을 포함한 적의 비정규전을 예방, 저지, 격멸 및 소탕을 목적으로 수행되는 제반작전으로서 대침투작전 및 대유격작전, 심리전 및 정보활동 주민 및 지역의 경계와 통제 그리고 대민지원활동 등이 포함됨. 이는 군·관·민의 통합된 노력에 토대를 두고 수행함.

대상륙작전[Counter Amphibious Operation]

육 · 해 · 공군에 의하여 합동으로 가용한 모든 수단과 방법을 사용하여 적의 상륙의 저지, 격멸하는 작전,

대양해군[Ocean Going Navy/Blue Water Navy]

대양에서 국가이익 수호와 국가정책을 뒷받침하기 위해, 해상, 해중 및 항공 등 입체전력을 구비하고 적정수준의 해양통제, 해상교통로 보호 및 전력투사능력을 갖추어 대양에서 상당기간 독립작전을 수행할 수 있는 해군. 세력규모는 구축함급 이상의 중·대형함을 중심으로 구성되며 상당규모의 독립된 항공작전을 수행할 수 있는 중·소형 항모와 중형 잠수함 또는 소수의 핵잠수함, 대형 상륙함과 대형 지원함 등으로 편성됨.

대인지뢰지대[Anti-Personnel Minefield]

주로 보병공격에 대한 방어를 위하여 부설된 지뢰지대.

대잠초계[Anti-Submarine Patrol]

잠수함에 대한 탐지 또는 공격을 위하여 한 구역이나 선에 적측의 정신과 의지를 굴복시킴으로써 승리를 가져오도록 하는 것.

대적심리전[Counter Enemy Psychological Opera-tion]

상대 적국 또는 집단에 대해 실시하는 심리전으로서 적측의 정신과 의지를 굴복시킴으로써 승리를 가져오도록 하는 것.

대전략[Grand Strategy]

국가목표의 달성, 특히 전쟁의 정치적 목표를 달성하기 위하여 국가의 전 자원 또는 국가군의 전 자원을 조정하고 통제하여 가장 효과적으로 사용하는 방법.

대전복[Counter Subversion]

전복활동을 실시하고 있거나 또는 실시할 가능성이 있는 개인, 집단 또는 조직들을 식별, 이용, 침투, 조종, 기만 및 진압하여 전복활동들을 탐지, 격멸, 무력화 또는 저지하기 위해 계획된 대정보 활동의 한 가지 방법.

대전차공격[Anti-Tank Attack]

적의 전차를 무력화하기 위한 작전으로서 가용한 모든 대전차화기의 사용과 대전차 특공조의 운용 등으로 실시함.

대전차 무기체계[Anti-Tank Weapon System]

전장에서 적의 전차군에 대한 공격을 효과적으로 수행하기 위해 개발된 일련의 무기그룹으로서 보병의 대전차 무기를 비롯한 각종의 화기, 유도탄, 항공기, 차량 등이 포함됨.

대전차방어[Anti-Tank Defense]

대전차 장벽(자연 및 인공장애물) 및 대전차 특공대(화기) 운용 등으로 방어의전 중심에 걸쳐 편성된 적 전차 운용에 대한 방어작전.

대전차 장애물[Anti-Tank Obstacles]

전차 혹은 기타 장갑차의 기동을 저지 또는 방향전환을 못하게 하거나 기동을 지연시키기 위한 자연 또는 인공장애물이나 장벽.

대침투작전[Counter Infiltration Operation]

평시 지상 · 해양 · 공중을 통하여 침투하는 적의 특수부대 및 요원을 포착, 격멸하거나 소탕하기 위하여 실시하는 제반활동.

대포병사격[Counterbattery Fire]

적 포병에 관련된 장비, 시설 등 운용체계를 파괴 및 무력화시키기 위하여 실시되는 사격.

대테러(CT : Counter Terrorism)

테러사건이 발생되기 이전에 예방·저지활동을 하거나 테러사건 발생이후 취해지는 대응활동의 체계적인 수단 및 방법을 말하며, 주로 정부기관 주도로 이루어지는 특성 때문에 일반적으로 '대테러활동'이라 하며, 군사적으로는 '대테러작전'이라 한다.

대항군[Aggressor Force]

적군의 군사행동을 취하는 가상적인 군부대. 이는 연습의 실전감을 주기 위하여 구성됨.

대화력전[Counterfire Operation]

적의 간접화력체계, 즉 적의 박격포, 대포 로켓체계 및 그것들에 관련된 지휘 통제, 통신 및 지원체계를 공격하기 위한 모든 활동.

도로견부위주 종심방어[Defense in Depth Orienting Road Shoulder]

적의 고속기동전에 대응하기 위해 적 주력의 기동로인 도로견부 위주로 종심 깊게 전투력을 배비하여 적 고속기동부대의 공격속도를 축차적으로 흡수, 지연, 차단 및 격멸함으로써 적의 작전의도를 분쇄하는 전술방식으로서 공세이전의 여건조성을 위한 긴요한 전법을 말함.

도로대화구[Road Crater]

용이하게 우회할 수 없는 도로상의 한 지점에서 주로 적 차량이나 적 전차의 도로사용을 거부하기 위하여 포탄, 지뢰, 폭약 등의 폭발물을 장치하여 필요시 폭파함으로써 도로상에 깊은 폭파구를 형성하도록 한 장애물의 일종.

도북[Grid North]

지도상의 수직좌표선에 의해 정해진 북쪽, 즉 지도 좌표선의 0도 방향.

도선장[Ferry]

하천, 호수, 해협 등에서 폭이 좁거나 얕아서 건너기 쉬운 곳으로 대안과 연락할 수 있는 나루터, 폭이 좁거나 수심이 얕은 하천 등 건너기 쉬운 교통상의 요점.

도섭[Ford]

수심이 얕은 하천을 교량이나 단정 또는 뗏목 등을 이용하지 않고 걸어서 건너가는 것.

도시지역 작전[Urban Operation]

도시지역을 교란 또는 주요시설을 타격할 목적으로 침투하는 적을 저지격멸하고, 도시아파트 및 건물지역에 대한 적의 은거를 거부하여 주민을 보호하며, 치안을 유지하여 도시가 기능을 유지할 수 있도록 하는 작전임.

도하작전[River Crossing Operation]

공격부대가 신속하게 하천 장애물을 극복, 공격기세를 유지하여 적을 격멸하기 위해 실시하는 작전으로 공격작전시 한 과정으로 수행됨.

독단활용

임무수령 후 상황이 근본적으로 변하여 계획수립 당시의 상황판단 결과가 더 이상 유효하지 않거나, 신속한 행동이 요구되지만 임무 부여자의 재 결심을 받을 수 없을 때, 임무 부여자(지휘관)의 의도에 부합된 범위내에서 스스로의 책임 하에 결심하여 실시하는 행동

돌격[Assault]

공격전투의 최후단계로서 백병전이 수반되는 근접전투이며, 공격전투의 승패를 결정하는 행동.

돌격단계[Assault Phase]

상륙기동부대의 주요돌격부대가 목표지역에 도착해서부터 상륙기동부대의 임무를 완수할 때까지의 기간.

돌파[Penetration]

적 방어진지상에 약한 측익이 없거나 지형상 포위가 제한될 때 공격부대가 적의 주방어진지를 통과하여 포위기동을 위한 약한 측익을 조성하거나 적부대의 방어 지속성을 파괴하는 기동형태임. 돌파에 유리한 조건은 적 배치가 과도히 신장되어 있을 때, 적 진지에 약점이 있을 때, 지형이 효과적인 제병협동작전에 유리할 때, 강력한 화력 가용시 등이 있음.

동원[Mobilization]

1. 전시 또는 이에 준하는 국가 비상사태하에서 국가안전보장상의 목표를 달성하기 위하 여 국가의 인력, 물자, 재화 및 용역 등의 자원을 효율적으로 관리, 통제하는 국가권력 작용(국가총동원).
2. 군대의 전부 또는 일부를 전쟁 혹은 기타의 비상사태에 대비할 수 있는 태세로 전환시 키는 과정(군사동원).
3. 동원은 형태에 따라 정상동원과 긴급동원으로 나누어지며, 동원범위에 따라서는 총동원과 부분동원이 있으며, 대상자원에 따라서는 인원동원, 물자동원 및 기타동원으로구분됨.

동원계획[Mobilization Plan]

한 국가의 인력과 물자, 자원을 소집하여 전쟁준비태세를 배치하기 위한 계획.

동원령[Issuance of Mobilization Order]

국가동원을 시행하기 위한 일동의 국가 긴급명령이며 동원령은 국민의 재산권을 제한 또는 침해하는 조치이기 때문에 이를 선포하려면 정당한 법적 절차를 밟아야 하고 발령할 수 있는 요건이 충족되어야 함.

동원소요[Mobilization Requirement]

전시 인가된 편제병력의 충원 또는 작전수요를 전시에 보충하여야 할 인적, 물적 자원의 소요를 말함.

동원지정[Appointment for Mobilization]

전시동원소요에 대하여 평시에 인적, 물적 동원자원을 미리 지정하는 것으로 병력동원의 경우 전시를 대비하여 계급, 병과 및 군사특기 및 입영부대의 보충소요에 맞도록 병력동원 소집대상자를 부대단위, 집단 또는 개인별로 전시에 소집될 부대 및 직책을 평시에 지정하여 두는 것을 말하며, 이는 동원지역의 배정, 소집부대의 결정, 동원보직 부여, 동원소집명부 작성 및 신상이동자의 대체지정 등 전 과정을 총망라하는 병력소집대상자의 지정과 동의어로 사용됨.

동원지정업체[Appointed Companies for Mobilization]

평시에는 당해업체 고유업종의 영업활동을 하나 전시 또는 비상시에는 국가동원령에 의하여 동원되어 군수물자 또는 전시 민수물자의 생산이나 용역에 전용되는 업체.

동원편성[Mobilization Organization]

전시편제에 다라 전시 증편·창설 또는 손실보충을 위하여 예비군자원으로 동원지정을 하고 이들에게 보직을 부여하는 등 전시증·창설부대를 대상으로 편성, 관리하는 것.

등화관제[Blackout]

적 특히 적의 항공기로부터 관측을 방해하기 위하여 모든 불빛을 차폐하거나 전등을 소등하여 적의 목표발견을 방해하기 위한 활동.

명령(命令 : Order)

상급자가 하급자에게 구두 또는 서면으로 의무를 부과하는 것. 서식, 구두 또는 신호 등의 통신수단을 이용하여 예하부대 또는 개인에게 상관의 계획 또는 결심사항을 지시하는 것.

매복[Ambush]

이동중이거나 일시적으로 정지한 적에게 은폐한 진지에서 기습공격을 하려고 잠복 대기하고 있는 행동.

모의[Simulations]

적을 기만하여 그들의 주의를 진정한 목표물로부터 하위의 목표물로 끌어내기 위한 수단으로 허식의 한 형태임.

모의시설[Dummy Installation]

적을 기만하기 위하여 사용되는 위조건물 및 표지물. 이는 아군의 진정한 사격목표로부터 적 화력을 다른 곳으로 유인 내지 분산시킴으로서 적의 화력을 약화, 지연 또는 혼란하게 하기 위하여 만들어짐.

목진지[Choke Point]

침투하는 적의 이동을 감시 차단하고 조기에 적을 포착 섬멸하기 위하여 적이 이용할 수 있는 요점(길목)에 병력을 배치하기 위한 일종의 매복진지.

목표[Objective]

부대의 가용전투력을 운용하여 확보 또는 달성해야 할 대상으로서, 부대는 목표달성에 모든 노력을 경주하여야 함.

무관후보생[武官候補生]

군인 간부를 양성하기 위하여 군 교육기관에서 교육중인 자를 말하며 장교후보생과 부사관 후보생으로 구분하고 이들은 전형 또는 각종 선발 시험에 합격한 사관생도, 사관 및 준사관 후보생으로 교육받고 있는 자를 말함.

무기체계[Weapons System, WS]

무기와 이에 관련되는 물적요소와 인적요소의 종합적인 체계.

무기효과지수[Weapon Effectiveness Indices]

무기체계 자체의 객관적 가치를 정량화하기 위하여 각종 무기체계가 갖고 있는 고유의 특성, 즉 기동성, 화력, 생존성, 기타 특성별로 상대적 가중치를 부여하여 일반적인 상태에서 본 무기체계의 효과를 지수화한 값.

무능화 작용제[Incapacitating Agent]

개인의 부여된 임무를 수행하는 데 있어서 통합적인 노력을 불가능 하게 만드는 일시적인 심리적 또는 정신적 영향을 주는 작용제.

무력시위[Show of Force]

국가의 이익이나 목표에 해로운 특별한 상황을 해결하기 위하여 군사력을 전개시켜 무력에 의한 과시나 위협을 함으로써 상대방에게 심리적인 위압감을 일으키게 하는 행위.

무력화[Neutralize]

군사적인 상태가 비효과적이거나 사용(운용) 불가능하도록 하는 것.

무선방해[Radio Silence]

전파를 발사할 수 있는 장비의 전부 또는 일부가 통신보안상 이유로 동작을 중지하고 있는 상태.

무보직(無補職)

편제상 인가된 직위에서 해임되어 보직을 받지 못한 상태를 말함.

무인기[Drone]

원격조정 또는 자동적으로 조정되는 항공기, 차량 또는 함정.

무인항공기[Unmaned Aerial Vehicle; UAV]

조종사가 탑승하지 않고 지정된 임무를 수행할 수 있도록 제작한 비행체를 말하며, 독립된 체계 또는 우주/지상체계들과 연동시켜 운용한다. 활용분야에 따라 다양한 장비(광학, 적외선, 레이더 센서 등)를 탑재하여 감시, 정찰, 정밀공격무기의 유도, 통신/정보중계, EA/EP, Decoy 등의 임무를 수행하며, 폭약을 장전시켜 정밀무기 자체로도 개발되어 실용화되고 있어 향후 미래의 주요 군사력 수단으로 주목을 받고 있음.

무장공비[Arming Communist Guerrilla]

적 또는 반국가단체로부터 지령을 받고 중요시설 파괴, 양민의 학살, 유격활동 및 거점확보, 첩보수집 등의 목적으로 무기를 소지하고 침투한 자.

문교[Raft]

인원 및 장비를 도하시킬 수 있도록 부유물 상관을 설치하고, 동력장치를 설비한 수상운반체.

물자준비태세[Material Readiness]

전시활동 또는 우발사태, 재난구호(홍수, 지진 등) 기타 긴급사태를 지원함에 있어서 군사조직이 필요로 하는 물자의 가용성.

물자동원(物資動員 : **Materials Mobilization)**

물자동원은 전시, 사변 또는 이에 준하는 국가비상사태 시 소요되는 물자, 장비, 시설, 업체 등의 동원자원을 적기적소에 동원하는 것을 말하며, 산업, 수송, 건설, 정보통신동원으로 구분됨.

- **산업동원**(産業動員 : **Industry Mobilization)**

  군 소요의 급격한 증가와 민간수요의 기본수요를 충족시키기 위하여 국가권력에 의한 중앙통제에 의해서 평시의 산업 체제를 전시의 산업체제로 전환하고 식량, 유류, 공산품 등 물자와 생산업체, 병원 등을 동원하는 것.

- **수송동원**(輸送動員 : **Transportation of Mobilization)**

  전시 민·관·군 소요를 충족하기 위해 모든 수송수단과 업체를 효율적으로 사용동원 또는 통제운영 하는 것.

* 동원대상 : 차량, 선박 항공기 등의 장비와 운송·정비·컨테이너업체 등

- **건설동원**(建設動員 : **Construction Mobilization**)

  군사작전은 물론, 기타의 전시 소요까지 충족시키기 위하여 건물, 토지, 건설기계 및 정비업체, 건설업체 등을 사용동원 또는 통제 운영하는 것.

- **정보통신동원**(情報通信動員 : **Communication Mobilization**)

  군 작전소요를 충족시키고 민·관 소요의 적정배분으로 국민생활의 안정을 도모하기 위하여 국가의 이용 가능한 통신자원(통신회선, 통신공사업체, 소프트웨어 관련업체 등)을 동원하는 것.

미사일[Missile; MSL]

자체 추진력을 가진 비행체로서 탄두를 운반하는 군사목적의 로켓 등을 말하며 탄도탄과 유도탄이 포함되며 전략핵을 탄두로 하는 전략 미사일과 전장에서 사용되는 중·소형의 전술미사일로 대별됨.

민간인 출입통제선[Civilian Access Control Line; CACL]

군사작전상 민간인의 출입을 통제하기 위하여 설정(휴전선 남방 5~20km 범위)한 선으로서 이 선의 북방 출입 또는 활용은 책임지역 군부대장의 통제가 요구됨.

민군작전(民軍作戰 : **Civil Military Operations**)

군부대가 주둔하거나 작전을 수행하고 있는 지역에서 군사작전의 성공적 수행을 보장하고 국가정책을 실현하기 위하여 군부대와 정부, 비정부기구 및 주민과의 관계를 구축, 유지 및 확대하는 지휘관 중심의 제반 군사활동.

민방위[Civil Defense]

적의 침공이나 전국 또는 일부 지방의 안녕질서를 위태롭게 한 재난(민방위사태)으로부터 주민의 생명과 재산을 보호하기 위하여 정부의 지도하에 주민이 수행하여야 할 방재, 구조, 복구 및 군사작전상 필요한 노력지원 등 일체의 방위적 활동.

민사[Raft]

군부대가 점령 또는 주둔한 지역에서 그 지역의 민간당국 및 주민간의 관계에 필요한 군사 활동사항.

민사작전[Civil Affairs Operations]

전·평시를 망라하여 군과 민간인과의 상호관계는 제반활동을 의미하나 이를 군사작전과 연관시켜 말할 때 민사작전이라고 함.

민사작전부대[Civil Affair Unit]

수복지역에서 민간이나 정부기관 및 산업기관과 군대와의 상호관계 및 약정에 관계되는 민사업무를 수행하기 위하여 편성된 군부대.

민수[Civil Requirement]

군·관수를 제외한 민간요소를 말하며 동원업체가 동원업무수행에 필요한 자원(인력, 물자)과 국민생활에 필요한 물자의 소요를 말함.

박명[Twilight]

일출전이나 일몰후 대기중에 떠 있는 미세한 물질이나 먼지가 태양광선을 반사하여 희미하게 밝은 현상. 통상 일출45분 전부터 일출까지를 해상 박명초(BMNT), 일몰시부터 15분 후까지를 해상 박명종(EENT)이라 함.

반격[Counter Offensive]

공격부대로부터 주도권을 탈취하기 위하여 방어부대가 실시하는 대규모의 공세로서 공세이전과 동의어임.

방공[Air Defense]

대기권 내에서 적 항공기 혹은 적 유도탄이 공격을 감행해 올 때 공중공격의 효과를 무력하게 하거나 감소시키는 데 필요한 아측의 모든 군사적 활동.

방공무기[Air Defense Weapons]

대기권 내의 적 유도탄 및 공격하는 모든 항공기를 파괴 및 공격무력화하거나 공격효과를 감소시키기 위하여 사용되는 제반무기. 이와 같은 방공무기는 방공항공기와 방공포병무기로 대별됨.

방공작전[Air Defense Operation]

양공 또는 작전지역의 공중공간으로 침입을 기도하거나 침투한 공중세력을 탐지, 식별, 요격해서 격파하는 방어개념의 작전으로 통상 방어 제공작전과 동일개념으로 사용되며, 방공작전 형태는 지역방공과 국지방공으로 분류되고, 국지방공은 기동부대 대공방어와 고정시설 대공방어 및 행군부대 대공방어로 구분됨.

방공포병[Air Defense Artillery]

지상에서 공중표적과 적극적으로 교전할 수 있는 화기와 지원장비를 포함한 지상무기를 운영하는 공군 전투병과 중의 하나.

방벽[Barrier]

적의 이동을 일정한 방법으로 유인하여 제한, 지연 또는 저지하기 위하여 설치하거나 또는 이용되는 일련의 장애물. 적군에게 인원, 시간 및 장비의 손실을 부과함.

방어사격[Defensive Fire]

방어작전시 기동부대를 지원하기 위하여 실시되는 사격으로 원거리에서 적의 전진을 지연 및 조직을 와해하기 위해 실시되는 원거리 사격과 적의 지휘통제체제와 공격조직을 와해시키기 위한 근접방어사격, 적돌격을 저지하고 부대를 격멸하기 위한 최후방어사격, 적의 전단돌파를 저지하고 지대내 적을 격멸하기 위한 진내사격으로 구분됨.

방어작전[Defensive Operation]

가용한 모든 수단과 방법을 사용하여 적의 공격을 방해, 저지, 격퇴 및 격멸하는 작전으로서, 방어작전은 적의 공격에 대응하기 위해 실시하거나 공격능력의 저하로 공격을 계속할 수 없게 되어 공격을 재개하기 위한 유리한 조건이 조성될 때까지 일시적으로 실시함. 그러나 경우에 따라서는 공격능

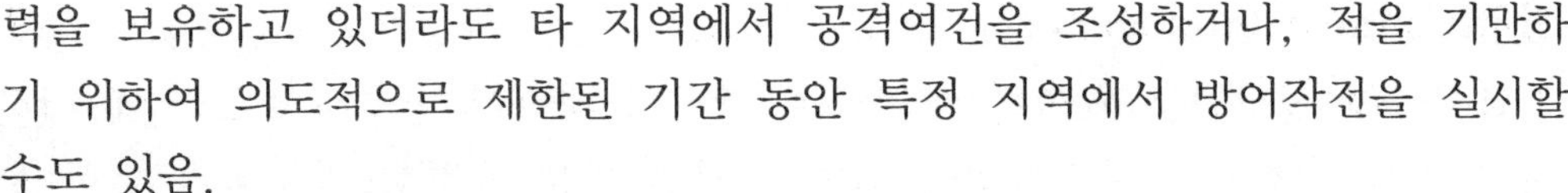

력을 보유하고 있더라도 타 지역에서 공격여건을 조성하거나, 적을 기만하기 위하여 의도적으로 제한된 기간 동안 특정 지역에서 방어작전을 실시할 수도 있음.

방어제대[Defensive Echelons]

방어시 책임지역별로 구분하기 위한 제대로서 적방향으로부터 경계제대, 주방어제대 및 후방제대로 구분됨.

방어지역[Defensive Area]

적의 공격으로부터 방호되고 또는 확보하기 위하여 일정한 부대에 부여된 지역으로 적지종심작전지역, 근접작전지역, 후방작전지역으로 구분함.

방어진지[Defensive Position]

상호지원하고 있는 방어지역이나 또는 전술적으로 축성된 지대로서 부대에 의하여 점령된 지역.

방어준비태세(防禦準備態勢 : Defense Readiness Condition)

당면한 상황에 대처하기 위하여 부대를 일정한 준비태세로 유지시키는 것을 말하며, 4단계(DEFCON-Ⅳ~Ⅰ)로 구분하여 상황이 긴박하게 진전됨에 따라 높은 단계로 전환하며, 세부절차는 부대예규로 규정함.

방어편성[Organization of the Defense]

방어작전을 위한 제대별, 작전형태별로 적지종심, 근접, 후방작전지역으로 작전지역을 편성하고 기동, 화력, 방공, 항공, 공병, 정보, 전자, 통신, 전투근무지원, 지휘 및 통제책 등 제반 전장기능과 가용전투력을 통합 운용하는 것을 말함.

방책[Course of Action]

임무(과업)를 완수하기 위하여 채택된 계획안으로서 개인이나 부대가 따르게 되는 일련의 행동이며 또는 개인 지휘관이 수행하게 될 임무완수에 관련된 가능한 계획.

방첩[Counter Intelligence]

적성국의 정보활동 효과를 파괴하여 간첩에 대하여 방호하고 소요에 대하여 인원을 방호하고 전력파괴에 대하여 시설 또는 물자를 방호하기 위한 모든 활동을 망라하는 정보의 단계.

방호[Protect]

적의 지상관측, 직사화력 그리고 기습공격을 방지할 목적으로 이동중이거나 정지한 규모가 큰 부대의 측방, 전방 혹은 후방에서 작전하는 것.

법률용어[法律用語]

1. 구속(拘束) : 피의자가 죄를 범하였다고 인정할 만한 상당한 이유가 있고 일정한 주거가 없거나 증거를 인멸 또는 도망할 우려가 있을 경우 교도소 및 구치소에 감금하는 것.
2. 구금(拘禁) : 도망 또는 증거 인멸을 방지할 목적으로 피고인, 피의자를 교도소 또는 구치소에 구속하는 것.
3. 상소(上訴) : 판결 또는 결정에 의해 불이익을 받은 자가 판결 또는 결정의 내용을 취소 또는 변경을 상급법원에 요구하는 것.
4. 항소(抗訴) : 상소 방법의 하나로 하급법원에서 재심의 판결을 불복하여 직접 상급법원에 그 판결의 취소 또는 변경을 위하여 법률상 또는 사실상의 복심을 청구하는 것.
5. 상고(上告) : 상소 방법의 하나로 항소심 법원에서 판결에 불복한 자가 그 판결의 적부심사를 상급법원에 청구하는 일.
6. 항고(抗告) : 법원의 판결 이외의 재판인 결정 및 명령에 대해 당사자 또는 제3자가 위법을 주장하고 대법원에 재판인 결정 및 명령의 내용을 취소 또는 변경하기 위하여 상소하는 일
7. 공소(公訴) : 검사가 특정한 형사사건에 관하여 법원에 심판을 구하는 소송행위
8. 불기소처분(不起訴處分) : 검사가 공소를 제기하지 않는 처분
9. 기각(棄却) : 형식여건 자체가 불비하여 실질적 심사를 미실시
10. 기소유예(起訴猶豫) : 검사가 공소를 제기하지 않은 처분임
11. 집행유예(執行猶豫) : 유죄를 인정한 상태에 의하여 일정한 기간 그

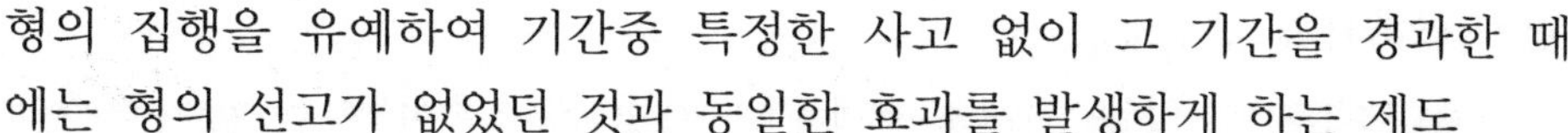

형의 집행을 유예하여 기간중 특정한 사고 없이 그 기간을 경과한 때 에는 형의 선고가 없었던 것과 동일한 효과를 발생하게 하는 제도

12. 선고유예(宣告猶豫) : 1년 이상의 징역이나 금고의 자격정지 또는 벌금형을 받은 범죄자의 정상을 참작하여 판결의 선고를 일정한 기간동안 유예하고 그 기간이 무사히 경과 하였을 때는 그 유죄 판결의 언도를 하지 않는 것으로 효력은 집행유예와 동일함.
13. 구류(拘留) : 형법상의 형의 한 종류로서 수형자를 교도소 내에 구치(拘置)하는 것으로 1일 이상 30일 미만으로 구금하는 점에서 금고와 징역과는 구별됨

배속[Attachment]

한 편성체에 부대나 인원을 일시적으로 배치하는 것으로서, 그러한 배치는 비교적으로 임시적인 것임. 피배속부대 지휘관은 명령에 의거 부과되는 제한사항에 따르며, 배혹자들을 받아들이는 부대. 단위부대 또는 편성체의 지휘관은 편성된 인원에 대해서는 정도가 동일한 지휘관 및 통제권을 배속인원에 대해서 방사하게 됨. 그러나 그 인원의 전속, 진급에 대한 책임은 통상 원소속부대 또는 편성체에 있음.

배틀리듬(Battle Rhythm)

지휘관의 계획 · 결심 · 시행(PDE)주기를 지원하기 위해 해당제대의 지휘통제본부 및 각 기능실의 노력을 통합하기 위한 활동을 정렬해 놓은 것. 이는 지휘통제본부의 전투협조회의, 각 기능실의 실무회의, 고가치 및 핵심표적 판단, 장차작전 판단, 전장순환통제 등 주요 협조회의에 대해 사전에 시기, 참석인원, 주요안건 등을 규정하여 노력의 효율성과 통합성을 이루게 함.

백병전[Hand To Hand Combat]

적에 육박하여 총검, 신체 등을 사용하여 양편이 뒤섞여 싸우는 육박전.

번개통신훈련(~通信訓練 : Lightning Communication Exercise)

주요 직위자의 신속한 통신가능 여부를 확인하고, 취약점을 도출·보완하여 유사시 긴급사태를 대비할 수 있는 태세를 확립하기 위하여 불시에 실시하는 훈련.

병가[病暇]

질환 회복기에 있는 군요원에게 부여되는 휴가로서 이는 군의관의 인정이 필요함.

병기본 훈련(兵基本 訓練 : **Enlisted Member Common Training**)

개인이 병과 또는 특기에 관계없이 즉각 전투임무수행이 가능한 능력을 구비하기 위하여 공통적으로 실시하는 훈련을 말함.

병과[兵科]

1. 전투병과 : 보병, 기갑, 포병, 방공, 정보, 공병, 통신, 항공
2. 기술병과 : 화학, 병참, 병기, 수송
3. 행정병과 : 부관, 헌병, 경리, 정훈
4. 특수병과 : 의무, 법무, 군종

병참[**Quartermaster**]

부대의 전투력을 유지, 증대시키시 위하여 작전을 지원하는 기능으로 보급·정비·회수(回收)·교통·위생·건설·부동산·노무 등을 총칭하며, 개인이나 부대에 대한 식량·연료·탄약·무기·축성자재 등의 보급, 고급차량·무기·함정 및 항공기 등의 수리, 파괴된 각종 물자의 회수, 도로·교량·건축물의 보수, 차륜·철도 등에 의한 인원 · 물자의 수송, 부상자의 치료, 기타 숙박·목욕·세탁·급식 등에 이르는 광범위한 업무를 포함하고 있음.

병참선[**Line of Communication**]

작전중인 군부대와 작전기지를 연결하여 보급품과 병력이 이동하는 일체의 육·해·공로를 말하며, 통상 병참지대(후방지대)에서는 병참선이라 하고 전투지역에 서는 주보급로라고 하며, 병참선이나 주보급로는 같은 뜻으로 해석함.

보급로[**Supply Route**]

도로, 수로 또는 공로와 같은 교통도로로서, 이는 보급품을 전투부대에 운반하는 데 이용되는 수송로를 말함. 어떤 특정부대의 보급지원을 위하여 사

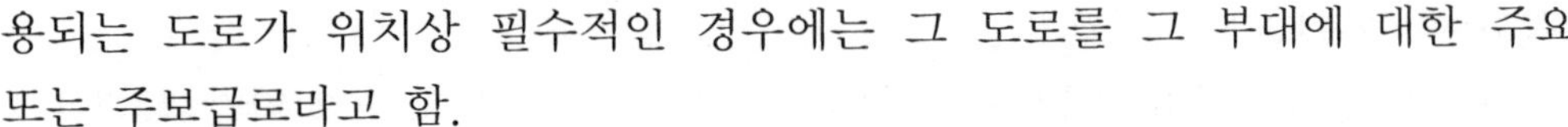

용되는 도로가 위치상 필수적인 경우에는 그 도로를 그 부대에 대한 주요 또는 주보급로라고 함.

보급품[Supplies]

식량, 피복, 장비, 무기, 탄약, 유류, 기타 각종 자재 및 여러 종류의 기계를 포함한 군을 장비하고 유지하며 운용하는 데 필요한 모든 품목. 관리 목적상 보급품은 다음과 같이 10가지 종별로 구별됨.

Ⅰ종 보급품 : 주·부식류를 포함한 전투식량 등 전투상황 및지리적인 차이에 구애됨이 없이 대략 1일 일정한 율로 소모되는 품목.

Ⅱ종 보급품 : 피복류, 개인장구류, 천막류, 행정보급품, 내무생활용 보급품, 수공구 등의품목.

Ⅲ종 보급품 : 석유, 연료, 윤활유 및 절연유류, 보존유, 액체, 압축기체, 냉각체, 해빙제,방독제, 첨가제, 석탄 등의 품목.

Ⅳ종 보급품 : 공사자재, 설치된 장비를 포함한 모든 건축자재 및 축성자재.

Ⅴ종 보급품 : 화학탄을 포함한 모든 탄약류, 폭파자재, 신관, 기폭약 등의 탄약류.

Ⅵ종 보급품 : 개인 수요품목(비군사 판매품), 즉 군 매점계통에서 판매되는 품목.

Ⅶ종 보급품 : 주요 완제품, 최종결합체, 즉 각종 차량, 총포, 기계 등의 품목.

Ⅷ종 보급품 : 의무기재, 약품, 위생소모품, 의무수리 부속품 등의 품목.

Ⅸ종 보급품 : 수리부속품(의무장비 수리부속품 제외), 모든 장비의 정비지원에 소용되는킷트, 결합체를 포함한 부속 및 구성품.

Ⅹ종 보급품 : Ⅰ종에서 Ⅹ종까지의 분류에 속하지 않는 물자, 즉 비군사 목적, 대민지원물자 및 자재.

보수교육[補修教育]

계급과 직책에 상응하는 임무수행 능력을 부여하고 해당 병과별 기본 지식과 직무수행에 필요한 능력계발을 목적으로 각 병과교에서 실시하는 교육

보안[Security]

1. 간첩, 관측, 태엽 또는 기습 등으로부터 부대를 보호하기 위한 방책.
2. 적의 행동이나 영향으로부터 보호방책을 설치하고 유지하는 결과로서 이루는 상태.
3. 비밀사항에 관하여 국방상 이익을 보호하기 위하여 공적 첩보자료에 비인가 자의 접근 을 배제하는 상태.
4. 적의 공격, 방화, 도난 또는 태업으로부터 보급품이나 시설을 보호 하는 것.

보전협동작전[Infantry Tank Combined Arms Operation]

보병부대와 기갑부대가 상호지원하면서 실시하는 작전.

보조진지[Supplementary Position]

주진지 및 예비진지에서 수행할 수 없는 과업을 수행할 수 있도록 최선의 방법(수단)을 제공해 주는 진지.

보직[補職]

편제표에 의거 인가된 직무에 그 직무를 수행할 수 있도록 책임과 권한을 부여하는 것을 말함.

보충[補充]

부대별 편제 범위내에서 부족인원을 채워주는 것을 말함.

봉쇄[Blockade]

적의 주권하에 있거나 통제하에 있는 특정해역, 해안에 대한 모든 선박의 출입을 차단하려는 일종의 작전. 작전지역에는 항구, 전 해안선 또는 해안선의 일부를 포함시킬 수 있음.

부교[Floating Bridge]

1. 강 건너로 장비 및 병력을 보내기 위하여 부유물에 의하여 가설되는 임시교량.

2. 배, 뗏목 따위를 잇대거나 교각을 세우지 않고 강 위에 놓은 임시 다리를 말함.

부대[Troop, Unit, Force]

국군조직법에 의하여 설치되는 국군의 모든 편성체를 말하며, 기관을 제외한 군사조직 단위.

부대단위[Unit]

분대, 반, 소대, 중대, 대대, 연대(단), 여단, 사단, 군단, 군사령부 및 비표준화 부대로 구분. 다만, 부대의 특수성을 감안하여 중대와 대대, 대대와 연대의 중간규모 부대를 두며 임무와 성격에 따라 부대명칭을 부여함.

부대보충[Unit Replacement]

편제상의 공석을 보충하기 위하여 예속되었거나 배속된 부대 중에서 대량피해로 무력화된 부대를 동등한 편성장비표를 가진 부대로 보충하는 것. 즉 어느 부대 전체를 대치시키는 보충방법임.

부대분류(部隊分類)

- **임무 및 기능에 의한 분류**
  - 지휘통제부대(**指揮統制部隊**)

    예하부대의 지휘・통제를 주 임무로 수행하는 사령부급 이상의 부대.

    예) 합참, 각 군 본부, 군사령부, 군단사령부, 작전사령부 등
  - 전투부대(**戰鬪部隊**)

    전투를 주 임무로 하는 전술작전을 수행하도록 구성되어진 부대.

    예) 보병부대, 기갑부대, 항공부대, 방공부대 등
  - 전투지원부대(**戰鬪支援部隊**)

    전투부대의 작전지원을 주 임무로 하는 부대.

    예) 포병, 통신, 정보, 화학, 공병, 헌병부대 등
  - 전투근무지원부대(**戰鬪勤務支援部隊**)

    전투 및 전투지원부대의 전투력을 계속 유지하는데 필요한 군수 및 행정지원을 주 임무로 하는 부대.

    예) 보급, 정비, 탄약, 수송부대 및 야전병원, 국군재정관리단 등

- 교육훈련부대(教育訓練部隊)

  장병 양성 및 보수교육과 군사훈련을 주 임무로 하는 부대.

  예) 각 군 사관학교, 각 군 대학, 국방대학교, 병과학교, 훈련소 등

- **지휘관계에 의한 분류**

  - 예속부대(隷屬部隊)

    특정한 상급부대에 비교적 영구적으로 소속되는 부대로서, 예속되어진 상급부대에 의하여 지휘·감독을 받으며, 예속관계는 일반명령에 의해 지정됨.

  - 배속부대(配屬部隊)

    예속관계가 아닌 타 부대에 일시적으로 소속되는 부대로서, 피배속부대 지휘관이 배속부대를 지휘하며, 보급・행정・교육 및 작전에 대한 책임을 짐. 단 보급 및 행정에 대한 책임이나 권한은 별도 규정으로 정할 수 있음.

  - 지원부대(支援部隊)

    예속 또는 피배속부대의 지휘하에 타 부대 지원임무를 수행하는 부대로서, 지원하는 부대는 피지원부대의 지원요청에 응해야 함.

  - 작전지휘부대(作戰指揮部隊)

    작전지휘를 받는 부대에 대한 임무수행에 필요한 명령과 지시를 하는 부대로서, 작전지휘를 받는 부대의 구성, 과업부여, 목표지정, 작전에 소요되는 자원판단 및 기획 등을 포함하며, 작전통제보다 포괄적인 개념.

  - 작전통제부대(作戰統制部隊)

    작전통제를 받는 부대에 대한 특정임무나 과업에 관하여 제한적으로 권한을 위임받아 작전을 통제하는 부대로서, 작전통제를 받는 부대의 구성, 수행할 임무 및 과업, 작전통제기간, 활동지역 등이 포함되며, 작전지휘보다 제한된 개념.

부대시험[Troop Test]

작전, 편성개념, 교리, 전술 및 기술평가를 위하여 또는 자료에 대한 더 좋은 첩보를 얻기 위해 야외에서 실시하는 시험.

부대이동[Troop Movement]

부여된 임무를 수행하기 위하여 전투력을 유지한 상태로 부대를 요구하는 시간과 장소에 위치시키는 것을 말하며 전술적 부대이동과 행정적 부대이동으로 분류되며, 형태에 따라 육상이동, 해상이동, 공중이동으로 구분함.

부대지휘절차[Troop Leading Procedure]

부여된 임무를 준비하고 수행하는 동안 지휘관이 그의 시간과 장비와 인원을 가장 잘 이용하기 위하여 취하는 행동 및 사고과정의 순서.

부대편성[Unit Organization]

부대의 지휘, 전투 및 근무요소를 포함하여 능률적으로 조직하는 것.

부대할당[Allocation of Forces]

예하부대가 부여된 전술계획을 수행할 수 있도록 특정한 부대나 기타 자원을 지정하여 주는 것으로서, 방법으로는 예속, 배속 또는 작전 통제와 직접지원, 증원 그리고 일반지원이 포함됨.

부록[Annex]

작전명령이나 기타 문서를 더욱 명확하게 하거나 상세하게 하기 위하여 첨부된 문서.

부비트랩[Booby Trap]

외견상으로 무해하고 안정하게 보이는 물건을 의심 없이 건드리게 될 때에 폭발하여 인원을 살상하는 장치.

부수병력[附隨兵力]

정원에서 편제병력을 감한 인원으로서 편제표상에 편성되어 있지 않으나 편제부대 운용을 효율적이고 용이하게 하기 위하여 필요로 하는 병력으로 육군본부에서 책정하고 관리함.

부수인력[附隨人力]

기본인력에서 임무수행중 어쩔 수 없이 발생하거나 필수적으로 운용해야 하는 인력(정원에서 편제병력을 감한 인원). 교육, 입원, 구금 및 행정상 유동인원 등과 같이 편제부대 운영을 효율적이고 용이하게 하기 위해 필요한 병력으로 교육부수 병력과 행정부수 병력으로 구분

북방한계선[Northern Limited Line; NLL]

동·서해에서 우군 경비함정의 경비활동에 대한 북방한계를 규정하기 위하여 유엔사가 일방적으로 설정한 해군 작전한계선.

분견대[Detached Unit]

소속부대로부터 차출되어 떨어져서 근무하는 단위부대. 일명 파견대라고도 하며 분견대는 분견되어 있는 동안 독립부대로서 기능을 발휘하나 타 부대에 배속될 수도 있음.

분권화 통제[Decentralized Control]

전술적 부대운용 권한을 예하부대 또는 타 부대에 위임함으로써 지휘권을 분리시키는 운용방법. 예를 들어 추격시 포병은 통상 분권화 운용됨.

분대[Squad, Division, Element]

1. 지상군의 분대(Squad)는 반, 또는 소대 예하 최소전술단위.
2. 해군의 분대(Sivision) 두 척 이상 함정의 행정 또는 전술조직으로서 전술목적에 따라 단대로 더 세분할 수 있음.
3. 공군의 분대(Element)는 2기 항공기로 구성.

분류[分類]

군인을 적재·적소에 체계적으로 보직시키는 기본수단으로써 인사분류와 특기분류가 포함되며, 이러한 체계를 통해 전 육군에 표준화된 인사관리의 적용이 가능함.

분리[分離]

현역 또는 예비역의 신분으로 소집되어 복무중인 인원의 전역, 퇴역, 제적 등에 관한 인사행정 업무임.

1. 전역(轉役) : 병의 역종을 바꾸는 것(현역 → 예비역, 현역 → 퇴역)
2. 퇴역(退役) : 20년 이상 복무한 자로서 퇴역을 원하는 자, 연령정년으로 인한 전역자, 전·공상으로 인해 현역에서 복무할 수 없는자, 여자군인으로서 현역을 마친 자가 대상이 되며 이들은 유사시 재소집 되지 않음.
3. 예비역(豫備役) : 현역복무를 마치고 동원 또는 연습을 위한 소집이나 근무소집시 군에 복무할 수 있는 장교 및 부사관, 병 또는 병역법에 의하여 실역을 마치지 아니한 자로서 예비역에 편입된 자를 말함.
4. 제적(除籍) : 군인으로서 신분을 상실시키는 처분을 말하며, 현역은 물론 예비역에도 편입될 수 없으며 사망, 실종, 파면, 임용 결격 사유가 발생시 제적 결의가 있을 때와 심신장애로 인한 전역 대상자 중 그 장애 원인이 전공상이 아닌 자.
5. 전상(戰傷) : 적과의 교전이나 무장폭동 또는 반란을 진압하기 위한 행위로 발생한 심신장애
6. 공상(公傷) : 교육훈련 및 기타 공무와 관련되어 발생한 심신장애
7. 비전공상(非戰公傷) : 고의 또는 중과실 행위, 불명예 및 비도덕적 행위로 인한 심신장애, 도망 및 무단이탈 기간중에 생긴 심신장애와 기타 공무와 관련되지 아니한 행위로 인한 심신장애
8. 전역 및 제적권자 : 장교, 준사관 및 부사관의 전역 및 제적은 임용권자가 행하나 대령급 이하의 장교에 대해서는 임용권자(대통령)의 위임에 의하여 국방부장관이 행할 수 있음
9. 인사소청(人事所請) : 부당한 전역 및 제적을 당하였다고 인정할 때 임용권자에게 전역 및 제적명령을 받은 날로부터 30일 이내에 이에 대한 심사를 제기할 수 있도록 한 제도적 장치로써 소청장을 등기우편으로 발송(제한기일 : 우체국 소인일자)하여야 하며 본인에게 유리한 참고자료 또는 불복요지 및 이유를 입증할 만한 문서 첨부가 가능함.

분진점(Release Point)

종대를 구성하여 이동하는 부대의 특성 구성부대가 그의 각개지휘관의 통제하로 복귀하는 지점 또는 예하 지휘자에게 지휘권이 이양되는 지점.

분쟁[Conflict]

국제법상 또는 국내법상의 주체간의 다툼을 말하며, 국제분쟁, 국내분쟁 및 무력분쟁으로 구분할 수 있음.

불가침조약[Nonaggression Treaty]

국가와 국가 간에 상호 평화를 위하여 군사적 침략을 하지 않을 것을 약속하는 조약.

불가침협정[Non-Aggression Pact]

주권 및 영토보전의 존중과 무력행사의 금지를 내용으로 하는 국가(정치체)간의 합의.

비대칭작전[Asymmetric Operations]

상대방이 효과적으로 대응할 수 없도록 상대방과 다른 수단, 방법, 차원으로 싸우는 작전. 즉 기술적으로 아군보다 월등히 우세한 적과 싸울 때는 기술위주작전이 아닌 다른 방법으로 싸우고, 기술적으로 아군보다 열세한 적과 싸울 때는 기술 위주로 싸우는 작전.

비무장지대[De-Militarized Zone; DMZ]

적대하는 두 나라의 군대 사이를 격리시키는 지대로서 이곳에서 군의 주둔과 무기배치 및 군사시설을 설치하는 것이 금지된 지역.

비상기획위원회[Emergency Planning Board]

국무총리의 직속기관으로 편성되어 있으며 비상대비업무에 대한 총괄, 조정 및 확인업무를 통해 국무총리를 보좌하는 총괄기관임.

비상대기[Alert]

1. 교전 방어 또는 방호를 위하여 대기하는 상태.
2. 실제위협 또는 전투상황을 대비한 부대의 상태.

비상사태[State of Emergency]

국가비상사태하에서 각급기관의 행동기준과 필요한 사전조치를 강구하기 위하여 설정한 사태별 구분으로서 충무사태와 동의어임. 비상사태는 국방부장관의 제안으로 국무회의의 심의를 거쳐 대통령이 선포함. 단, 사태가 긴급한 경우에는 사전조치 후 사후승인을 받음.

비상소집[Emergency Call]

휴무일, 일과 후에 돌발적인 사태가 발생시 이에 대응할 수준의 부대 기능을 최단시간내에 발휘시키기 위하여 비근무병력을 긴급히 소집하는 것.

비살상전(非殺傷戰 : Non-Lethal Warfare)

치명적인 인명피해, 재산과 환경에 대한 요구되지 않는 피해를 최소화 하면서 인원·장비·시설·체계를 무능화하기 위하여 운용하는 군사활동을 말함.

예) 정보전, 심리전, 민사작전, 사이버전, 로봇전 등.

비선형전투[Nonlinear Battle]

피아 화기의 사거리. 명중률 및 파괴력의 증대와 정보 및 지휘통제 능력의 발전으로 전장종심이 확대되고, 전후방 동시적 전투가 실시됨에 따라서 일정한 전선이 없이 전개된 장차전의 전투양상.

비전투손실[Nonbattle Casualty]

질병이나 상해로 인하여 사망한 자 또는 자의적이라고 인정되지 않으며 적 활동과 억류로 인한 행방불명자를 포함하여 질병 또는 상해의 이유로써 소속부대를 이탈한 인원.

비정규군[Irregular Forces]

정규군, 경찰 또는 기타 국내 경계부대에 속하지 않는 무장한 개인 또는 집단.

비정규전[Unconventional Warfare]

1. 적지역이나 적 점령지역 내에서 현지 주민이나 침투한 정규군 요원이 주로 외부의 지 원과 지시를 받아 수행하는 군사 및 준군사활동으로서 유격전, 도피 및 탈출, 전복활 동을 포함함.
2. 유격전, 도피 및 탈출 그리고 전복활동 등을 포함하는 작전으로서 적이 확보 또는 지 배하는 지역에서 주로 주민에 의하여 수행되며, 통상 외부로부터 여러 가지 면으로 직 접적이거나 간접적인 지원과 지시를 받음. 즉 기존 정권이나 점령세력을 제거 또는 약 화시킬 목적으로 수행되는 주로 주민에 의해서 실시되는 총체적인 저항활동.

비행금지공역[Prohibited Area; PA]

국가 보안상 중요지역의 보호를 위해 설정하며, 모든 비행물체의 비행이 금지되거나 통제하는 공역.

비행금지선[No Fly Line; NFL]

공군구성사령관 혹은 그가 지명한 대행자의 인가 없이는 비행할 수 없는 일정지점을 연결한 선.

비행단[Wing]

주로 비행임무를 수행하는 수개의 비행대대와 지원조직으로 구성된 공군 부대.

지원조직은 비행대대에 요구되는 보급, 정비, 의료 및 기타 지원부대가 있음.

비행제한공역[Restricted Flight Airspace; RFA]

비행로상에서 각종 화력이 집중 운영될 시, 지상화력으로부터 아군 항공기의 안전을 위하여 비행로 사용을 일시 제한하는 공역.

비행통제구역[Air Space Restricted Area]

1. 항공기의 비행이 금지되거나 제한된 특정 공간.
2. 아군 비행을 금지하는 방공지역 내에 특정 공간이며, 이곳은 사전승인 없이는 여하한 비행도 금지됨.

비행회랑[Air Corridor]

아군 항공기가 아군에 의해 사격을 받지 않도록 하기 위하여 사전에 설정한 비행경로. 폭, 고도 및 길이로 표시되는 공간으로서 이곳에 대한 비행은 설치권자의 사전승인 없이는 비행할 수 없음.

사각[Dead Space]

1. 방해물, 지형, 탄도의 특성 또는 무기의 조준능력상의 제한 등으로 무기, 레이더 또는 관측자의 최대거리 이내에 있으나 사격 및 관측으로 제압할 수 없는 지역.
2. 무선송신기의 거리 내에 있기는 하나 수신이 불가능한 지역이나 지대.
3. 기계적 또는 전자적 제한 요소 때문에 사격할 수 없는 포 또는 유도탄 장비 주변에 있는 공간.

사각지대[Dead Zone, Shadow Zone]

화기나 감시장비의 최대 유효거리 내 또는 관측자의 초대 관측거리 내에서 장애물이나 지형의 현상, 탄도의 특성 또는 화기의 지향능력 제한 등으로 어떤 위치로부터 사격이나 감시 또는 관측을 할 수 없는 지역.

사거리 공산오차[Range Error Probable ; REP]

한 총포가 동일한 사격제원으로 동일한 장소에서 동일한 조건하에 사격하였을 경우 생기는 사거리상의 오차. 사거리 공산오차는 총포의 사표에 표시되어 있으며, 그 총포의 정확성에 관한 지침으로 간주될 수 있음.

사거리표[Range Card]

여러 가지의 조건하에서 1개포의 사거리에서 해당하는 고각을 표시한 준비된 사거리표는 사표의 일부분이다.

사격과 기동[Fire & Maneuver]

적과 접촉이 이루어졌을 때 전진하는 전투기술로서 한 부대가 이동을 하는 동안 다른 부대는 지원사격을 제공함.

사격금지지역[No Fire Area ; NFA]

사격이 금지되거나 또는 효과적인 사격이 허용되는 지역. 사격금지지역 설정에는 두 가지의 예외가 있음. 첫째는 설정한 부대(사령부)가 임무에 따라 사격금지지역 내에 임시로 사격을 승인할 때이고, 둘째는 사격금지지역 내에 있는 적이 아군과 교전상태에 있어 지휘관이 그의 부대를 방어하고자 교전을 시도할 가능성이 있을 때임. 사격금지지역을 설정하는 목적은 한 지역내 모든 사격이나 사전 검토되지 않은 사격효과를 금하는데 있음.

사격연신[Lift Fire]

기동부대를 후속하면서 임무를 달성하기 위해 지속적으로 사격을 지원하는 것.

사격제한선[Restrictive Fire Line ; RFL]

상호간 협조 없이는 이 선을 넘어서 서로 사격할 수 없도록 2개 부대 사이에 설치된 선.

사격제한지역[Restrictive Fire Area ; RFA]

특정한 제한이 가해지고 이 제한을 넘어서의 사격은 설치부대(사령부)와의 협조 없이는 실시될 수 없는 지역.

사격지대(구역)[Zone of Fire]

1. 특정부대가 사격을 실시하거나 또는 사격을 준비한 지역.
2. 지정된 지상포병부대 또는 함정에 의해서 지원화력이 준비되거나 실시되는 지역.

사격전환[Lifting; Shifting]

한 표적으로부터 다른 표적으로 사격을 지향하는 것

사격통제장비[Fire Control Equipment]

레이더 또는 전자 광학장비 등을 이용하여 표적을 탐지 및 추적하고, 총포 또는 유도탄 발사에 필요한 표적자료를 획득하여 제공 및 전시하고 무기체계를 원격조정 통제하는 장비.

사격통제장치[Fire Control System]

목표의 현재위치를 레이더 등으로 포착해서 컴퓨터에 의해 목표의 이동방향이나 속도 등을 계산하고 화포성능에 대응하는 미래위치를 예측하여 화포를 그 방향으로 지향·조준하는 장치. 목표를 사람 눈으로 보고 조준하던 것을 레이더와 컴퓨터 등의 도입으로 자동화되어 항공기와 같은 고속의 이동목표에도 유효한 사격이 가능해졌음. 기관총, 대공포, 전차포와 같은 직사포도 화기에서는 탄도계산기와 화포구동장치가 통합되어 FCS를 구성하며, 야포와 같은 곡사화기에서는 사표제원, 지도상의 목표위치, 사격통제장치를 사용하며 미사일에 있어서도 유도방식에 따라 여러 사격통제장치가 시스템으로 기능을 다하고 있음.

사격협조선[Coordinated Fire Line ; CFL]

박격포, 야전포병, 및 함포를 운용함에 있어서 화력지원의 협조와 제한을 위하여 설치되는 통제선으로서 이 선 밖의 표적에 대한 사격을 자유롭게 허용하여 공격을 보장하기 위해 설치함. 이 선 내의 표적에 대한 사격은 이 선을 설치한 포병부대만이 할 수 있음.

사경도(Panoramic Sketch)

관측자나 사수가 육안으로 보이는 그대로 그린 특정지역의 그림. 이는 군사요도와 같은 그림으로서 실제와 동일한 거리 효과와 모양을 나타내기 위한 지형도이다.

사계[Field of Fire]

지정된 진지로부터 어떤 무기가 사격함으로써 유효하게 제압할 수 있는 지역. 하나의 화기 또는 수개의 화기집단이 주어진 진지로부터 효과적으로 엄호할 수 있는 지역.

사계청소[Clearing the Field of Fire]

사계를 양호하게 하여 효과적인 사격을 할 수 있도록 하기 위하여 사격진지 전면의 방해물을 제거하는 작업.

사단[Division]

기본 제병협동부대이며 자체수단으로써 전술작전을 수행할 수 있는 모든 필수적인 전투 및 근무병과로서 구성되는 최소단위부대임. 사단은 독립적으로 또는 상급부대의 일부로서 작전할 수 있음.

사단슬라이스[Division Slice]

정상적인 1개 전투사단과 이를 지원하는 군단, 야전군 후방지대의 해당부대를 총괄한 것.

사상전[Ideological Warfare]

국가들 사이에서 정치, 경제, 사회생활의 기본이 된다고 생각하는 이념을 상대국에 강요하기 위한 전쟁.

사이버전[Cyber Warfare]

컴퓨터가 합성한 가상현실의 세계(Cyberspace)와 가상인간에 관한 것으로 개인의 컴퓨터 데이터파일을 표적으로 삼거나 개인의 의도를 간파하여 인터넷에 광고하는 등의 정보테러즘, 컴퓨터에 외관상으로는 정상적이지만 내용상으로는 오류가 있는 자료 주입하여 컴퓨터의 기능이나 동작을 손상 또는 정지하게 하지만 운용자는 시스템이 정상적이라고 생각하도록 함.

사주방어[All Around Defense]

방어의 주력은 적의 공격방향에 지향시키고 어느 방향으로부터의 적의 위협에도 대처할 수 있도록 방어편성을 하는 것.

사탄사포[Dispersion]

동일한 조건하에서 투하된 폭탄 또는 동일포 및 여러 포가 동일의 사격제원을 갖고 발사한 포탄이 동일점에 떨어지지 않고 분사되는 탄착의 모양.

사하지점[Off Carrier Position]

탄약, 화기, 부속품 및 기타 물품을 운반차로부터 내려서 각 진지까지 손으로 운반하게 되는 지점.

산개(Dispersed)

적의 화력으로부터 피해를 감소시키기 위해서 병력 및 부대 간의 거리와 간격을 확대시킴.

산악지역작전[Mountain Area Operation]

험준한 경사, 암석, 절벽, 협곡, 우거진 삼림, 제한된 도로망과 극심한 기상변화 등의 특징을 갖는 지형(일반적으로 500m 이상의 표고를 가진 지형)에서 실시하는 작전.

산업동원[Industrial Mobilization]

전시에 있어서 군 수요의 급격한 증가와 일반 민수의 기본수요를 충족시키기 위하여 국가권력에 의한 중앙통제에 의해서 평시의 산업체제를 전시의 산업체제로 전환시키는 것.

살상지대[Killing Zone, Kill Box]

지형과 장벽을 이용하여 적을 불리한 상황으로 유인하거나 집결을 강요한 후 병력, 화력 및 장벽 등 각종 수단으로 적을 격멸하기 위해 사전에 계획된 지역으로서 주로 방어시에 운영하며, 특정지역을 무력화시켜 기동부대의 통로를 개척하기 위해 운용되기도 함.

살포식 지뢰[Scatterable Mine]

전투에서 전투상황에 따라 긴급히 설치할 수 있는 지뢰체계로서 살포수단에는 발사기, 야포, 항공기, 로켓 등이 있음.

3선 방어개념[Triple Line Defense Concept]

주요 핵심시설의 기습방지와 방어종심을 증가하기 위하여 주요 시설 방어지역을 정찰 및 감시지역, 전방방어지역, 주방어지역으로 구분하고 주방어지역을 다시 추진경계진지, 주방어선, 내곽방어선의 3선으로 편성한 자체 방어개념을 말함.

상륙기동부대[Amphibious Task Force; ATF]

상륙작전을 수행하기 위하여 조직된 기동부대 편성으로 항상 예하 항공대를 포함한 해군과 상륙군으로 구성되며 필요시에는 공군도 포함됨.

상륙단[Landing Team]

상륙돌격에 적합한 전투 및 근무부대로 증강된 부대편성으로 대대상륙단(Battalion landing team), 연대상륙단(regiment landing team), 여단상륙단(brigade landing team) 등이 있음.

상륙작전[Amphibious Operation]

함정, 주정 또는 항공기에 탑승한 해군과 상륙군이 해양을 통과하여 적 해안에 군사력을 투사하는 공격작전임. 상륙작전의 목적은 적 종심지역의 주요목표 공격 및 교란, 차후 전투작전수행, 해군 전진기지 또는 항공기지의 획득, 지역 또는 시설의 적 사용 거부 등이 있음.

상륙전대[Amphibious Squadron]

상륙작전을 위하여 인원과 장비품을 수송하는 상륙돌격 함선으로 구성된 전술 또는 행정 편성.

상륙지역[Landing Area]

상륙기동부대의 상륙작전인 실시되는 상륙목표 지역의 일부, 이곳은 상륙을 실시하고 지원하며, 상륙군사령관이 선택한 해안두보를 설치하는데 필요한 해상, 공중 및 지상지역으로 구성됨.

상비군[Standing Army]

전·평시를 막론하고 국방의 기본병력으로서 항상 편성, 유지되는 병력.

상황[Situation]

어떤 특정시간에 한 단위부대 또는 사령부에 영향을 주는 모든 상태와 환경(전황).

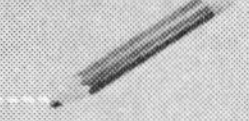

상황판단[Estimate of the Situation]

지휘관이 군사상황에 영향을 미치는 모든 여건을 고려한 다음 임무완수를 위해서 채택할 한 방책으로써 결심에 도달하기 위한 논리적인 사고과정.

상호군수지원협정(相互軍需支援協定 : MLSA ; Mutual Logistics Support Agreement)

전·평시 예상하지 못한 상황이나 긴급 상황에서 군수지원, 보급품 및 용역에 대한 일시적인 긴급소요 발생 시 양국간 상호군수지원을 하는 것을 말함. 한·미간 상호군수지원 협정은 1999년 6월 체결되었으며, 2차의 개정을 통해 적용지역 및 적용대상품목을 확대하여 적용함.

생물학무기[Biological Weapon]

병원 매개체를 포함한 생물학적 작용제(질병 매개물)를 발사, 분산 또는 전파시키기 위해 만들어진 무기.

생물학 작용제[Biological Agent]

인체·동물·식물에 질병을 유발시키거나 물질을 변질시키기 위해 군사작전에 사용되는 미생물 및 독소를 말하며, 운용목적은 인원을 살상 및 무능화시키거나 음식물 및 보급품 사용을 거부하는 데 있음.

생물학전[Biological Warfare]

사람, 동물, 식물을 살상하거나 물자에 피해를 주기 위하여 미생물이나 독소를 고의적으로 운용하는 전쟁의 형태임.

생존[Survival]

개인 혹은 집단이나 대부대가 모체로부터 이격된 곳에 고립, 차단되어 보급품 획득 불가시 각종 기술을 활용하여 주어진 환경에서 살아나가면서 계속적인 임무를 수행하는 것.

생환[Returning Alive, Survival]

공중근무요원 및 기타 선정된 요원이 전투지역 및 적 지역에서 작전 중 아군과 고립차단 또는 체포되었을 때 도피, 탈출, 저항, 생존활동을 통해서 아국 또는 우방국 지역으로 안전하게 귀환하는 것.

서열[序列]

군인으로서 가장 상급자로부터 가장 하급인 자에 이르는 순위

선발대[Advance Element]

정찰, 안내표지, 숙영, 행정준비 등의 제반준비를 위하여 본대보다 먼저 파견되는 부대임.

선방어[Linear Defense]

진지의 종심이 얕거나 또는 종심이 거의 없는 방어, 즉 가용부대를 횡으로 넓게 배치하여 예비대가 적거나 거의 없는 일선방어의 형식.

선제[Initiative]

기선을 제압하는 것. 기선을 제압하면 주도권을 장악하여 적이 피동적으로 행동하도록 강요할 수 있는 이점이 있음.

선제공격[Preemptive Attack]

적의 공격이 임박한 확실한 증거를 기초로 시작하는 공격.

선제공격전략[Preemptive Attack Strategy]

가상적국의 공격징후를 포착했을 때 선제기습이 갖는 치명적인 이익을 획득하기 위하여 예방전쟁 형태로 군사력을 사용하는 전략.

설영대(Quartering Party)

작전이 예상되는 새로운 지역에 주력부대가 도착 또는 점령하기 전에 해당지역을 정찰하고 확보하여, 사전에 부대 및 시설배치 지역을 편성하기 위하여 부대 대표로 파견된 부대. 설영대 편성은 설영대장(통상 인사참모 또는 본부대장)과 예하부대의 대표자, 직할대 대표자, 의무, 군수, 통신요원과 신집결지를 경계할 부대 및 유도병으로 구성됨. 주요임무는 예하부대의 정

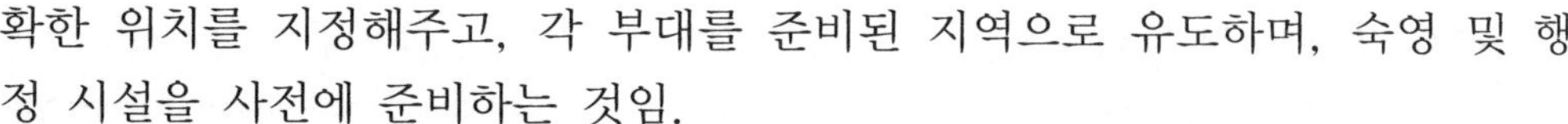

확한 위치를 지정해주고, 각 부대를 준비된 지역으로 유도하며, 숙영 및 행정 시설을 사전에 준비하는 것임.

섬멸전[Annihilation War]

적의 병력과 장비를 완전히 사살, 파괴 또는 포획하여 영구히 그 저항근원을 말살시키는 작전.

세계좌표체계(世界座標體系 : WGS ; World Geodetic System)

군사지도좌표체계(UTM) 구조는 동일하나 장거리 유도무기 등의 운용을 위하여 지역별로 상이한 좌표체계를 한 개로 통일시킨 개선된 좌표체계를 말함.

세열폭탄[Fragmentation Bomb]

기폭시켰을 때 다량의 초고속 세열파편을 내게 하는 특수폭탄으로서 주로 인마 실상용으로 사용됨.

소개[Dispersal]

분산시키거나 분리시키는 것. 특히 제한된 지역에 집중되어 잇는 부대가 적의 공격으로부터 받는 취약성을 감소시키기 위해 분산 또는 분리시키는 것.

소모전[War of Attrition]

1. 전쟁 상대국가간에 인원, 병기, 물자 등을 계속적으로 투입하여 전쟁을 장기간 지속시 킴으로써 쉽게 승부가 나지 않은 전쟁형태.
2. 상대국을 완전히 격파하여 전쟁지속력을 말살시킴으로써 승리를 달성하는 전쟁수행방 법.

소산[Dispersion]

적의 행동(주로 공격)에 대한 취약성을 감소하기 위하여 제한된 지역에 집중되어 있는 인원, 물자, 설치물(설영) 등을 전술적으로 분산시키고 분리하는 것.

소요[Civil Disturbance]

다수인이 집합하여 폭행, 협박 등의 폭력을 행사하여 그 영향이 한 지방의 평온을 해칠 정도가 되는 상태.

소요보급률[Required Supply Rate; RSR]

한 부대가 특정된 기간 동안 부여된 작전 임무를 수행하기 위하여 제한없이 소요되는 탄약량을 말하며, 화기에서 발사되는 탄약은 일일 매화기당 발수로써 표시되며, 기타 탄약은 다른 측정단위로써 표시됨.

소요진압작전[Suppression of Civil Disturbance]

국가 비상사태 또는 불순세력에 의한 치안의 혼란, 민심동요 등으로 행정 및 사법기관이 그 기능을 상실하여 군대를 투입해서 공공질서를 유지할 필요가 있을 때 관계법령이 정하는 바에 의하여 군이 지원하는 작전.

소이탄[Incendiary Bomb]

1. 항공기 및 지상화기에서 연소성 목표물을 점화하기 위한 탄약.
2. 적의 인마, 가옥, 진지 등의 표적물을 소각 파괴할 목적으로 제조된 탄약.
3. 높은 열을 내며 타는 약제를 장치한 폭탄.

소해[Minesweeping]

물리적으로 지뢰를 제거, 파괴하며 감응 작용케 하여 기폭시키기 위한 기계적 또는 폭발장치를 사용하여 기뢰를 탐색 제거하는 기술.

소해함[Sweeper]

소해를 목적으로 소해구를 예인하는 함정으로 통상 기뢰탐색용 음탐 장비를 보유함.

소화기[Small Arms]

소구경의 총기로서 권총, 소총, 기관총, 산탄총 등이 이에 포함되며, 통상 구경이 0.6이치 이하인 화기를 말함.

속도전[Speed Battle]

적의 저항을 급속히 분쇄하기 위하여 기술적인 계획과 기동으로써 공격을 실시하여 적을 격파하는 경이적인 급습작전.

손망실 처리(損亡失處理 : Loss and Damage Disposal)

부대 및 개인이 관리하고 있는 금전, 물품 및 회계서류의 훼·손망실 발생시에 손망실 보고서에 의하여 합리적인 처리를 통하여 재산계정의 정리 및 조기 국고회복을 기하는 일련의 행정절차.

송증[送證]

주로 육군 시설부대에서 다른 시설부대로 보급품을 발송하고 그 보급품에 대한 출납 책임을 이관하기 위하여 사용하는 거래문서

수복지역[Reclaimed Area]

적에 의하여 점령되어 있다가 아군 또는 우방국에 의하여 적을 축출하고 탈환된 지역이며, 국내법의 적용이 가능하도록 적용범위가 확대된 지역. 그러나 한국의 경우는 해방과 동시에 타의에 의해 분단된 북한지역은 회복하여야 할 우리의 국토임.

수색[Reconnaissance]

육안관측이나 기타 탐지방법에 의하여 적 혹은 잠재적인 적의 활동과 자원에 관한 첩보의 획득 및 특정지역의 기상, 수로, 또는 지리적 특성에 관한 제원을 얻기 위하여 실시되는 임무.

수송동원[Mobilization of Transportation]

전시에 인원 및 물자 등의 수송을 원활하게 지원하기 위하여 모든 수송수단과 업체를 동원하는 것을 말하며 동원대상은 차량, 선박, 항공기 등의 장비와 운송업체, 정비업체, 콘테이너업체, 항만하역업체 등이 포함됨.

수시인사[隨時人事]

차기 계획인사까지 기다릴 수 없는 긴급한 인사 등 계획인사로써 인사목

적을 달성할 수 없는 경우에 적용

1. 사망, 실종, 입원, 불시전역, 휴직, 보직해임, 구속, 기타 이에 준하는 손실에 대한 보충
2. 퇴원복귀, 군외기관으로부터 파견 중 복귀, 퇴교자, 구속해제, 기타 이에 준하는 복귀
3. 수행요원 보직, 고충부사관 보직, 증·창설부대 보충요원 보직 등

수직이착륙 항공기[Vertical Takeoff and Landing; VTOL]

기존 활주로의 설비 없이 수직으로 이착륙할 수 있는 고정익 항공기로서, 특히 상륙작전시 내륙으로의 진전에 따라 상륙목표 지역내의 우군지역에서 활주로 설치 없이 이착륙하여 근접항공지원 및 정찰을 실시하는 항공기.

숙영지[a billeting place]

일반적으로 부대가 휴식 또는 집결하여 차후 행동을 준비 대기하는 지역

순발신관[Supersensitive Fuze]

극히 가벼운 충격에도 폭발하는 신관으로 목표물에 충돌과 동시에 충격력에 의해 폭발하는 신관.

순양함[Cruiser]

수상전투함 분류상 전함(battleship)과 구축함(destroyer)의 중간급이 라고 할 수 있는 다목적 전투함으로, 순항거리가 길고 속력이 고속인 것이 특징임. 순양함은 적의 수상함 및 항공기의 공격으로부터 주력을 보호하는 호위함 역할 및 지상전을 위한 함포지원 역할을 수행함. 오늘날 순양함은 유도탄 순양함(Guided Missile Cruiser ; CG)과 핵추진 유도탄 순양함(Guided Missile Cruiser Nuclear Propulsion ; CGN)두 가지로 분류함.

순항거리[Cruising Range]

함정이나 항공기가 연료보급후 보통속력 또는 순항속력으로 항해할 수 있는 거리.

순항미사일[Cruise Missile; CM]

제트엔진에 의해 비행하는 미사일을 말하며 핵탄두를 탑재해 장거리를 비행하는 전략용과 사거리가 짧은 재래탄두의 전술용 대함미사일이 있음. 대표적인 것이 미 해군의 토마호크(Toma-hawk)로 외곽은 전략·전술용이 같아 구별할 수가 없음.

스노클[Snorkel]

재래식 잠수함이 잠항상태에서 축전지 충전을 위한 기관작동이 가능토록 수면상에서 노출시키는 공기 흡입장치.

스마트탄[Smart Bomb]

정밀유도 병기의 일부로서 폭탄에 유도장치를 갖춘 것 이외에는 보통폭탄과 동일하며 이들 유도장치에는 레이저 탐지와 TV유도형태의 두 종류가 있음.

스텔스기술[Stealth Technique]

레이더에 의한 항공기, 미사일의 조기 발견을 곤란케 하는 기술을 말함. 기술내용은 3종류가 있는데 날개, 동체 등에 피막을 장착시켜 전파를 흡수해 반사를 적게 하는 방식, 전파 투과성이 있는 복합재료 등을 사용해 반사를 적게 하는 방법 및 기계 구조상 전파의 반사가 큰 날개의 부착부 등의 직각에 가까운 부분의 형상을 전파가 온 방향으로의 반사를 가능한 적게 하는 방법 등이 있는데, 실용에서는 이것들이 병용됨.

습격[Raid]

통상 소규모의 부대로 적지 안으로 신속히 침입(돌파)하여 첩보를 입수하거나 적을 혼란 또는 적의 시설을 파괴하고 임무 완수후 계획된 철수를 단행사는 기습작전.

시간개념(時間概念 : Time Concept)

- C-DAY : 증원군 전개개시일. 시차별 부대전개제원(TPFDD)에 의거 미 증원군이 전개를 개시하는 날
- D-DAY : 특별한 작전이 개시되는 혹은 개시되도록 되어 있는 날짜

- K-DAY : 특정 수송항로를 통한 수송 개시일자
- M-DAY : 동원 개시일.('M'은 Mobilization의 약어)
- N-DAY : C-DAY 이전의 불명일
- N-HOUR : (경보 발령시간) 비상대기부대 외의 부대투입 준비시간
- H-HOUR : 어떤 작전 혹은 적대행위가 개시되기로 되어 있는 일의 특정시간
- L-HOUR : 전개작전이 개시되거나 혹은 개시되기로 되어 있는 C일의 특정시간
- KA-HOUR : Korea Alert Hour(한국비상대기시간)의 약어로 Pre-ATO에 계획된 항공기가 무장을 시작하는 시간.

시계

사격 조준기를 통하여 사수가 볼 수 있는 총 입체각.

시도

대기, 일광 등의 기상 조건하에서 보통 시력을 가진 관측자에게 보이는 정도. 어떤 목표물에 대해서는 기상조건이 청명할 때만 보이는 경우가 많으므로 그에 대한 사전 지식을 갖고 있는 관측자에 의하여 식별되어야 한다.

시설동원[Installation Mobilization]

중기, 기타 건설장비의 사용권, 도자, 건물, 중기정비업체 및 건설업체의 동원.

시설보안[Physical Security]

장비, 시설, 물자, 및 문서에 대한 비인가자 접근방지와 인원보호를 위해 계획된 시설대책과 관련된 작전보안의 한 분야. 시설보안은 적의 첩보행위, 태업, 손상 및 절도로부터 상기 내용들을 보호하는 것.

시호통신(視號通信 : **Visual Communication)**

눈으로 볼 수 있는 신호에 의한 통신으로 전자통신 장비가 없을 때에도 야전에서 급조하여 운용 가능하며 완수, 깃발(수기), 빛(등화), 포판 등의 수단이 있음

신분[身分]

장교, 준사관, 부사관, 병으로 구분된 등급상의 표시

심리전[Psychological Warfare]

국가정책의 효과적인 달성을 지원하기 위하여 아측이 아닌 기타 모든 국가 및 집단의 견해, 감정, 태도, 행동을 아측에 유리하게 유도하는 선전 및 기타 모든 활동의 계획적인 사용.

아랫바람[Down Wind]

어떤 임의의 기준선을 두었을 때 그 기준선으로부터 불어 내려가는 바람을 말함. 화생무기 운용시 아랫바람 지역은 위험이 예상되는 지역이며, 반대로 윗바람 쪽은 안전지역이 될 것임.

안정화작전(安定化作戰 : **Stability Operations)**

전시 자유화지역에서 치안질서를 회복하고 유지하며, 정부의 통치질서를 확립할 때까지 수행하는 군, 정부 및 민간분야의 제반 작전 활동으로서, 자유화지역에서 공격, 방어, 후방지역작전과 결합되어 동시에 수행되며, 안정화를 위한 군사작전과 민군작전을 포함함.

암구호(暗口號 : **Password)**

피아를 식별하기 위하여 수하할 때 사용하는 약속된 비밀 단어로 수하자의 문어와 상대방의 답어로 구성됨.

암호[Cryptogram]

통신보안을 위하여 통신내용을 상대방으로부터 은닉할 목적으로 문자, 숫자, 부호 등 약정된 방법에 의하여 그 내용을 사용자간에서만 알 수 있도록 체계적으로 변경시키는 각종 방식.

애로[Defile]

병력의 전개나 기동에 큰 제한을 주는 산악 또는 늪선 사이의 좁은 통로.

야시장비[Night Vision Device]

야간에 육안보다 효과적으로 표적장애물을 식별하는 장비. 적의 선레이더를 조사하여 그 반사를 빛 또는 소리로 만들어 식별하는 것과, 별빛이나 달빛의 미광을 이용하는 것으로서 표적조준용, 차량조준용, 경계감시용이 있음.

야외기동연습[Field Maneuver Exercise]

통상 사단급이상 제대가 부대 편제상의 인원 및 장비의 전부 또는 일부를 참가시켜 모든 전술상황을 망라하여 쌍방훈련으로 실시하는 광범위하고 장기간에 걸친 전술연습으로 주로 전투근무지원 상황까지를 포함한 각종 전술제원을 종합적으로 획득할 목적으로 실시되며, 교리 및 편제의 시험 혹은 전투력을 시위하기 위해서도 실시됨.

야외연습[Field Exercise]

가상적인 전투상황하에서 건제를 유지한 부대의 인원 및 장비의 전부 또는 일부가 야외에서 실시하는 전술연습으로서, 통상 일방훈련으로 실시됨. 이때 가상적군의 인원 및 장비는 통제관(심판관)이 그 역할을 대행하며, 이 연습은 각급 제대의 훈련을 위하여 적용되며, 부대의 평가, 교리 및 편제시험, 지휘관 및 참모의 능력을 평가하는 데도 활용됨.

야전교범[Field Manual]

군사교육 및 작전에 관한 지시, 첩보 및 원칙사항과 참고자료가 기술되어 있는 교리문헌.

야전군[Field Army]

상급지휘기구의 군사전략목표 또는 전역계획의 작전목표 달성에 기여하기 위해 작전을 수행하는 작전술 제대로서, 사령부 및 직할부대와 수개의 군단 및 사단으로 구성됨.

야전축정[Field Fortification]

지형지물의 자연방어력을 증강하기 위하여 야전지역에 구축되는 축성으로서 개인호, 장애물, 교통호 등을 포함함. 이 축성은 방자로 하여금 가능한

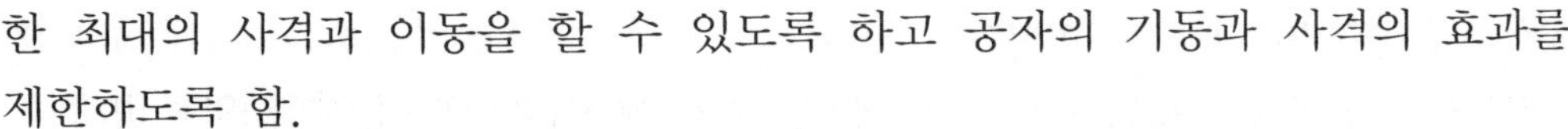

한 최대의 사격과 이동을 할 수 있도록 하고 공자의 기동과 사격의 효과를 제한하도록 함.

약도(Sketch Map)

소부대급에서 작전계획을 작성할 때 지도가 없거나, 지도상에 도시(圖示)가 곤란할 경우 가용한 백지에 작전지역 확대요도와 기동계획, 화력계획(방어약도는 장애물, 국지경계, 소부대 공세행동 계획 등 추가) 등을 도시하여 명령하달, 작전실시간 활용하는 것.

약장[略章]

정장 대신 정복이나 전투복에 부착할 수 있도록 간단하게 만들어진 훈장의 일종

약진[Rush]

사격과 기동시의 이동방법의 하나로서 한 지점으로부터 다름 지점으로 이동하는 가장 빠른 방법.

양공[Feint]

적을 기만하기 위하여 실시하는 제한된 목표에 대한 공격작전으로 적의 관심을 주공지역으로부터 벗어나도록 하기 위한 일종의 조종작전임.

양동[Demonstration]

적을 기만할 목적으로 아군이 결정적인 작전을 기도하고 있지 않은 지역에서 실시하는 무력시위로서 양공과 비슷하나 적과 접촉하지 않는 것이 다름.

양성교육(養成敎育 : Candidate Training)

군대규율을 익히고, 군인 기본자세 확립, 투철한 군인정신 함양, 강인한 체력 및 불굴의 투지력 배양, 기초 전기·전술 숙지 등 장차 임무수행에 필요한 지식과 기술을 습득하는데 중점을 둠

양익포위[Double Envelopment]

적 후방에 있는 목표나 적 측방을 공격하기 위해 적 진지의 양측방으로 기동하는 포위 기동형태로서 적 부대는 통상 조공이나 간접사격 혹은 항공사격에 의해 진지에 고착됨.

억제력[Deterrent Power]

1. 한 국가가 침략하려고 할 경우, 침략을 함으로써 얻어질 이익 이상으로 감당하기 어려 운 손실을 입게 되리라는 것을 그 국가에 인식시킴으로써 침략을 미연에 방지하려는힘.
2. 전쟁이 발발하였을 경우, 그 전쟁의 규모나 치열도 등이 더욱 확대되는 위험성을 억제 하는 힘.

억제전략[Deterrence Strategy]

한 국가가 침략을 하려고 할 경우, 그 침략에 의해서 얻을 수 있는 이익 이상의 견디기 힘든 손해를 받게 될 것이라는 것을 그 나라에 인식시켜서 침략을 미연에 방지하기 위해, 또는 전쟁이 발발할 경우, 그 전쟁의 규모 및 치열도가 확대할 위험성을 억제하기 위해 사용되는 국가전략을 말함.

엄폐[Cover]

자연 또는 인공적인 장애물에 의하여 적의 관측과 사격으로부터 보호되는 것. 은폐는 단지 적의 관측으로부터 보호되지만, 엄폐는 관측 및 사격으로부터 동시에 보호됨.

엄호[Covering]

1. 본대로부터 분리되어 작전하는 부대에 부여된 임무 또는 경계정도로서 적을 요격, 기만, 교전, 지연 또는 와해시키며, 적의 전개를 강요하고, 적이 아군의 본대를 공격하 기 전에 적 주력의 방향을 폭로하고, 또한 공세작전에서 적의 배치를 확인하여 아군주력 부대가 가장 양호한 조건하에서 공격할 수 있게 하는 것.
2. 적과 교전하는 전투기, 비전투기, 폭격기 등을 적기로부터 보호하는 것.

엄호부대[Covering Force]

적이 피엄호부대 본대를 공격하기 전에 적을 차단, 교전, 지연, 와해 및 기만할 목적으로 본대로부터 이격되어 작전하는 경계부대.

엄호사격[Covering Fire]

1. 우군부대가 적 소화기의 사정 내에 있을 때 그들을 보호하기 위하여 실시되는 사격.
2. 상륙작전용어로 수중폭파 또는 소해작전과 같이 공격준비작전을 엄호하기 위하여 상륙 이전에 실시되는 사격.

여단[Brigade]

사단보다는 작으나 연대보다는 큰 단위부대로서 본부와 2개 이상의 단이나 대대로 구성되며 편제부대로써 전술작전을 수행할 수 있는 부대임.

역공격[Countblow]

방어시 공세행동의 일종으로 주도권을 장악하여 방어작전의 성공을 보장하고, 반격의 여건을 조성하기 위하여 적의 주력이 지향하는 지역을 고수하면서 적의 약점을 포착, 적 주력의 측후방이나 기타 지역에 대하여 공격을 실시하는 제한된 공격작전.

역습[Counter Attack]

방어작전간 공격중인 적의 노출된 약점과 과오를 최대한 이용, 기습적인 공세 행동을 실시하여 돌파구 내의 적부대를 격멸하거나 상실된 방어 지역을 회복함으로써 작전의 주도권을 장악하기 위해 실시하는 제한된 공격작전.

연결작전[Link-Up Operation]

2개의 지상부대가 합류하는 작전, 공정작전, 상륙작전, 해안작전, 공중기동작전 또는 침투작전에서 고립부대와 연결, 포위된 부대의 탈출 또는 분리된 부대의 합류에서 연결작전이 발생함.

연대전투단[Regimental Combat Team; RCT]

보병연대와 그에 배속된 기갑, 포병, 빛 공병 등으로 구성된 특수임무부대.

연습[Exercise]

작전기획, 준비, 시행을 포함 모의된 전시작전이나 군사기동, 즉 작전 계획 시행훈련으로서, 연습은 전투, 전투지원, 전투근무지원 절차와 교리를 적용하여 최대한 실제와 같도록 실시함.

연합군[Combined Force]

2개 혹은 그 이상의 동맹국의 병력으로 구성된 군대.

연합작전[Combined Operation]

단일임무의 수행을 위하여 공동행동을 취하는 2개 또는 그 이상의 연합국(동맹국) 군대에 의하여 실시되는 작전.

연합참모[Combined Staff]

2개 이상의 연합국의 인원으로 구성된 참모.

연합 특수전사령부[Combined Unconventional Warfare Task Force; COWTF]

연합사 예하 구성군 사령부로서 전시에 한·미군으로 구성된 연합 특전여단, 연합 공특부대, 연합 해특단을 지휘 통제하여 비정규전 및 특수작전 등을 수행하는 사령부.

연합항공부대[Combined Aviation Force; CAF]

지상구성군사령관 통제하에 육군항공 작전지원을 위한 부대로서 DEF-Ⅲ 시 국가통수/군사지휘기구(NCMA) 승인하에 연합사에 작전 통제되며 구성은 한국항공사 및 미 항공여단 전투력으로 편성함.

연합해병사[Combined Marine Forces Command; CMFC]

연합사 예하 구성군사령부로서 한 · 미 해병전력의 통합 발전 및 한반도내 연합해병 전력운용의 최고사령부임. 임무는 유엔군/연합군 사령관에게 그의

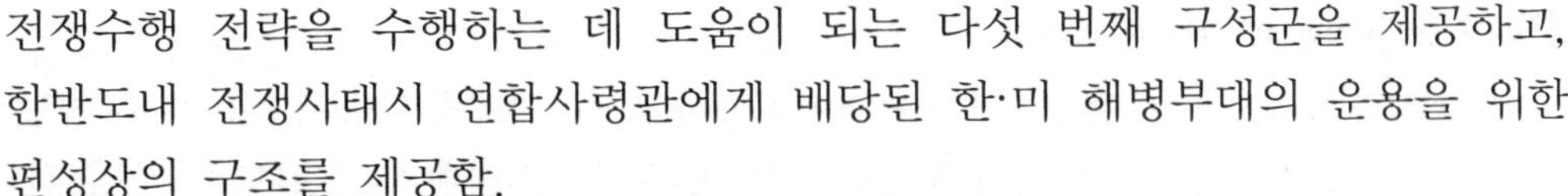

전쟁수행 전략을 수행하는 데 도움이 되는 다섯 번째 구성군을 제공하고, 한반도내 전쟁사태시 연합사령관에게 배당된 한·미 해병부대의 운용을 위한 편성상의 구조를 제공함.

열상장비[Thermal Observation Device; TOD]

물체 고유의 열에너지를 전기신호, 영상신호로 바꾸어 모니터에 주사하는 장비로 3~8km 탐지기능(인원 : 3km, 차량 8km)하며 주·야간 고정 및 이동물체 감시.

영공[Airspace Above the Territory]

한 국가의 영토와 영해의 상부공간으로 국제법상 완전하고도 배타적인 주권을 행사할 수 있는 공역으로서 대한민국 영해의 기준선은 영해법('77. 12. 31)에 규정(영해의 폭-12해리, 대한해협의 일부수역-3해리)되어 있음

영상정보[Imagery Intelligence]

레이더 합성사진, 적외선 장비 및 사진촬영 등 영상자료에 의거 획득한 정보.

영상표적[Silhouette Target]

1. 형상은 명백히 보이지 않으나 암영으로써 윤곽이 현저히 나타난 표적.
2. 암영으로 윤곽이 현저히 나타난 인원 혹은 물체의 암영으로 된 연습용 표적.

영상해석[Imagery Interpretation]

영상에 나타난 물체, 활동과 지형의 위치확인, 인식, 식별, 그리고 설명하는 과정.

영해[Territorial Waters]

국가의 영토와 연관이 있는 일정 폭의 대상해역으로서 연안국의 영역권에 복속하는 해안의 부분. 우리나라에서는 1978년 영해법의 시행에 따라 12해리의 입장을 취하고 있음.

영향지역[Area of Influence]

한 지휘관이 그가 보유한 가용수단으로 전장감시와 병행하여 적의 후속제대를 종심 타격함으로써 효과적으로 전방부대를 증원할 수 없도록 필요한 군사조치를 계속적으로 취하여야 되는 책임지역.

영현등록[Graver Registration]

사상자의 식별, 후송 및 매장과 그들의 유품의 수집 및 처리에 관련된 사항에 대한 감독과 집행.

예규[Standard Operating Procedure; SOP]

1. 규정과 관례로 되어 있는 규칙.
2. 통상 군사령부급 이상부대에서 발생하는 부대내규의 일종으로서, 지휘관이 정례적으로 실시할 것을 원하는 전술작전 및 행정운용의 요점을 수행하기 위하여 한 부대가 준수 하고 적용해야 할 방법을 제시하는 하나의 규정이나 지시. 이는 어떠한 특정 경우에있어서 별도로 규제하지 않는 한 적용되는 것임.

예방전쟁[Preventive War]

전쟁의 발발이 당장 급박한 상태에 이르지는 않았으나 조만간에 일전이 불가피하다고 판단될 때에 적이 유리한 전략태세하에서 전쟁을 개시하는 것을 예비하기 위하여 적보다 먼저 개전하는 전쟁.

예비계획[Alternate Plan]

기본계획에 의한 임무달성이 실패할 경우에 대비하여 상이한 방법으로 임무를 달성하기 위하여 수립된 계획.

예비대[Reserve]

우발사태를 대비하는 부대로서 상황 및 여건에 따라 주공으로 전환 될 수 있음. 예비대는 주공이 달성한 전과학대를 확대하거나 공격기세 유지 및 증원을 하고, 적의 반돌격을 격퇴하며 경계제공 등의 임무를 수행할 수 있도록 융통성있게 전투력을 할당함.

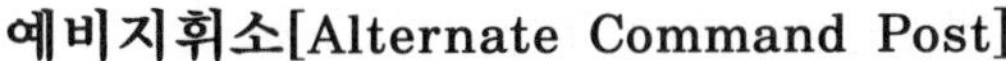

예비지휘소[Alternate Command Post]

주지휘소가 기능을 발휘하지 못할 경우 지휘소의 기능을 계속 수행하기 위하여 지휘관에 의하여 선정된 지휘소.

예비진지[Alternate Position]

주진지에서의 임무수행이 불가능하거나 부적합할 경우 부대, 화기, 혹은 인원이 점령하는 진지.

예속[Assignmnet]

한 편성체에 비교적 영구적인 부대 또는 인원을 배치하는 것을 뜻하며 그 편성체는 배치된 부대나 인원의 기본적 기능 또는 대부분의 기능을 통제함.

오열[Fifth Column]

적을 이롭게 하거나 적과 내통하는 자를 말하며 어원은 스페인 내란 때 「프랑코」 장군이 지휘하는 군대가 왕당파가 방어하고 있는 수도 「마드리드」 시를 포위하고 시내에도 나를 지지하는 부대가 있다고 소문을 퍼뜨려 왕당파의 내부 분열을 가져오게 한 데서 생겨난 어원.

완전편성[Fill Strength Organization]

편성 및 장비표에 주어진 기본임무를 완전하게 수행할 수 있도록 하는 편성으로서 전투 또는 전투지원시 인원 및 장비를 최대한으로 활용 할 수 있도록 계획된 편성.

외선작전[Operation On Exterior Lines]

1. 내부에서 외부를 향해 작전하는 적에 대하여 후방 병참선을 외부에 유지하면서 여러방향으로부터 구심적으로 이루어지는 작전.
2. 적의 외부에 작전선을 구성하여 광범위한 포위로 언제든지 공세를 취할 수 있는 작전.

외주정비[Exterior Ordering Maintenance]

군에서는 정비할 수 없으나 국내 민간업체에서 정비할 수 있을 때 그 민간업체에 의뢰하여 실시하는 정비로서 외주수리, 외주재생으로 구분됨.

요격[Interception]

지상 및 공중의 조기경보체제 또는 항공기 자체 레이더 미 조종사 육안에 의해서 적기를 탐지, 식별하여 지상 또는 공중대기중인 항공기를 투입하여 공대공미사일이나 기총을 사용하여 격파하는 임무.

요란사격[Harassing Fire]

예상집결지, 지휘/통신소, 교통요지 등에 간헐적으로 사격을 가하여 적의 이동을 제한하고 병력손실 및 사기저하를 강요하고 적 부대를 혼란시키기 위해 실시하는 사격.

우발사태[Contingencies]

자연재난, 테러 및 전복활동 등으로 군사작전이 요구되는 사태로서 상황의 불확실성으로 인하여 적절한 계획과 신속한 대응이 요구되며 또한 안전을 보장하기 위하여 특별한 절차와 인원, 시설 및 장비의 준비가 필요하다.

우주전[Space Warfare]

우주공간에서 지상표적을 파괴하거나 우주공간의 표적을 파괴하는 무기를 사용하는 전쟁.

우회[By Pass]

전투력의 전환이나 분산을 방지하고 공격기세를 유지하기 위하여 장애물이나 적진지 또는 적부대의 주변으로 돌아서 가는 것으로 우회한 모든 장애물이나 적부대는 필히 차상급부대에 보고되어야 함.

우회기동[Turning Movement]

적 주력부대를 우회통과하거나 혹은 상공을 비행하여 적 후방의 종심 깊은 목표를 확보함으로써 적으로 하여금 현 진지를 포기하게 하거나 또는 우회부대에 대항하기 위하여 주력을 전환하지 않을 수 없도록 강요하여 공자가 선택한 위치에서 적을 격멸시키는 기동형태.

워게임(War Game)

적의 방책 및 강·약점, 작전지역 분석결과 등을 컴퓨터에 수록하거나 상황판에 도식하여 아군의 무기체계, 부대임무, 지형 및 기상, 시간 등의 요소와 결합하여 아 행동 → 적 대응→ 아 역대응의 순으로 전투의 양상을 판단하여 아군의 전투력 운용을 결정하기 위해 실시하는 것.

원거리 공격[Stand Off Bombing]

원거리 공대지유도탄의 사거리는 20~500km 이상이 되므로 이 거리 내에서 공대지 유도탄을 적재한 폭격기는 방공포병의 대공유도탄의 사거리 밖에서 고도에 관계없이 공대지 유도탄을 발사하는 폭격방법.

위기[Crisis]

대한민국과 그 영토, 국민과 군대, 소유권 혹은 이익에 위협을 주는 사건 또는 상황을 말함. 다시 말해서 국가목표를 달성하기 위하여 외교적, 정치적, 경제적 및 군사적으로 중요한 조건(Condition)이 조성되어 군대 및 자원의 투입이 요구되는 사건이나 상황을 말함.

위기관리[Crisis Management]

국내 또는 국제적 위기의 발생을 예방하고, 위기가 발생했을 경우 그 위기상황을 계속 통제하면서 야기될 수 있는 피해의 범위를 최소화하고, 전쟁으로의 확대를 방지하며 평화적으로 문제를 해결하기 위해서 구축해 놓은 제도적 장치 및 절차.

위력수색[Reconnaissance in Force]

1. 적의 배치, 강도, 약점 그리고 예비대 및 화력지원 요소의 반응을 알아보기 위하여 강 한 부대로 제한된 목표에 실시하는 공격작전.
2. 위력수색계획에는 임무를 성공한 후의 철수계획과 부대를 위험으로부터 구출할 수 있 는 계획이 포함되어야 함.

위수령[Presidental Decree for Garrison]

군대가 주둔하는 지역의 경비, 군의 질서 및 유지와 건물 기타 시설보호를 목적으로 비상사태 발생시와 자위를 위한 병력출동을 할 수 있는 것으로 권력적 작용은 없고, 물리적 군사작용을 할 수 있음.

위장[Camouflage]

부대, 무기, 장비 및 시설이 적에게 탐지 또는 식별되는 것을 최소화하기 위하여 실시하는 은폐 및 변장(가장).

유격전[Guerrilla Warfare]

적 지역이나 적 점령지역 내에서 무장한 주민 또는 정규군 요원에 의해서 직접, 간접으로 불규칙하게 수행되는 군사 및 준군사활동.

유도무기[Guided Weapon]

1. 전자장치로 지령되거나 스스로의 기능에 의하여 발사된 후 침로나 속도를 수정하여 어떤 지점 또는 목표에 도달하거나 명중하는 무기.
2. 공중 또는 수중의 경로를 내부장치 또는 외부장치로부터의 유도 지령에 의하여 수정함으로써 목표에 도달하는 무기.

유사직군[類似職群]

유사한 기술분야의 직군으로써 소요직군 부족시 대체 지정할 수 있는 직군을 말함.

예) 121(전차승무), 123(장갑차)

유언비어[Rumor]

증거와 출처가 불명확한 풍설로서 일반인에게 유포되어 민심을 요란하게 하는 특별한 화제.

유연반응전략[Flexible Response Strategy]

전면적인 열 핵전쟁에서부터 침투, 전복 등 게릴라 분쟁에 이르기까지의 모든 분야의 가능한 도전에 대해 효과적으로 적절히 대응할 수 있는 능력(확전을 피하면서 억제와 방위를 달성할 수 있는 공격능력과 방어능력을 보유)에 입각한 전략.

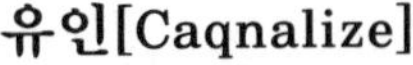

유인[Caqnalize]

자연 또는 인공 장애물이나 화력 또는 폭격에 의해서 작전을 협지로 유도하여 적의 행동을 제한하는 것.

유탄발사기[Grenade Launcher]

유탄을 발사할 수 있는 기구로 총포 또는 소총에 부착되는 부가물.

유효사거리[Effective Range]

어떤 무기가 평균 50% 확률로 표적을 명중시킬 수 있는 거리.

은닉[Concealment]

공작활동에 필요한 노출되기 쉬운 인원, 장비 및 기타 물품을 특정한 지형지물이나 물건 및 시설물 등에 일시적으로 비밀리에 감추는 것.

은폐[Concealment, Masking]

직사화력과 관측으로부터 아군 병력이나 물자를 보호하기 위해 취해지는 조치.

음어[Code Word]

암호방식을 이용한 은닉방법으로서 통신내용 중 평문의 단어구절 중에서 비밀에 속하는 부분 또는 전부를 다른 말 또는 그 동의어로 변경시킨 용어.

응징보복[Retaliation Punishment]

분명히 군사적 행동이라고 판단되는 적의 도발행위 또는 공격에 대한 징벌적대응조치로서 보복력을 행사하는 것.

의정서[Protocol]

국가간의 조약을 가리키는 것으로 외교교섭과 국제회의의 의사, 공식 보고서에 관계국이 서명한 것으로 일종의 조약형식.

이동보급소[Mobile Supply Point]

통상급속한 전술적 이동이 일어나는 상황하에서 어떤 특정한 전투부대를 이지 원하기 위하여 보급품 및 탄약을 차량 혹은 철도화차에 적재하여 즉시 이동이 가능한 보급소.

이지스 무기체계[Aegis Weapon System]

함정 컴퓨터, 레이더, 미사일을 종합한 무기체계로서 공중 및 수상표적에 대한 탐지, 추적, 격파를 자동으로 실시할 수 있는 공중, 육상, 발사무기체계.

인사관리[Personnel Service]

부대의 임무를 성공적으로 수행할 수 있도록 인원을 획득, 교육, 육성하여 조직 내의 모든 구성원들의 잠재능력을 최대롤 발휘할 수 있도록 하는 제반 활동을 말하며 군인, 포로 및 민간인 억류자, 복귀자, 민간인 관리에 관한 업무가 포함됨.

인사근무[Personnel Service]

개인에 대한 욕구충족과 복지를 도모하기 위한 일종의 전투근무지원 활동이며 인사근무에는 휴식 및 휴가, 교대, 우편근무, 원호근무, 비영달 자금활동, 매점근무, 식당근무, 종교활동, 인격지도등의 업무가 포함됨.

인사명령[人事命令]

연대급(독립대대) 이상 부대장이 발령하며 장교, 준사관, 부사관, 병, 군무원, 각 개인의 제반 신상변동에 관한 사항을 수록한 문서로써 발행 연도별, 신분별 일련번호를 부여

인원동원(人員動員 : **Personnel Mobilization**)

전시 또는 이에 준하는 국가비상사태로 동원령이 선포될 때 군 부대에 병력을 충원하고 군사작전 지원에 필요한 인력을 확보하며 정부 기능유지 또는 동원지정업체의 임무수행을 위하여 소요되는 인원을 동원하는 것으로, 병력동원, 전시근로소집, 인력동원 등이 포함됨.

- **병력동원**(兵力動員 : **Personnel Mobilization**)

　평시체제에서 전시체제로 전환되는 과정을 동원이라 하며, 군이 전쟁수행에 필요한 능력을 구비하도록 평시 감편·운용되고 있는 부대 또는 전시 증·창설되는 부대에 대하여 전시소요에 의해 병력(예비군)을 충원하는 것을 말함.

- **전시근로소집**(戰時勤勞召集 : **Wartime Labour Service Mobilization**)

　전시 또는 이에 준하는 국가비상사태로 동원령이 선포되었을 때 군에서 필요한 근로인력을 적기에 획득, 군사업무를 지원하기 위하여 소집하는 것.

- **인력동원**(人力動員 : **Manpower Mobilization**)

　전시, 사변 또는 이에 준하는 국가비상사태 시 국방상 목적을 위하여 필요한 경우, 즉 군 작전지원, 정부기능유지, 중점관리업체의 가동 등에 필요한 인력을 동원하는 것을 말함.

인원보안[Personnel Security]

비밀을 취급하는 인원을 통제하고 보호를 요하는 인원에 대한 안전방책.

인원수송장갑차[Armored Personnel Carrier; APC]

보병 1개분대를 탑승시키며, 소화기 사격, 포탄 파편으로부터 인원을 방어하는 정도의 장갑차를 말함. 이는 주로 병력수송에 이용되며 기계화 보병부대에 편성되어 있음.

인해전술[Human Wave Tactics]

병력제한이 없는 군대가 임무를 달성하기 위해서 피해를 크게 고려하지 않고 파상적인 공격으로 수적으로 압도하는 돌파, 포위, 침투를 병행한 전법. 즉 압도적인 병력을 투입하여 수많은 돌파구를 형성 침입하여 방어지역을 분단, 고립시키는 일종의 제파 공격전법.

일반명령[General Order]

부대편제와 전 장병 및 군무원의 신상에 미치는 행정조치사항을 수록한 명령을 말하며, 여기에는 부대창설, 부대개편(증·감편), 부대해체, 부대 예속변경, 군인복무규율에 관한 사항, 기타 행정 조치사항 등이 포함.

일반전초[General Support]

피지원부대의 한 특정 예하부대를 지원하는 것이 아니라 피지원 부대 전체를 지원하는 것.

일반지원 및 화력증원[General Support and Reinforcing]

1. 포병전술 임무로서 임무를 부여받은 포병부대는 피지원부대 전반에 대해 지원하며 2차 적으로 다른 포병부대에 대해 화력증원을 제공하는 임무임.
2. 일반지원 및 화력증원을 부여받은 방공포병부대는 주로 작전부대 전체에 대하여 대공 방어를 제공하면서 부차적으로 다른 방공포병부대의 방공능력을 증강하며, 이 임무는 작전부대내의 어느 특정한 부대만을 지원하는 것은 아님

일반지원포병[General Support Artillery]

편제상 예속된 부대장 또는 부대장 지시에 의거 사격을 실시하는 포병. 특정한 예하부대를 지원하는 것이 아니라 피지원부대 전체를 지원하는 포병.

일반참모[General Staff]

부여받은 업무분야에 대한 지휘관이 주무참모로서, 각 일반참모는 부대의 활동을 계획, 조정, 통제 및 감독함으로써 지휘관을 보좌함은 물론 참모 상호간에 업무의 유기적인 협조를 통하여 지휘관을 보좌하여, 또한 부대가 효율적으로 운용될 수 있도록 노력을 통합함.

일익포위[Single Envelopment]

적의 최초배치의 공격 가능한 측익을 주공이 통과하여 적 후방에 위치한 목표를 확보함으로써 적의 퇴로를 차단하여 현 진지에서 적을 격멸하는 기동형태.

임관[任官]

소정의 교육을 이수 후 장교, 준사관, 부사관의 신분을 획득하는 것

임무[Mission]

1. 개인, 조직단위 또는 부대에 부여된 주요한 과업(일).
2. 임무에는 항상 누가, 언제, 어디서, 무엇을 그리고 이유(왜)를 명백히 포함해야 하며 어 떻게(방법)는 통상 지정하지 않음.
3. 하나의 특별한 과업을 수행하기 위하여 1대 또는 그 이상의 항공기에 부여되는 명령.

임무형 명령[Mission Type Order]

1. 상급 사령부에서 예하부대에 완수하여야 할 전체적인 임무를 부여하는 명령.
2. 수행하는 방법을 명시하지 않고 수행되어야 할 임무를 부대에 명령하는 것.

입체기동전[Multi-Dimensional Maneuver Warfare]

결정적인 승리(Decisive Victory)를 달성하기 위하여 지상, 해양, 공중의 전 작전공간에서 가용한 육·해·공군의 수단과 방법을 사용하여 전투를 적의 중심(Center of Gravity)방향으로 이끌어 나가 적의 중심을 차단, 거부, 파괴, 격멸함으로써 적의 전투의지를 마비시키거나 적지 종심작전지역에 결정적인 지점(Decisice Points)을 확보하거나, 적 지휘관의 의도를 사전에 간파하여 적의 작전기도를 분쇄시키기 위한 합동작전의 전법.

자위권[Right of Self-Defense]

국가 또는 국민에 대한 현실적 또는 급박한 불법침해가 있을 경우, 이를 배제하여 국가 또는 국민을 방위하기 위하여 최소한의 범위내에서 실력을 행사할 수 있는 권리를 말하며, 광의로는 긴급피난을 포함함.

자위적 선제타격[Self-Defensive Preemptive Attack]

적의 공격이 임박한 명백한 증거가 있거나 기습공격을 개시한 상황에서 즉각적인 행동을 개시하지 않으면 생존권이 치명적으로 손상될 수 밖에 없기 때문에 적의 공격개시 직전 또는 공격개시와 동시에 적을 타격하는 군사행동이며 이는 유엔헌장 제51조(자위권 인정)에 의한 자위권의 발동을 의미함.

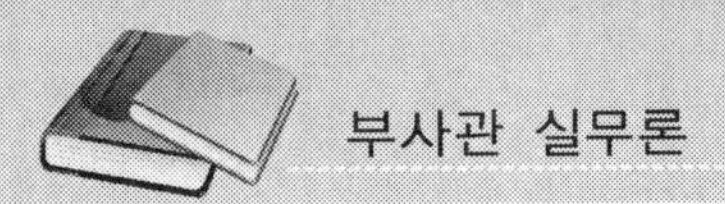

자주포[Self-Propelled Artillery]

1. 차량 위에 탑재된 야포로서 차량에 탑재된 채로 운반되고 또한 사격할 수 있게 된 기동성 있는 포.
2. 자주포가 전차와 다른 점은 장갑이 얇고 중량이 비교적 가벼우며, 포는 360도 회전이 불가능하고 자위대책이 미약함.

작전[Operation]

1. 전략, 전술, 근무, 훈련 및 군 행정임무에 관한 군사적인 행동 또는 그 수행.
2. 어떠한 전투 또는 전역에서 목표를 달성하는 데 필요한 전투수행 과정으로서 이동, 보급, 공격, 방어, 및 기동 등이 포함됨.

작전개념[Concept of Operations]

작전 또는 작전과 관련된 지휘관의 가정과 의도의 윤곽을 구두나 서면으로 표현한 것. 작전개념은 특히 일련의 작전이 동시에 또는 계속적으로 수행될 때 작전계획에 구체적으로 기술되며 작전의 전모를 밝히기 위하여 작성됨. 이것은 일차적으로 목적을 더욱 명백히 하기 위한 것이며 '지휘관의 개념'이라고도 부름.

작전계획[Operation Plan; OPLAN]

진술된 가정을 기초로 하여 단일작전이나 동시 또는 연속적으로 수행되는 일련의 작전을 망라한 계획. 이는 예하부대 지휘관으로 하여금 지원계획이나 명령을 준비할 수 있도록 상급제대 사령부에서 작성하는 지시임.

작전기지[Base of Operation]

한 부대가 그곳을 중심으로 하여 공세적인 작전을 개시할 수 있고 불리한 경우에는 그 지점으로 철수하여 자체 방어를 할 수 있도록 보급시설이 구비되어 있는 지역 또는 시설.

작전기획[Operation Planning]

전략기획과 작전계획을 연계시켜 주는 기획활동으로서 실제 또는 예상되

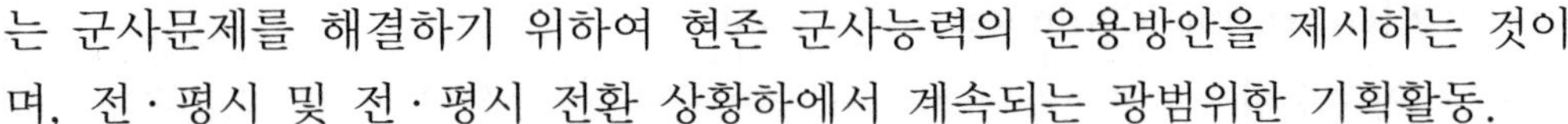

는 군사문제를 해결하기 위하여 현존 군사능력의 운용방안을 제시하는 것이며, 전·평시 및 전·평시 전환 상황하에서 계속되는 광범위한 기획활동.

작전명령[Operation Order ; OPORD]

작전을 수행하기 위하여 예하지휘관에게 임무와 작전수행방법, 협조사항 등을 지시하는 명령으로서, 명령발행부대의 임무가 변경되었거나 새로운 임무를 부여받았을 때 이를 수행하기 위하여 발생함.

작전보안[Operation Security ; OPSEC]

아군의 부대활동과 기도를 적이 탐지하지 못하게 하는 제반수단으로서 아군의 부대활동 통제, 방첩, 기만 등이 포함됨.

작전부대[Operation Forces]

전투를 기본임무로 하는 부대와 그의 부수지원부대.

작전선[Line of Operations]

군사적 목표달성을 위해 현 작전기지 또는 배치지역으로부터 일련의 목표들을 연결하는 개념적 선으로서 이 선은 결정적 지점을 경유하여 종국에는 적의 중심으로 지향됨. 작전의 성공을 위해서는 작전선의 결정과 전투력의 집중을 효과적으로 수행하여야 함.

작전술[Operational Art]

전략지침을 통해 하달되는 군사전략목표를 달성하기 위해 전역과 대규모 작전을 계획 및 실시하며, 전술적 수단들을 결합 또는 연계시키는 이론과 실제의 활동임.

직전지침[Operation Guidance]

작전의 임무수행을 위하여 부여하는 지시 및 협조사항의 기준 또는 방향을 제시해 주는 기본방침.

작전지휘[Operation Command ; OPCOM]

작전 임무수행을 위하여 지휘관이 예하부대에 행사하는 권한으로서 작전수행에 필요한 자원의 획득 및 비축, 사용 등의 작전소요 통제, 전투편성(예속, 배속, 지원, 작전통제), 임무부여, 목표의 지정 및 임무수행에 필요한 지시 등의 권한을 말하며 행정지휘에 대한 상대적 개념의 용어로서 여기에는 행정 및 군수에 대한 책임 및 권한은 포함되지 않음.

작전통제[Operation Control ; OPCON]

작전계획이나 작전명령상에 명시된 특정임무나 과업을 수행하기 위하여 지휘관에게 위임된 권한으로서 시간적, 공간적 또는 기능적으로 제한된 특정임무와 과업을 완수하기 위하여 지정된 부대에 임무 또는 과업부여, 부대의 전개 및 재할당, 필요에 따라 직접 작전통제를 실시하거나 이를 예하지휘관에게 위임 등의 권한을 말하며 여기에는 행정 및 군수, 군기, 내부편성 및 부대훈련 등에 관한 책임 및 권한은 포함되지 않음.

작전통제권 이양[Change of Operational Con-Trol ; CHOP]

부대 또는 단위부대의 작전통제에 대한 책임이 작전통제권자로부터 타 권한자로 이양되는 것(작전통제권 변경).

작전환경[Operation Environment]

부대운용에 영향을 미치고 지휘관의 결심에 관계되는 조건, 주위상황 및 영향을 총칭하는 것임.

잔류부대[Residual Forces]

계속적인 군사작전을 위하여 즉시 이용할 수 있는 전투의 잠재력을 가지고 있으며 계획적으로 보류하여 사용치 않는 군의 잔류부대.

잠수정[Midget Submarine ; SSM]

150톤 이하의 소형 전투잠수정.

잠수함[Submarione ;SS]

자체 잠수할 수 있는 300톤 이상의 함정으로 독립작전이 가능하며 주무장을 어뢰나 어뢰발사관, 발사용 유도탄로켓을 장착할 수 있음.

장기복무[長期服務]

지원에 의하여 전형에 합격한 자로 장기복무자로 임명되어 7년 이상의 기간을 군 복무하는 자를 말함

장애물

1. 부대의 이동을 정지, 지연, 제한, 전환시키는 자연 또는 인공 구조물
2. 장애물의 효과는 화력으로 엄호될 때 매우 높아진다.
3. 장애물에는 녹채, 대전차호, 파괴된 교량, 밀집된 건물지역, 지뢰지대, 하천, 도로대화구, 지형, 철조망 등이 포함된다.

재난[Disaster]

작전임무 수행에 지장을 초래하는 사태로서 다음과 같은 상태를 말함.

1. 적의 공격행위로 인하여 발생한 피해(전시재난).
2. 평시 우발적으로 발생한 주요사고(평시재난)
3. 자연현상에 의하여 발생한 피해(자연재난).

재난통제[Disaster Control]

적대행위, 자연 또는 인공적인 재난에 대비하여 사전에, 중간에 또는 그 후에 피해가능성을 감소하고 그 효과를 최소로 하며, 복구를 개시하기 위하여 취하는 조치.

재래식 무기[Conventional Weapon]

핵무기, 화학무기 및 생물학무기를 제외한 무기의 총칭으로서 통상무기 또는 비핵무기라고도 함.

재무장[Rearming]

1. 항공기, 해군함정, 전차 또는 장갑차 등에 대하여 항시 전투에 사용할

수 있도록 탄약, 포탄 및 기타의 무장품목을 규정된 지정량으로 준비하는 것. 불완전한 병기장비의 대치도 포함됨.

2. 포탄이나 야포, 박격포, 또는 로켓의 포탄에 있는 신관을 재조절 하여 원하는 시간에 폭발하도록 하는 것.

재보직[再補職]

각급 직위가 정한 보직기간 만료이전에 동일 부대내에서 타부서로 보직을 변경하는 것을 말하며, 재보직 승인권 부대장의 승인을 득하여야 한다.

재집결지[Rallying Point; Reassembly Area]

분산되었거나 소산되었던 부대원들이 재집결하는 지역

재편성[Reorganization]

전투간, 전투후, 또는 적진지(목표) 점령 후의 혼잡한 부대질서를 정돈 복구하고 부대의 전투효율성을 유지하기 위하여 취해지는 모든 활동.

저강도분쟁[Low-Intensity Conflict]

정치적, 사회적, 경제적 또는 심리적 목표 달성을 위해 실시되는 제한된 정치군사적 투쟁.

저지[Blocking]

1. 병력이나 화력 장애물 또는 화력과 장애물의 협조에 의해 적의 행동을 정지시키거나 방해하는 방어행동.
2. 접근로에 장애물을 설치하여 적의 전진이나 이동을 못하게 하는 것.

저지진지[Blocking Position]

측후방지역에 접근하는 적을 저지하거나 또는 적이 특정방향으로 전진하는 것을 방지하기 위하여 편성되는 진지.

전격전[Blitzkrieg]

세계 제1차 세계대전 후 풀러(T.F.C. Fuller)와 리델하트(B.H.Liddel Hart)

에 의해 후티어전술의 문제점을 분쇄하기 위한 기습적인 기동으로써 공격을 실시하며 적을 격파하는 경이적인 급속작전. 이는 속전속결의 근본목적을 달성하기 위하여 기동과 기습을 최대로 이용한 전법.

전과확대[Exploitation]

1. 전투에서 달성한 성공의 이점을 최대로 하기 위하여 실시하는 공격작전의 한 형태.
2. 성공적인 공격으로 적의 방어체계가 약화되거나 또는 붕괴되었을 시의 이점을 이용하여 실시하는 공격작전으로 목적은 적 방어의 재편성을 방지하고, 철수를 방지하며, 종 심 깊은 목표를 확보하여 적 부대를 격멸하기 위한 것.

전구[Theater]

단일의 군사전략목표 달성을 위해 지상, 해상, 공중작전이 실시되는 지리적 지역.

전기[Techniques]

지휘관, 개인 또는 부대가 전투간 부여된 임무를 수행함에 있어 인원, 화기, 장비 등을 사용하는 방법을 말함.

전략[Strategy]

승리에 대한 가능성과 유리한 결과를 증대시키고, 패배의 위험을 감소시키기 위해 제수단과 잠재역량을 발전 및 운용하는 술. 과학.

전략개념[Strategic Concept]

전략판단의 결과로 채택된 방책으로서 그 개념으로부터 발전된 기본 계획을 구상할 수 있도록 충분히 융통성이 있으며 광범위한 용어로 표현함.

전략물자[Strategic Materials]

1. 한 나라의 기본적인 운영조건을 충족시키는 데 필요한 모든 물자로서 일국의 경제발전 에 중추적 역할을 담당하며 발전과정에 있어 핵심이 되는 중요물자.

2. 국가의 비상시에 생산능률에 있어서 그 양이나 질적으로 불충분하기 때문에 국외의 자 원으로부터 전적으로 또는 부분적으로 조달하지 않으면 안 되는 국가안보상 또는 전략 상 긴요한 물자.

전략병기[Strategic Arms]

전략목적에 쓰이는 병기, 즉 대륙간 탄도탄·핵잠수함·전략폭격기 등의 총칭.

전략예비[Strategic Reserve]

전쟁을 승리로 이끌기 위해 결정적인 시기와 장소에 투입할 수 있도록 준비한 대규모 증원부대로서 통상 언제 어느 장소라도 투입될 수 있도록 기동력과 전투력을 구비한 정예부대로 구성됨.

전략정보[Strategic Intelligence]

국가 및 국제적 수준의 정책 및 군사 기획수립에 요구되는 정보.

전략지침[Strategic Guidance]

정치지도자들이 설정한 정치적 목표를 구현하기 위하여 군사전력 자원의 군사력운용에 관한 일반적인 지침으로서 전략목표, 자원의 사용, 제한사항 및 고려되는 적의 위협요소가 포함된 전략지시와 이전의 기준 또는 방향을 제시하는 기본방침.

전략폭격[Strategic Bombing]

적국의 전쟁지속능력을 분쇄하기 위하여 주요 군사시설, 물자저장소, 교통망 등 정치, 경제, 사회 등 국력의 중추지역에 대한 폭격.

전략폭격기[Strategic Bomber]

전략폭격을 주임무로 하는 폭격기. 대륙간을 왕복하는 장거리 항속성능과 더불어 핵폭탄 또는 핵탄두 미사일의 충분한 탑재능력, 적의 공격을 회피하는 능력 등이 요구됨.

전략핵[Strategic Nuclear]

대도시나 공업 중심지를 파괴하기 위한 것으로 일반적인 핵무기를 지칭함. 대륙간 탄도 미사일, 잠수함 발사탄도 미사일, 전략폭격기 적재핵폭탄 등을 말하며, 파괴력은 수백 킬로톤 이상임.

전력[War Potential]

전쟁을 수행할 목적과 기능을 갖는 조직적인 무력 또는 군사력으로서 군사무기체계, 장비, 조직, 전술교리, 군사훈련 및 기반시설이 망라됨.

전력구조[Force Structure]

인력배분, 유형별, 전투부대 및 수, 주요 무기체계 등 전력의 개략적인 구상(Design).

전력발전[Force Development]

전력의 개선에 대한 노력으로서 군사력 기획과정에 포함되는 요소임.

전령(Msgr ; Messenger)

부대와 부대 또는 부대와 부처 간에 문서전달을 기본임무로 수행하는 요원.

전면방어[Perimeter Defense]

방어지역의 전면에 따라 부대를 배치함으로써 노출된 측방이 없는 사주방어를 말함.

전면전쟁[General War]

1. 교전국가의 총자원이 동원되고 주요 교전국이 국가적 존망위기에 놓이는 주요세력간의 무력분쟁.
2. 전쟁목적, 지역, 참가국가, 전쟁수단에 있어서 전혀 무제한적이며 전세계적인 대규모 전쟁(제한전쟁과 반대되는 무제한 전재 개념).

전범[War Criminal]

전쟁범죄인. 전쟁중인 제네바 협약 또는 전투법규를 위반한 자. 광의로는 평화에 대한 죄와 인도에 대한 죄를 범한 자가 이에 포함됨.

전법[How to Fight]

전쟁에서 가용한 수단과 방법을 효과적으로 배비하고 운용하여 작전적 수준의 전투에서 '어떻게 싸울 것인가?'를 체계화시킨 전투수행방법으로, 개략적인 전투수행의 방향과 모델.

전복활동[Subversion]

군사, 경제, 심기, 사기 또는 정치기반을 비밀리에 훼손시키기 위하여 기도되는 비밀활동. 전복활동 수행을 위하여 기도되는 비밀활동에는 선전활동, 태업활동, 기타활동이 있으며 주로 도시지역에서의 지하공작대요원에 의하여 실시되는 정치활동이 있음.

전사면[Force Slope]

적 방향으로 기울어진 경사면.

전선[Force Line]

전개하여 전투에 투입된 제1선 보병부대의 선을 말하며 일명 전투선 또는 제1선이라고도 함.

전술[Tactics]

1. 전투시 부대의 운용.
2. 아군 상호간 및(혹은) 적과 관련하여 부대의 모든 잠재력을 발휘하기 위한 질서 있는 부대배치(배열) 또는 기동.
3. 작전술 수준에서 설정된 목표달성을 위하여 가용한 전투력을 통합하여 적을 격멸하는 전투와 교전에서 적용하는 활동.

전술기지[Tactical Base]

한 부대가 그곳을 중심으로 하여 공세적인 작전을 개시할 수 있고 불리한 경우에는 그 지점으로 철수하여 자체방어를 할 수 있도록 보급시설이 구비되어 있는 지역(또는 시설).

전술부대[Tactical Unit]

직접지원에 필요한 근무지원부대와 함께 전투시에 한 지휘관하에서 한 단위로 작전하며 적과 교전하도록 편성된 전투부대.

전술작전[Tactical Operation]

전투를 하기 위해 부대가 기동하고 화력을 사용하는 것.

전술작전본부[Tactical Operation Center ; TOC]

현행 전술작전 및 이에 대한 전술적 지원에 관련이 있는 일반 및 특별참모요원들로 주지휘소 내에 구성된 조직체.

전술이동적[Tactical Movement]

적과 직접적인 접촉이 없는 조건하에서 전술적 임무를 띤 부대 및 장비의 이동.

전술지휘소[Tactical Road]

야전에서 한 부대의 지휘관(또는 부지휘관)이 부대에 부여된 임무를 달성하기 위하여 전투를 지휘하고 통제하는 본부.

전술항공작전본부[Tactical Air Operation Center]

항공지휘 및 통제체제의 예하 작전지구. 할당된 지역에 출입하는 모든 공중교통과 방공작전 및 유인항공기의 요격과 지대공무기를 지시하며 통제함. 전술항공지휘본부의 작전통제하에 있음.

전술항공정찰[Tactical Air Reconnaissance]

지형, 기상, 적군의 배치, 구성, 이동, 시설, 병참선 전자 및 통신 등에 관한 첩보를 획득하기 위한 공중정찰 활동. 포병 및 함포사격의 수정과 조직적이며 임의적인 전투지역 표적 또는 공중구역을 관측하는 것이 포함됨.

전술항공지원[Tactical Air Support]

공군이 항공기를 이용하여 지상 또는 해상부대에 전술적 수준에서 제공하는 모든 형태의 지원작전.

전술핵[Tactical Nuclear]

군사목표를 공격하기 위한 것으로 야포와 단거리 미사일로 발사할 수 있는 핵탄두, 핵지뢰, 핵기뢰 등이 포함됨.

전술핵무기[Tactical Nuclear Weapon]

전술목적을 달성하기 위한 소형 핵무기. 위력의 크기는 상황과 사용 목적에 따라 다르나 통상 20KT 이하의 핵무기를 지칭함.

전시[Wartime]

상대국에 대한 선전포고, 작계시행시로부터 휴전이 성립된 때까지의 기간.

전역[Campaign]

주어진 시간과 공간 내에서 전략적 또는 작전적 목표를 달성하기 위해 실시하는 일련의 연관된 군사작전.

전역계획[Campaign Plan]

전역을 성공적으로 실시하기 위한 계획. 전역계획의 목적은 계획된 작전에 대한 장기적 안목을 제공함으로써 책임을 가진 지휘관으로 하여금 계획과 조달을 위해서 충분한 시간을 갖도록 하는 데 있으며 전역계획은 근본적으로 전술적이 안닌 전략적 개념의 문서임.

전역미사일 방어[Theater Missile Defense; TMD]

전구내에서 전술탄도미시일의 위협에 대응하기 위해 수행되는 4가지 작전으로서, 첫째는 수동방어로서 감지기 설치, 정보 및 조기경보전파 분야이며, 둘째는 적극방어로서 전술탄도미사일을 요격 및 격파할 수 있는 방어미사일 운용이며, 셋째는 공격작전으로서 전술탄도미사일의 이동, 조립, 발사장비에 대해 야전포병 및 항공 차단자산을 이용한 대화력전, 넷째는 앞서 언급한 3가지 작전들과 혼합된 C41체계로 구분됨.

전자기만[[Electronic Deception]

적이 전자장비로 수신한 첩보의 사용을 오도하기 위해 계획적으로 전자파

에너지를 방사, 재방사, 변경, 흡수 또는 반사시키는 방법으로 조작기만과 모방기만, 모의전자기만이 있음.

전자방해[Electronic Jamming]

적이 사용하는 전자기기, 장비 또는 체계의 이용도를 약화시키기 위해 전자파 에너지를 계획적으로 방사, 재방사, 또는 반사시키는 것.

전자전[Electronic Warfare ; EW]

적의 지휘, 통제, 통신(C3) 및 전자무기체계의 기능을 마비 또는 무력화시키고, 적의 전자전 활동으로부터 아군의 지휘, 통제, 통신 및 전자무기체계를 보호하는 제반 군사활동. 수행기능에는 전자전자원(ES), 전자공격(EA), 전자보호(EP)가 있음.

전장[Battlefield]

전투행위가 전개되고 있는 장소로서 공중전을 위한 공중공간도 포함됨.

전장 가시화[Visibilization of Surveillance]

지금까지 상급사령부에서 예하 작전부대의 작전수행 장면을 직접 눈으로 볼 수 없었으나 장차전에서는 정보통신기술의 발달로 전투현장을 그대로 볼 수 있음. 전장 가시화란 다지털화한 정보통신망을 이용, 자체의 수집수단과 범국가적 정보관리체계, 연합 및 합동 정보관리체계를 연동하여 지휘소로 수집되는 전 출처 및 정보를 자동화시켜 실시간에 융합시키고, 결심자와 전투원, 지원자가 실시간대에 전장실상을 화면같이 한눈에 볼 수 있도록 하는 것임.

전장감시[Battlefield Surveillance]

전투정보를 위한 첩보를 적시에 제공하기 위하여 전투지역을 계속적이며 조직적으로 감시하는 것으로 레이더, 망원경, 육안, 항공, 정찰 등에 의하여 주야 날씨 여하를 막론하고 조직적으로 계속해서 수행되는 전투지역을 감시함.

전쟁[War]

1. 상호 대립하는 2개 이상의 국가 또는 이에 준하는 집단간에 있어서 군사력을 비롯한 각종 수단을 행사하여 자기의 의지를 상대방에게 강요하려는 행위 또는 그러한 상태.
2. 주권을 가진 국가간의 조직적인 무력투쟁상태로서 선전포고와 더불어 개시되고 강화조약으로 무력투쟁이 종결될 때까지의 상태.

전쟁계획[War Plan]

국력의 제요소를 통합하여 국력에 의해 전쟁을 억제하고 자국의 목표를 추구하는 광의의 전쟁계획과 적의 무력침공에 대비하고 적의 의지를 무력으로 굴복시키기 위한 전쟁실행계획인 협의의 전쟁계획으로 분류.

1. 광의의 전쟁계획

국가목표를 달성하기 위하여 전·평시를 토해 군사력 건설, 유지, 운용하기 위한 군사정책, 군사계획과 이에 관련된 정책시행.

2. 협의의 전쟁계획

적의 무력침공에 대비한 군사력 운용계획으로 육·해·공군의 작전계획과 직접 이에 관련된 전쟁계획.

전쟁수준[Level of War]

국가목표 달성을 위하여 직접 또는 간접적으로 군사력을 운용하는 전쟁수준의 전략, 작전술, 전술로 대별하는 개념.

전쟁연습[War Game]

2개 또는 그 이상의 대항하는 부대가 참가하여 실제상황이나 또는 가정된 현실적인 상황하에서 규칙과 제원 및 절차가 사용하여 실시하는 모의 군사작전.

전쟁예비량[War Reserves ; WR]

전쟁초기에 다량의 물자를 단시일내에 획득하기가 곤란한 물량을 평시에 확보하여 특정지역에 저장해 두었다가 필요시 즉각 보충하기 위한 예비보급품의 양을 말함. 전쟁예비는 전·평시 차이량, 군 전쟁예비, 사전배치물자, 기지전쟁예비 등이 포함되며, 각종 전투예비물자 및 비축물자 등을 총칭하는 용어로 사용됨.

전쟁원칙[Principle of War]

전쟁수행을 지배하는 기복적인 원리를 말함. 이러한 전쟁의 원칙은 전쟁법칙과 원리에 기초를 두고 있으나 경험요소에 의해 산출된 것으로서 전쟁원칙의 적절한 적용은 지휘권 행사와 군사작전을 성공적으로 수행하는 데 대단히 중요함.

전쟁 이외의 작전활동[Operation Other Than War ; OOTW]

평시 및 분쟁시의 국가이익을 보호하고 지역안정을 증진시키는 제반 군사활동으로서 소요진압작전, 군사력시위, 민간지원작전, 평화유지작전 등이 있음.

전쟁 잠재력[War Potential]

전시에 동원가능한 군사력의 기반이 될 국가자원이며, 군사력의 일부로서 전쟁 가능능력과 동시에 전쟁력이며, 전력과 동의어로 사용될 수 있음.

전쟁지도[Conduct of War]

전시에 있어서 국력운용에 관한 지표로서 전쟁의 수행을 위한 요강의 제정, 무력발동에 따르는 통수권의 행사, 국가전략과 군사전략 간의 통합, 조정 및 효율적인 통제 등 궁극적인 전쟁목적을 달성하기 위하여 국가 총역량을 전승획득에 집중시키도록 조직화하는 지도역량과 기술을 말함.

전진로[Route of Advance]

한 부대가 목표(목적지)에 이르기 위하여 따라야 할 특정한 진로.

전진축[Axis of Advance]

기동통제 목적으로 부여되는 적 방향으로 확정된 일반적인 통로임. 이는 지형이나 부대규모에 따라서 도로와 도로군 또는 지정된 일련의 지점을 포함함.

전초[Outpost]

본대의 정지간, 숙영간 혹은 진지에 있는 동안 이를 적의 관측과 기습으로부터 보호하기 위하여 본대로부터 약간의 거리를 두고 운용되는 경계파견대.

전투[Combat, Battle]

1. 적을 섬멸하여 승리를 획득하기 위한 직접적인 행동.
2. 작전을 성공적으로 이루기 위한 작전행동의 한 수단.

전투근무지원[Combat Service Support]

전술 및 전략에 포함되지 않는 군사면의 제반 지원. 즉 행정 및 군수분야 활동으로서 전투, 전투지원, 전투근무지원 부대에 대하여 임무수행에 필요한 모든 자원, 즉 인원, 장비, 물자, 시설 및 자금을 통제 관리 및 제반근무를 제공하는 것임.

전투근무지원 부대[Combat Service Support Unit]

전투부대, 전투지원부대 및 전투근무지원부대의 전투력을 지속적으로 유지하기 위하여 인사, 군수, 민사, 및 기타 행정을 지원하는 부대.

전투기[Combat Fighter]

1. 기본임무가 공중전투(공대공, 공대지, 공대함 포함) 목적으로 제작, 개조된 항공기.
2. 전술지(Tactical A/C)의 대체용어로서 전투기(Fighter), 전폭기, 공격기 등을 포함하는 개념.

전투단[Battle Group]

각종 주요병과의 협동부대로 운용되는 증강된 보병으로 이 지상부대의 통상적인 구성비율을 보병 1개연대, 포병 1개대대, 전차 1개중대, 공병 1개중대 및 대공포 1개포대로써 구성되나 상황에 따라 변경될 수 있음.

전투대형[Combat Formation]

특별히 소총분대 및 소대를 위주로 만들어진 것이나 전투에 있어 소규모부대의 통제 및 전술적 운용을 효과적으로 향상시킬 수 있는 전개 대형.

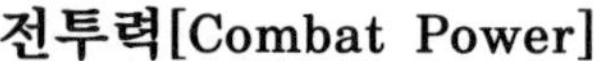

전투력[Combat Power]

전장에서 부대가 전투를 수행하여 군사적 목표를 달성해 나가는 능력이며, 유형적 요소와 무형적 요소로 구성됨.

전투력 복원[Restoration of Combat Power]

부대가 심대한 인적, 물적 손실을 입어 정상적인 전투근무지원 절차를 토해서는 현행 및 장차작전수행이 곤란할 때 즉각적인 전투력 회복을 위해 취하는 지휘조치로서 전투력 복원에는 재편성과 재조직이 있음.

전투력 증강[Force Enhancement]

연합사 위기조치절차상 전구내 취약점을 보강하고 필요한 군사력 균형을 유리하게 하기 위하여 기배치된 연합사 부대를 증원하기 위한 군부대를 말함.

전투력 집중[Combat Power Concentration]

아군의 전투력을 결정적인 시간과 장소에 신속히 집중하여 적보다 상대적인 전투력의 우세를 달성하는 것을 말하며 이는 타 지역에서의 전투력 절약을 통하여 달성할 수 있음.

전투력 투사[Force Projection]

세계 어느 곳이나 신속한 경보전파, 동원, 전개 및 작전을 실시할 수 있는 능력.

전투발전[Combat Development]

적과 싸워서 승리하기 위하여 장차전에 대비하는 총체적인 연구발전 노력임. 즉 현재 및 장차전에서 전투개념을 설정하고, 이를 구현하기 위하여 교리, 무기 체계, 편성, 교육훈련 등에 대한 연구발전을 통하여 현존 전력을 향상시키고 장차 전력을 개발하는 과정임.

전투배치[Battle Disposition]

전투기 긴박할 때의 전투준비태세. 이는 전투위치에 전원이 배치되며 경계태세가 완비되고 탄약은 즉각적으로 장전할 수 있도록 준비되며 포나 유도탄은 발사대에 장전됨.

전투명령(戰鬪命令 : Combat Order)

전투와 이를 지원하기 위한 전투지원 및 작전지속지원에 관련된 사항을 지시하는 명령을 말하며, 종류에는 지령, 훈령, 작전명령, 작전지속지원명령, 기타명령(단편명령, 준비명령), 예규가 있음.

- **지령** : 방침의 설정 또는 특정한 행동을 지시하는 명령으로 통상 전구사령관급 이상 지휘관이 발령함.
- **훈령** : 작전에 관한 지침 또는 작전통제 목적의 내용을 수록한 문서로 예하부대장이 적용하도록 군사령부급 이상 부장이 발령하며, 발령 연도별 일련번호를 부여함.
- **작전명령** : 작전을 수행하기 위하여 임무와 작전수행 방법 및 협조사항 등을 예하 지휘관에게 지시하는 명령으로서, 문서 또는 구두로 하달할 수 있음.
- **단편명령** : 예하부대에 기 발행된 명령의 내용을 변경하는 사항을 지시하는 명령으로, 기 발행된 명령에 대한 적시적인 수정이 요구될 때 사용함.
- **작전지속지원명령** : 부대가 수행하는 작전활동을 지원하기 위한 전투근무지원에 관한 명령으로, 행정 및 지원에 관한 지휘관의 계획을 하달하는 데 그 목적이 있음.
- **예규** : 전·평시 일상적이고 반복적인 활동이나 작전수행 및 업무처리 절차를 기술한 명령을 말함.
- **기타명령**
  - 단편명령 : 예하부대에 하달된 명령의 내용을 변경하는 사항을 지시하는 명령으로서, 적시적인 수정이 요구될 때 사용함.
  - 준비명령은 장차 수행해야 할 행동이나 작전을 사전에 예고하여 주는 명령으로서, 시간의 제한을 받는 상황 하에서 긴요하게 사용됨.

전투부대[Combat Forces]

사격과 기동으로써 적에게 접근하여 적을 격멸 포획하며 지형을 확보, 통제하는 부대.

전투서열[Order of Battle]

군사부대의 단대호, 지휘구조, 그리고 병력의 배치와 운용 및 장비, 보급방법 등에 관한 정보.

전투손실[Combat Consumption ; CC]

1. 전사, 전상으로 인한 사망이나 전투중 실종과 포로 등 전부로 인한 손실(Combatloss).
2. 일명 전투소모라고도 하며, 전쟁이 발발하여 군이 전투에 참가했을 때 적의 공격으로 인한 피해손실 및 활동으로 인한 정상 소모량 등을 말함. 전투손실은 전쟁초기에는 대 량손실이 예상되나 기간이 경과함에 따라 손실이 점차 감소됨, 이러한 손실은 일정기 간을 정하여 해당 기간중에 손실량만을 전시 소요로 산정하게 됨.

전투예비량[Battle Reserves]

부대 및 개별 예비품에 부가하여 전투지역 부근에 군, 군단, 사단, 연대에 의하여 비축된 예비보급품. 예를 들면 탄약의 전투예비량은 한국군 보유자산과 동맹군 전쟁예비물자(WRSA) 탄약으로 구성됨.

전투전초[Combat Outpost, COP]

방어시 각 제대별로 운용하는 경계부대 중 전방연대가 설치 운용하는 경계부대로서 적을 조기게 경고, 전투지역에 대한 지상관측 및 사격방지, 능력범위내에서 지연 및 와해, 전투지역 위치 기만 등을 할 수 있도록 연대장이 통상 대략적인 배치선, 병력 및 구성을 지정함.

전투준비태세[Combat Readiness]

적대행위 이전의 최종 전투준비상태를 말하며 주로 전술적 차원에서 사용됨. 군사태세의 하위개념으로서 '전비태세', '전투태세', '작전준비태세'는 이와 유사한 의미의 용어임.

전투지경선[Boundary]

인접한 부대, 대형, 지역간에 작전협조 및 조정을 용이하게 할 목적으로 지표상에 설정한 선으로 전방, 후방 및 측방 전투지경선으로 구분되며, 전투지경선을 초과하는 작전은 인접 혹은 상급부대와 협조 및 인가 없이 수행할 수 없음.

전투지대[Combat Zone]

1. 작전실시를 위하여 전투부대가 필요로 하는 지역.
2. 야전군 후방 전투지경선의 전방지역.

전투지역[Combat Area]

전투작전에 참가하고 있는 아군부대간의 상호 방해됨을 방지하고 최소화시키기 위해서 설정된 지상, 해상, 공중의 제한지역.

전투지역전단[Forward Edge of the Battle Area; FEBA]

엄호 및 차장부대가 작전하는 지역을 제외한 지상전투부대의 주력이 전개하고 있는 일련된 지역의 최첨단 한계.

전투지원[Combat Support]

전투부대에 제공되는 화력지원과 작전지원(보조작전)을 말하며, 야전포병, 방공포병, 항공(공중수색 및 전투헬기 제외), 공병, 헌병, 통신 및 전자전이 포함됨.

전투지원부대[Combat Support Troops]

전투부대의 전투력을 증강하기 위하여 작전면에서 지원하는 부대로서 수행기능에 따라 전투지원기능만을 수행하는 부대가 있음.

전투지휘[Combat Command]

임무를 달성하기 위하여 예하조직 및 장병들이 행동으로 옮길 수 있도록 결심을 수립하고 지도하며 동기를 유발시키는 술. 현재 및 장차상태를 가시화하고 최소의 희생으로 장차상태로 도달하기 위하여 작전개념을 수립하는 것을 포함하며, 또한 임무부여, 자원의 우선순위 결정 및 할당, 작전실시를 위한 결정적인 시간과 장소의 선정, 전투간 계획 수정의 시기 및 방법을 식별하는 것 들이 포함됨.

전투차량[Combat Vehicle; COMVEH]

특수 전투기능을 위해 제조된 장갑 또는 비장갑으로 된 차량. 부가적 장비로서 장갑방어 또는 무장장비가 비전투차량에 설치되는 경우에는 그 차량을 전투차량으로 구분하지 않음.

전투편성[Combat Organization, Task Organization]

임무를 효과적으로 수행하기 위하여 예·배속 및 지원부대에 전술적 임무를 부여하고 지휘관계를 설정하는 것.

전투피로증[Combat Fatigue]

어려운 전쟁상황에서 심한 정신적, 육체적 스트레스에 직면하여 인체의 정상방어 기능이 일시적으로 붕괴하면서 불안, 공포, 행동장애 등을 나타내는 일련의 증상을 말하며, 환자의 상태를 세분화하면 전쟁공포증, 전쟁신경증, 전투쇼크 등 더 많은 증후들로 구분할 수 있으나 혼란 방지를 위해'전투피로증'이라고 함.

전투휴대량[Combat Load]

전투참가시 개인 또는 차량으로 운반되며, 재보급이 실시가능할때까지 전투작전수행에 긴요한 장비 및 보급품을 말하며, 여기에는 완전무장에 필요한 개인피복, 장비, 화기, 및 탄약 등이 포함됨. 전투휴대량을 설정함에 있어서는 전투병사의 활동 능률을 향상시키고 자기 및 부대의 위급한 임무수행에 필수 불가결한 품목과 수량으로 제한하여 설정하여야 함.

점령[Occupation]

점령은 다른 국가나 그 지역을 영구히 점유(통치)할 의사가 있을 경우에 점령이나 부름.

점령군[Occupation Troops]

점령군은 지역내의 법과 질서를 유지하고 항복 또는 휴전조항의 이행을 보장하기 위하여 점령한 적 영토내에서 실질적인 통제를 하는 군대.

점령지역[Occupied Area]

점령지역은 점령군의 권한과 실질적인 통제하에 있는 영토를 말함. 민사협정에 따라 초정된 군대의 주둔이나 배치된 지역은 점령자가 아니며, 강화조약에 따라 통치·합방되는 지역은 점령지역이라 부르지 않음.

접근로[Avenues of Approach]

특정규모의 부대를 목표에 도달시키거나 지역으로 유도하기 위한 공중 및 지상경로.

접적이동[Movement to Contact]

적과의 접촉이 단절된 상태하에서 상황을 전개하거나, 접촉을 계속 유지하기 위해 실시하는 공격작전으로 집적이동에는 조우전이 포함됨.

접적전진[Advance to Contact]

적과 접촉을 유지하거나 회복하기 위하여 실시하는 작전으로 공격작전시 적과 접촉이 없는 공격부대는 적과 접촉이 이루어질 때까지 전진 하다가 적과 접촉시 공격대형으로 전개하여 공격.

접촉선Line of Contact ; LC]

2개의 부대가 대치하여 교전하고 있는 위치를 일반적으로 묘사하여 그린 선.

접촉유지[Maintain Contact]

적의 위치 및 활동사항을 계속적으로 알아내기 위하여 아군부대가 적과 충분히 접촉할 수 있도록 필요한 행동을 취하는 임무.

정규군[Regular Forces]

전시는 물론 평시에도 유지하는 상비군. 정규군은 국가의 법령에 의하여 정식으로 편성된 군대이며 그 행동에 관하여 국가가 직접 이를 관할하고 또한 책임을 짐.

정년[停年]

군 복무가 가능한 기간으로 부사관은 연령정년을 적용받고 있음. 원사(55세), 상사(53세), 중사(45세), 하사(40세)

정면공격[Frontal Attack]

최단거리를 이용하여 적의 진지정면으로 지향하는 공격으로서 통상 전정면에 배치된 모든 적 부대를 동시에 강타하는 기동형태.

정밀공격[Deliberate Attack]

잘 준비(편성)된 진지를 점령하고 있는 강력한 적부대에 대하여 실시하는 공격작전.

정밀방어[Deliberate Defense]

집적이 없거나 또는 접적이 긴박하지 않을 때, 그리고 편성을 위한 기간을 충분히 가질 수 있을 때 통상 편성하는 방어. 보통 특화점, 요새 및 통신계통을 통합하는 광범위한 요새지대를 포함함.

정밀폭격[Precision Bombing]

특정한 점 표적을 조준하는 폭격.

정보[Intelligence]

외국이나 작전지역의 하나 혹은 그 이상의 부분에 관한 가용한 모든 첩보의 수집평가 및 해석한 결과로 획득한 자료.

정보요약[Intelligence Summary]

부정첩보를 포함한 정보와 첩보의 중요한 항목을 편찬한 것. 이것은 가장 신속한 통신계통을 통하여 송달되며 이 요약에는 관명된 적정판단이 포함되고 예하부대가 상황을 파악하는 데 도움이 됨.

정보작전[Information Operations ; IO]

정보우위를 달성하기 위하여 아군의 정보, 정보체계 및 C41체계를 보호하고, 적의 정보체계 및 C41체계를 교란, 파괴하는 일련의 군사작전.

정보전[Information Warfare ; IW]

정보우위를 달성하기 위하여 자국의 정보 및 정보체계는 보호하고, 상대국의 정보체계를 교란, 파괴시키기 위해 실시하는 광범위한 제반 활동.

정보판단[Intelligence Estimate]

적 또는 잠재적인 적에게 가용한 방책과 그 방책의 채택 가능성에 관한 순위를 결정하기 위하여 특정상황이나 조건에 관련된 정보요소에 대한 평가.

정찰[Reconnaissance]

시각 관측이나 기타 탐지방법에 의하여 적이나 잠재적인 적 활동과 자원에 관한 첩보를 입수하거나 특정지역의 기상, 수로 또는 지리적 특성에 관한 제원을 획득하기 위하여 실시하는 임무.

정찰위성[Reconnaissance Satellite]

지구상 중요지역에 군사 행동상황에 관한 정보수집을 주목적으로 한 위성. 카메라, 각종 센서, 밀라파라디오미터, 통신전자정보 수집장비, 레이더 등을 적절히 탑재해서 사진정찰, 전자정찰, 해양감시 등을 함.

제공권[Air Supremacy]

전 전쟁지역에서 적 공군력의 간섭을 배제할 수 있는 절대적인 공중우세의 정도를 말하며 공중우세 및 공중제패의 개념을 포함한 보다 광의의 개념임.

제공작전[Counter Air Operation]

공중우세를 획득유지하기 위하여 적의 공중세력과 방공체계를 파괴 또는 무력화시키는 작전으로 공세제공작전과 방어제공작전으로 구분됨.

제대[Echelon]

1. 지휘본부(사령부)의 일부(예 : 전방제대, 후방제대).
2. 지휘계통에 있어서 독립(분리)된 수준(예 : 연대와 비교했을 때 사단은 상급제대, 대대는 하급제대).
3. 주전투임무가 부여된 종심상에 놓인 한 부대의 일부(예 : 공격제대, 지

원제대, 예비제대)

4. 분할된 예하부대들이 차례로 전후로 위치하는 대형(예 : 제1대대, 제2 대대)

제독[Decontamination]

오염되어 있는 화학 및 생물학작용제를 흡수, 밀폐, 파괴, 중화 및 제거하고, 방사능 물질을 제거함으로써 인체, 물체 또는 지역을 안전하게 만드는 절차.

제독제[Decontaminants]

화학작용제 또는 생물학작용제를 흡수, 제거, 중화, 파괴, 증발시키고 방사능 물질을 제거, 용해시키는 물질 및 에너지이며, 자연제독제와 화학제독제로 구분됨.

제병협동[Combined Arms]

1. 상호 협동하는 육군의 2개 이상의 전투 및 전투지원부대의 협조된 작전.
2. 적 회전익 항공기에 대응하는 전방사단지역 제병과 부대의 자체 방공능력을 보장하기 위하여 전투헬기에 대공스팅어를 장착하거나 M-1 전차의 탄약개량 및 장갑 보호능력 개선 및 브래들리 전투용 차량의 대공조준기재 개발 등이 포함되는 전방지역 방공체계(FAADS)의 하나.

제병협동부대[Combined Arms Team]

2개 혹은 그 이상의 병과로 구성된 결합체로서 임무수행을 위해 상호 지원할 수 있는 부대로 구성됨. 부대는 통상 전차, 보병, 공격헬기, 야전포병, 방공포병, 그리고 공병으로 편성 및 구성됨.

제압[Suppression]

임무를 수행하고 있는 적 인원 및 장비의 전투능력을 제한시키는 것으로 그 효과는 통산 사격을 하고 있는 동안에만 지속됨.

제압사격[Neutralization Fire]

적의 화력사용을 방해하거나 압도적으로 위축시키기 위하여 가하는 포병 사격.

제파공격[Echelon Attack]

어느 한 공격지역에 종으로 수개 제대를 편성하여 파도가 밀려 오는 것처럼 연속적인 타격으로써 방어지대를 공격하는 전법. 일명 파상공격 이라고도 함.

제한구역[Restricted Area]

1. 우군간에 상호방해를 예방 또는 최소한도로 국한하기 위하여 특별한 제한책을 강구하고 있는 지역 또는 공간.
2. 비밀취급인가를 받지 않은 사람이 비밀 구분된 첩보나 자료에 접근함을 방지하기 위하여 특별한 보안책이 강구된 지역.

제한전쟁[Limited War]

한정된 정치목적에 부합되도록 행동지역, 사용수단, 사용무기, 병력 및 달성해야 할 목표 등에 일정한 제한을 기하면서 수행하는 무력전.

제해권[Command of the Sea]

적 해군으로부터의 간섭을 배재할 수 있는 해양우세의 정도를 말하며 완벽한 제해권은 불가하므로 해양통제의 개념으로 사용됨.

조공[Supporting Attack]

공격작전시 주공의 성공을 돕기 위하여 공격을 실시하는 전술집단(부대).

조기경보[Early Warning]

전자 또는 시각수단에 의해 수행되는 적성항공기 또는 유도병기의 접근에 대해 조기에 경보하는 것.

조기경보위성[early Warning Satellite]

적의 대륙간탄도탄(ICBM) 또는 잠수함발사탄도탄(SLBM)의 공격에 대하여 될 수 있는 한 긴 반응시간을 갖기 위하여 이들의 발사를 조기에 탐지하는 임무를 가진 위성.

조립생산[Assembly Product]

기술도입 생산의 한 형태로서 외국과 계약에 의하여 부품이나 구성품을 도입하여 이를 국내 기술진이 조립하여 생산하는 것을 말하며, 조립하는 구성품 단위에 따라 완전조립생산(C.K.D), 부분조립생산(S.K.D)으로 구분함.

조병창[Arsenal]

무기, 탄약을 제조 수선하며 저장, 보급하는 건물 혹은 장소.

조약[Treaty]

협의의 조약이란 국가간의 정치, 외교적 관계에 대한 포괄적인 고도 최상위의 합의형태를 말하며, 광의로는 문서에 의한 모든 형태의 국가간 합의를 뜻하는데 협약(Convention), 협정(Agree-ment), 약정(Arrang-ement), 의정서(Protocal), 합의각서(MOA), 양해각서(MOU) 및 기타 다양한 형태를 포함함.

조우전[Meeting Engagement]

불완전한 전개상태에서 이동하고 있는 부대가 불충분한 정보로 인하여 이동중이나 정지하고 있는 적과 조우되었을 때에 일어나는 전투행위.

종격실[Corridor]

부대가 이동하는 방향과 평행하거나 또는 그 방향으로 연장되는 지형각실.

종대[Column Formation]

구성부대(요소)들을 전후로 배열한 대형.

종심[Depth]

공간, 시간 및 자원상의 작전범위를 말하며, 효과적인 기동에 필요한 공간과 작전준비에 필요한 시간 획득에 필요하며 공격 및 방어시 탄력성은 종심에서 비롯되고 적의 행동제한과 융통성, 지속력 감소를 위해서는 종심전투를 시도해야 함.

종심방어[Defense in Depth]

적의 공격을 유인하고 점진적으로 약화시키며 모든 진지를 적이 최초에 관측할 수 없도록 방지함으로써 지휘관으로 하여금 예비대를 기동할 수 있도록 계획된 상호지원 방어진지의 배치.

종심방어전술[Tactics on Defense in Depth]

프랑스 구로우 장군에 의하여 개발된 방어전술로서 전방에는 최소한의 병력을 배치하고 1,800~2,700m 후방에 주진지를 설치하여 적의 기습을 방지하고 사전에 적의 공격기도를 간파하여 효과적인 방어를 실시하는 전술.

종심전투[Combat in Depth]

아직 접촉하지 않는 종심상의 적 부대를 차단 및 타격하여 후속제대의 위협을 제거하는 전투이며 이는 공지전투의 핵심요소임.

종합군수지원[Integrated Logistic Support ; ILS]

무기체계의 효율적이고 경제적인 군수지원을 보장하기 위하여 소요 제기시부터 설계·개발·획득·운영 및 폐기시까지 전 과정에 걸쳐 제반 군수지원 요소를 종합적으로 관리하는 활동.

주공[Main Attack]

결정적인 목표에 대부분의 공격역량을 집중 지향하는 전술집단. 부대 임무수행에 최대로 기여하는 목표(통상 결정적인 목표)의 확보에 지향되는 공격.

주도권[Initiative]

작전의 성공을 위해 아군에 유리한 상황을 조성해 나감으로써 아군이 원하는 방향으로 전투를 이끌어 가는 능력.

주둔군지위협정(駐屯軍地位協定 : SOFA ; Status of Forces Agreement)

한 국가의 군대가 다른 국가의 영토에 주둔하게 될 경우 주둔군의 출입국, 시설 및 구역의 이용, 관세, 주둔군 구성원의 범죄에 대한 형사재판권, 불법행위에 대한 손해배상청구권 등 주둔군이 주둔하면서 발생할 수 있는 문제를 해결하기 위하여 주둔국과 초청국 사이에 주둔군의 지위에 관하여 쌍방이 체결한 국제협정.

주방어지역[Main Defense Area]

전투지역전단으로부터 전방 방어부대들이 편성되는 지역의 후방간에 위치한 지역.

주방어진지[Main Defense Position]

1. 기동방어시 적 공격의 긴박함을 경고하고 공격부대를 그에게 보다 불리한 지형으로 유도하고 공격부대를 저지 또는 방해하기 위하여 방자가 사용하게 되는 지형격실, 거점 및 관측소의 연결을 말함. 주방어진지는 필요한 최소의 병력에 의해 점령되고 대다수의 방어부대는 공격작전에 사용됨.
2. 지역방어시 전투지역 전단에서 적의 접근로를 봉쇄하고 지역을 통제하기 위하여 종심 깊이 준비된 진지를 말함. 주방어진지에는 주방어부대가 배치되며 진지를 점령하고 있는 부대는 전력을 다하여 적을 저지하여야 하며 적이 돌파에 성공하면 적을 역습에 유리한 지역으로 유인하거나 강요하게 됨.

주보급로[Main SuPPly Route ; MSR]

1. 군사작전을 지원하는 대부분의 교통이 이루어지는 작전지역에 이르는 지정된 도로 또는 도로망.
2. 전투지대 내에서 각 전술단위부대의 후방지역에서 전방으로 이르는 보급로. 이는 수송의 주축이 되는 도로를 말함.

주저항선[Main Line of Resistance]

항공 및 함포를 포함한 모든 지원부대의 사격을 협조하기 위하여 지정된 전투 진지전단을 연결한 선. 상호지원하는 일련의 방어지역의 전방한계선을 확정하며 엄호부대나 경계부대가 점유 또는 사용하는 지역은 포함되지 않음.

주전투지역[Main Battle Area]

적의 공격을 결정적으로 저지하기 위해 싸우는 결정적인 전장으로 전투지역전단으로부터 후방전투지경선에 이르기까지 전개되는 전장의 한 부분. 이는 책임지역 후방 및 측방을 포함하여 MBA라고 표시함.

주지휘소[Main Command Post]

지휘관이 전술작전을 지휘 통제하는 주시설위치.

주진지[Primary Position]

부여된 임무를 달성할 수 있는 최선의 수단(방법)을 제공하는 진지.

준비명령[Warning Order]

1. 차후 명령이나 행동에 대하여 사전에 예고하는 명령.
2. 지휘관이 예하 지휘관에게 절박한 조치에 관해 사전 준비시키기 위해 내리는 지시.

준비사격[Preparation Fire]

상륙돌격준비로서 돌격부대가 상륙이전에 적 표적에 대하여 실시하는 사격.

중간목표[Intermediate Objective]

최종목표에 도달하기 전에 반드시 점령 혹은 격파하여야 할 목표.

중거리탄도탄[Mid-Range Ballistic Missile]

사거리가 600~1,500NM(1,112~2,780km)인 탄도유도탄.

중성자탄[Neutron Bomb, Enhanced Radiation Weapon]

고성능 방사무기의 일종으로 주로 핵반응에서 나오는 중성자에 의해 인원을 살상하는 소형핵무기. 일반적으로 핵무기는 출력이 적을수록 방사능에 의한 효과가 커지며 중성자탄을 저출력화함으로써 보통의 소형원폭에 의해 중성자량을 405배로 늘리고 폭풍, 열의 비율을 적게 한 핵폭탄. 따라서 같은 출력의 핵무기에 비해 노출될 인원에 대한 살상반경이 거의 배나 되며, 전차 내부의 인원에 대한 살상반경은 거의 3배나 됨. 연구개발은 1960년대 전후 미, 소, 불 등에서 시작되었으며 1977년 미국에서 개발에 성공하였음.

중순양함[Heavy Cruiser ; CA]

포가 전투함의 주무장이었던 시대에(특히 1,2차 세계대전 이후 유도탄 탑재 이전까지) 주포의 크기에 의하여 순양함을 분류하였으며 주포가6인치보다 큰 순양함을 지칭.

중심[Center of Gravity]

힘과 균형의 근원으로서 한 부대의 행동의 자유나 유형전투력 또는 전투의지를 창출하는 근원이나 능력 내지 특성을 의미하며, 지휘관이 작전목표를 달성하기 위해 모든 관심과 노력을 지향하는 초점이고, 가용전투력의 운용방식 결정과 방책 구상의 근간임. 그러나 작전방향의 전환, 적 핵심 지휘관 교체, 새로운 부대/신무기 배치에 따라 중심이 변화될 수 있음. 또한 중심은 판단제대에 따라 상이하며, 상황의 변화에, 또 시간이 경과함에 따라 계속 변화되므로 적의 중심을 식별한 후에도 그 변화를 계속 추적해야 함. 그러나 예하 전술부대에서의 중심은 핵심 표적과 같은 개념이 될 수 있음.

중요지형지물[Key Terrain]

피아의 지형지물을 확보 또는 통제함으로써 현저한 이점을 제공받는 국지 또는 지역.

중화기[Heavy Weapon]

박격포, 곡사포, 평사포, 중기관총 등 화력이 강력하고 한 사람의 병사가 도수 운반하기 곤란할 정도로 무거운 화기.

증원[Reinforce]

어떤 부대의 임무를 효과적으로 용이하게 수행할 수 있도록 부대 및 화력을 지원하는 것.

지구전[Endurance War]

공방을 불문하고 결전을 피하고 목적을 달성하려고 하는 의지를 가지고 행하는 작전 또는 전투.

지[함]대공유도탄[Surface to Sir Missile ; SAM]

지상 또는 함상에서 비행목표에 대해 발사되는 미사일. 통상 유도방식에 따라 지령유도, 호밍, 지향전파유도탄 등으로, 사거리에 따라 장·중·단거리용으로, 또한 운용고도에 따라 고·중·저고도로 분류되며 종래의 대공포 등에 비해 명중정도, 전천후성에 있어 특히 우수한 성능을 가짐으로써 이제는 대공전투의 주역이 되었으며 중동전쟁이나 월남 전쟁에서는 러시아의 각종 SAM이 대량 사용되었음.

지대지유도탄[Surface to Sir Missile ; SSM]

지상에서 발사하여 지상표적을 공격하기 위하여 사용하는 유도탄.

지령[Directive]

방침의 설정 또는 특정한 행동을 지시하는 명령으로 통상 전구사령관급 이상의 고급사령관에 의하여 발표되는 광범위한 목표, 정책 또는 전략계획을 지칭함.

지뢰전, 기뢰전[Mine Warfare]

지뢰나 기뢰의 전략적, 전술적 활용과 그에 대한 대항책으로서 이는 부설과 방어를 위한 가능한 모든 공격적 및 방어적인 방법을 포함함.

지속능력[Sustainability]

군사목표 달성을 위한 작전 활동에 소요되는 전투력의 수준을 소요되는 기간 동안 유지할 수 있는 능력으로서 군사활동 지원에 필요한 소모부분과 부대 및 군수품의 일정수준을 유지하고 보충하는 기능임.

지속성작용제[Persistent Agent]

투발후 오염지역에서 장시간 동안 효과가 지속되는 작용제를 말하며, 일부 신경작용제(VX)와 대부분의 수포작용제가 이 범주에 속함.

지역목표[Area Target]

비행장, 군수시설, 대부대 집결지 등 상당한 면적을 포함하는 목표.

지역방어[Area Defense]

명시된 기간 동안 특정진지 혹은 지역을 확보 또는 통제하는 방어형태로서 다음과 같은 특징을 가짐.

1. 지형확보.
2. 전방지역에 전투력할당의 우선권 부여.
3. 최소한의 예비대.
4. 지형을 재획득하고 전방방어지역을 획득하기 위해 역습.

지역사격[Area Fire]

사전에 지정된 지역에 대하여 대량으로 실시하는 사격으로서 일반적으로 제압사격과 같음.

지역예비군[The Local Reserve Forces]

예비군편성 대상자로서 직장예비군 또는 동원이 아닌 자로 편성한 개인 또는 집단을 말하며 행정구역단위로 편성함을 원칙으로 함.

지역표적[Area Target]

단일점이 아닌 지역으로 된 표적.

지연[Delay]

부대가 기동의 자유를 잃지 않고 또는 적의 기습적인 침투나 우호를 허용하지 않고 공간을 양보하면서 시간을 획득하기 위하여 부여되는 임무로서, 지연부대는 임무수행을 위하여 공격, 방어, 매복, 습격 또는 기타 전술을 사용함.

지연전[Delaying Action]

적과 결정적인 교전 없이 적에게 최대한의 피해를 가하면서 시간을 얻기 위해 공간을 양보하는 작전의 한 형태로서 지연방법에는 축자진지상의 지연전과 교대진지상에서의 지연전이 있음.

지연진지[Delaying Position]

결정적으로 교전을 하지 않고 적의 전진을 지연시키기 위하여 점령하는 진지.

지원사격[Supporting Fire]

전투중인 부대를 지원 또는 보호하기 위하여 지원부대가 실시하는 사격.

지침[Guidance]

어떤 특수한 계획이나 연구해야 할 방향으로서, 상급제대에 의하여 공포될 때 명령의 효력을 발휘하는 정책, 지시, 결정 또는 훈령을 말함.

지 · 해합동작전[Groundm-Sea Joint Operation]

합동작전체제의 한 형태이며, 지상군과 해군이 합동으로 가용한 수단과 방법을 사용하여 적을 저지, 격멸하는 작전.

지형격실[Compartment of Terrain]

외부로부터 지역 내로 관측과 관측사격을 제한하는 수림, 능선 혹은 촌락 같은 지형지물에 의하여 적어도 2개 이상의 측면, 경계를 가진 지역으로 횡격실과 종격실로 나누어짐.

지형분석[Terrain Analysis]

군사작전에 미칠 천연 및 인공지물의 효과를 판단하기 위하여 지역에 대한 지리적인 해석을 하는 과정. 이 가운데에는 기상과 기후가 이와 같은 특징에 미치는 영향을 포함함.

지형평가[Terrain Evaluation]

피아방책에 미치는 지형의 영향을 판단하기 위하여 예상 적전지역을 평가 및 해석하는 것.

지휘[Command]

지휘관이 부여된 임무를 수행하기 위하여 계급 또는 직책을 통해서 예하

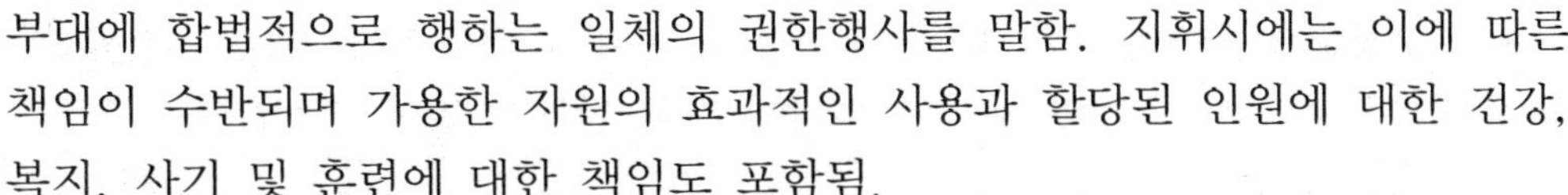
부대에 합법적으로 행하는 일체의 권한행사를 말함. 지휘시에는 이에 따른 책임이 수반되며 가용한 자원의 효과적인 사용과 할당된 인원에 대한 건강, 복지, 사기 및 훈련에 대한 책임도 포함됨.

지휘각서[Command Memorandum]

사단급 이상 부대장이 예하부대장에게 지시 또는 강조하는 사항을 수록한 문서.

지휘계통[Chain of Command]

최상급 지휘관으로부터 말단 지휘까지 지휘가 집행되는 지휘상의 계열을 말함.

지휘관[Commander]

지휘권을 가지고 군대를 지휘통솔하는 관직 또는 그 사람에 대한 일반적인 칭호로서, 지휘관은 자기 부대의 성패에 모든 책임이 부여되어 있음.

지휘관계[Command Relationship]

부여된 임무달성을 위하여 부대를 지휘 통솔하는 권한의 정도를 합법적으로 규정한 것을 말하며, 지휘관은 지휘관계 정한해 설정된 범위 내에서 예하부대에 권한을 행사할 수 있음. 지휘관계는 예속, 배속, 작전통제, 작전지휘, 전술통제, 지원 등이 있음.

지휘관의 개념[Commander's Concept]

한 작전 또는 일련의 작전에 관한 지휘관의 가정이나 의도의 윤곽을 구두나 서면으로 진술하는 것.

지휘관중요정보요구(CCIR ; Commander Critical Information Requirement)

지휘관이 작전수행간 적시 적절한 결심을 위해 필요로 하는 정보를 말하며, 우선정보요구, 우군정보요구, 필요시 작전보안핵심요소를 포함할 수 있음.

- **우선정보요구**(PIR) : 지휘관이 부여된 임무수행을 위해 가장 시급하고 우선적으로 요구되는 정보로 계획수립과 결심수립에 지배적인 요소가 되는 적 능력 및 전장 환경과 관련되는 정보사항임.

- **우군정보요구(FFIR) :** 지휘관이 자신의 부대를 판단하는 자료로 지휘관이 결심을 수립하기 위해 자신의 부대에 관해 반드시 알아야만 하는 정보.
- **작전보안핵심요소(EEFI) :** 만약 적이 알게 될 경우 아군의 작전을 위태롭게 하거나 작전의 성공을 제한할 수 있는 아군의 의도, 능력, 활동.

지휘권[Command Authority]

지휘관이 계급과 직책에 의해서 예하부대에 대하여 합법적으로 행사하는 권한,

지휘는 가용자원의 효율적인 사용과 부여된 임무를 완수하기 위하여 군대의 운용, 편성, 지시, 협조 및 통제에 대한 권한과 책임이 따르며 부하 개개인의 건강, 복지, 가시 및 군기에 대한 책임도 포함됨.

지휘망[Command Net]

지휘통제의 목적을 위하여 지휘제대를 그 예하제대의 일부 또는 전체와 연결하는 통신망.

지휘 및 통제[Command and Control]

부여된 임무를 완수하기 위해 부대의 작전을 계획하고, 지시, 조정 및 통제하는 것으로서 인원, 시설, 장비, 통신 및 절차 등을 통해 수행되는 연속된 과정.

지휘소[Comand Post]

지휘관과 참모가 작전임무를 수행하는 부대에 본부로서 지휘소의 기능은 부대유지를 위한 요구와 전투지시에 관계되는 사항을 분류 정리함. 통상적으로 주지휘소, 후방지휘소, 예비지휘소의 3개 지휘소가 설치됨.

1. **주지휘소(Main Command Post) :** 작전의 계획 및 준비와 부대의 지휘, 통제 및 통신 기능의 유지 그리고 정보 및 첩보의 수집, 통합업무를 수행하는 부대의 주본부임. 참모부는 현행 및 장차에 필요한 계획을 발전시키고 전투지원과 전투근무지원사항을 획득하고 협조시킴. 주지휘소는 통상 적의 경포사거리 밖에 위치함. 필요시 전술지휘소를 운용함.

2. **후방지휘소**(Rear Command Post) : 전술부대의 부대유지에 관계되는 업무를 수행하는 지휘소로서 전투 및 전투지원 작전과 직접적으로 관련이 없는 전투근무지원 활동을 지휘, 통제 및 협조시키기 위한 시설이며 여기에는 전투근무지원 운용본부가 설치되어 운용됨.

지휘소연습[Command Post Exercise; CPX]

각급제대의 지휘관 및 참모의 지휘본부와 통신요원 등을 훈련시키기 위한 연습으로 가상상황하에서 통신을 유지하면서 지휘소 이동 및 운용, 지휘 및 참모절차연습, 작전계획 및 작전예규의 적용, 각종 상황하에서의 지휘 및 통제능력을 배양하기 위한 연습임.

지휘통일[Unit of Command]

모든 전투력의 결정적인 작용에는 한 사람의 책임이 있는 지휘관하에 노력의 통일이 요구된다는 뜻.

지휘 · 통제 및 통신체계[Command, Control and Communication System ; C3**체계**]

지휘관이 부대를 계획, 지시, 조정 및 통제하기 위해 지휘통제체계와 통신체계 중 지휘통제 통신체계에 포함되지 않은 비지휘통제용 통신체계를 합한 체계.

지휘통제전[Command and Control Warface ; C2W]

적의 지휘통제 능력을 약화 또는 파괴시키고 첩보획득을 거부하는 반면, 적의 이러한 군사행동으로부터 아군의 지휘통제체계를 보호하기위하여 정보의 지원하에 물리적 파괴, 전자전, 군사기만, 작전보안 및 심리전의 통합사용을 말함. 이는 하나의 전략으로서 치명 및 비치명 수단을 시기적절하고 균형성 있게 그리고 상호보완적으로 통합운용함으로써 전투승수효과를 발휘할 수 있음.

지휘통제체계[Command AND Control System ; C2**체계**]

지휘관이 주어진 임무를 완수하기 위해 예하부대를 계획, 지시, 조정 및 통제하기 위한 시설, 장비, 통신절차 및 인원을 총괄한 개념.

지휘통제 · 통신 및 컴퓨터체계[Command Control, Communication, and Computer System ; C4**체계**]

지휘통제뿐만 아니라 정보, 인사, 군수, 통신지원을 위해 각종 필요한 정보나 첩보를 컴퓨터로 처리, 종합, 분석, 평가 및 해석하여 꼭 필요한 자료만을 선별하여 필요한 부서에 자동으로 전파하거나 저장하고, 이러한 임무 수행을 위해 각종 컴퓨터를 설치한 시설이나 하드웨어, 소프트웨어, 인원을 포함한 전반적인 체계.

지휘통제 · 통신컴퓨터 및 정보체계[Command, Control, Communica-tion, Computer, and Intelligence System ; C4I**체계**]

지휘관이 주어진 임무를 완수하기 위해 부대를 계획. 지시, 조정 및 통제하고, 각급부대에 필요한 정보를 효율적으로 제공하기 위한 지휘통제, 통신체계 및 군사정보체계가 통합된 체계임.

직접지원[Direct Support]

지원부대가 피지원부대에 작전통제나 또는 배속되니 않았어도 피지원부대의 지원요청에는 지원의 최우선권을 부여해서 지원하는 형태.

직접지원부대[Direct Support Unit]

1. 군수에 있어서는 중간시설을 거치지 않고 사용부대를 직접 지원하는 부대.
2. 한 단위부대가 다른 한 단위부대를 지원할 임무를 가진 부대.

직접지원부대는 피지원부대로부터 직접적으로 임무를 받아 실행하며 지원에 우선을 둠. 직접지원부대는 통상차상급 지휘관의 지휘하에 있음.

직접지원포병[Direct Support Artillery]

피지원부대가 요청하는 화력의 제공을 주된 과업으로 하는 포병.

진급[進級]

진급을 위한 최저복무기간 및 근속기간 만료자 주에서 상위직책을 감당할 수 있는 능력이 인정된 자를 선발하여 1계급 상위계급을 부여하는 것

1. **비선자(非選者)** : 진급선발 심사에서 진급할 자격은 있다고 인정하나 진급될 공석의 제한으로 경쟁에 의하여 비선된 자
2. **낙천자(落薦者)** : 처벌 등 특별한 사유로 인한 낙천사유 기준에 저촉되어 진급될 기본 자격조건이 결여되는 자
3. **진급 최저복무기간** : 차상위 계급직위를 수행할 능력구비에 필요한 최저 기간을 고려하여 진급선발 대상권에 들어갈 수 있는 기간
4. **진급공석(進級空席)** : 차상위 정원계급의 예상손실을 진급으로 충원하는 수를 말하는 것으로써 당해연도 인력 운영계획에 제시되어 예산인력에 사전 반영

직군[職群]

병과내에서 특정기술 및 기능별로 세분화한 것을 말함
예) 111(일반보병), 121(전차승무), 131(야전포병) 등

직위[職位]

편제표에 명시된 직무와 책임을 부여할 수 있는 자리 또는 직책

직위조정[職位調整]

계획인사 정체지역별 정체기간 하한선을 경과한 자가 해직위 보직 만료 후 자대 및 자군내에서 타직위에 보직할 수 없는 경우 상급부대에서 직위를 조정하는 것

진내사격[Fires within the Position]

방어사격의 한 형태로서 돌파의 제한 또는 역습을 지원하기 위한 전투진지 내에 계획된 사격.

진지[Position]

부대에 의해서 점령된 장소 혹은 지역.

진지강화[Consolidation of Position]

새로이 점령한 진지를 사용하기 위해서나 또는 적의 기능성 있는 역습에 대비하여 점령진지를 새로이 편성 또는 보강하는 모든 수단(대책).

진지교대[Relief in Place]

상급부대의 지시에 의해서 한 부대의 일부 혹은 전부가 타 부대에 의해서 일개 지역 내에서 교대되는 작전.

진지방어[Position Defense]

결정적인 전투에 대비하여 선정한 전술적인 국지상에 대규모의 방어부대를 배치하는 방어형태.

진지변환[Displacement of Positions]

한 지점으로부터 타 지점으로 이동, 특히 지원부대 또는 지원화기가 전술상 이유로서 한 사격진진로부터 타 사격진지로 이동하는 것.

진지전[Position Warfare]

기동전과 상반되는 용어로서 방어전이 주로 고정된 진지에만 국한되는 전투. 진지전은 방어를 위주로 한 것이며 적으로 하여금 전략지역내에 침입하지 못하게 하며 완강히 구축된 진지에 대하여 공격케함으로써 적 전투력을 와해 또는 소모케 하는 전투.

집결지[Assembly Area]

부대가 차후 행동을 준비하기 위하여 집결하는 장소.

집권화 통제[Centralized Control]

단일 지휘체제하에 집중적으로 편성된 통제의 정도.

집단군[Army Group]

지정된 사령관하에 있는 수개의 야전군.

집단안전보장[Collective Security]

다수의 국가가 그 상호간에 전쟁, 기타 무력행사를 금지하고 이에 위반하여 전쟁, 기타의 무력행사를 행하는 국가에 대하여 다수의 모든 국가가 집단적으로 방지 또는 진압할 것.

집단적 자위권[Right of Collective Self-Defense]

유엔헌장 제51조에 의하여 안정된 권리로서 자국과 밀접한 관계에 있는 타 국가가 무력공격을 받을 경우에 그것이 동시에 자국에 대한 와해를 의미하는 것으로 보고 이에 대항하여 방위행동을 취할 수 있는 권리.

집중[Mass Concentration]

결정적인 목적을 위해서 중요한 장소와 시간에 전투력의 상대적 우세를 유지하는 것.

집중사격[Massed Fire]

1. 다수의 화기로 단일표적을 사격하는 것.
2. 2척 또는 그 이상의 함정이 단일표적에 대하여 실시하는 사격.

징계[懲戒]

1. 경징계(輕懲戒)

가. 견책(譴責) : 비행을 규명하여 훈계하는 것이며, 6개월간 호봉승급 지연

나. 근신(勤愼) : 10일 이내 기간동안 평상근무후 징계권자가 지정한 영내의 일정장소에서 반성하며, 6개월간 호봉승급 지연

다. 감봉(減俸) : 1개월에서 3개월 이내 기간동안 봉급 감액조치(1/3에서 1/10 범위내)되며, 12개월 호봉승급 지연

2. 중징계(重懲戒)

가. 정직(停職) : 1개월에서 3개월 이내 기간동안 직무종사가 금지되며 정직기간 중에는 현역복무 기간에서 제외되고 봉급이 감액조치(1/3에서 1/5범위내)되며, 18개월간 호봉승급 지연

나. 강등(降等) : 당해 계급에서 1계급 하향조정되는 것을 말함

다. 파면(罷免) : 관직 및 그에 따른 예우가 박탈되는 것을 말함

징발[Requisition]

전시 또는 국가비상사태하에서 군사작전 수행을 위하여 국민의 재산에 대한 사용동의를 받거나 또는 강제로 수용하는 것을 말하며 이는 전쟁이후 반드시 적법한 절차에 의거 보상하여야 함.

징집[Conscription]

국가가 병역의무자에 대하여 현역에 복무할 의무를 부과하는 것.

징후[Indication]

적의 취약성 및 적의 특정능력 채택 여부를 지적해 주거나 또는 지휘관의 방책 선택에 영향을 미치는 있는 적의 활동 또는 어떠한 작전지역의 특성에 대한 긍정 또는 부정적 증거임.

차단[Interdiction]

적이 어떤 지역 또는 통로를 사용하지 못하도록 제반 수단을 이용하여 저지 또는 방해하는 것.

차단사격[Interdiction Fire]

적이 어떠한 지역이나 지점을 사용하는 것을 저지하기 위하여 실시되는 사격.

차장[Screen]

이동중이거나 정지하고 있는 부대의 전방, 측방 혹은 후방에 대한 감시를 유지하기 위하여 관측, 보고 및 적과의 접촉유지를 통해서 그 부대에 조기경고를 제공하는 경계임무 또는 방어시저항방법의 일부로서 관측소, 정찰대 등을 운용하여 적의 접근을 경고하고 능력 범위내에서 와해, 격멸하는 것.

착륙지대[Landing Zone; LZ]

항공기(헬리콥터)의 착륙을 위해서 사용되는 목표지역 내에 위치한 특정지

대. 병력이나 화물을 적재 또는 하역하기 위한 특정한 지상의 구역으로 통상 음어화함.

참모[Staff]

지휘관의 지휘권 행사를 보좌하기 위하여 임명되었거나 파견된 장교들이며, 참모는 지휘관이 부대지휘의 막중한 책임과 불확실한 전장상황 하에서도 지휘관의 의지를 자유롭게 실현하고, 능력을 최대한 발휘할 수 있도록 보좌함. 이를 위하여 참모는 항시 지휘관의 의도를 명찰하고 하의상달을 도모하며, 상·하 의지를 일치시켜 임무를 완성할 수 있도록 책임을 다하여야 함.

참모감독[Staff Supervision]

지휘관 예하의 타 참모장교와 개인에 대하여 지휘관의 계획 및 방침을 주지시키며, 이를 수행하는 데 조력하고 그 수행진도를 파악하여 지휘관에게 조언함으로써 지휘관이 의도하는대로 시행될 수 있도록 활동하는 과정.

참모판단[Staff Estimate]

참모장교가 지휘관의 중요한 행동방책에 영향을 미치는 관신사항의 특정한 분야를 요소별로 전문적인 평가를 하는 것.

척후병[Scout]

야전에서 첩보를 수집하는 자. 적에 관한 첩보를 얻기 위하여 한 지역을 정찰하는 훈련된 관측병.

철수[Withdrawal]

전개하고 있는 부대의 전부 혹은 일부가 적으로부터 이탈하는 작전. 철수는 주간 혹은 야음하에서 실시되며 적의 강압하에서 또는 자발적으로 실시될 수 있음.

철수로[Routes of Withdrawal]

지연작전간 한 지점에서 타 지점으로의 부대이동을 통제 및 협조하기 위한 통로.

철수작전[Prewithdrawal Demolition Tar-get]

철수 전에 폭파할 준비를 갖춘 표적. 이러한 폭파는 권한이 위임된 책임 장교의 명령에 따라 적시에 수행함.

철퇴[Retirement]

적과 접촉하고 있지 않은 상태하에서 전투를 회피하기 위하여 부대가 후방으로 이동하는 작전.

첩보[Information]

관측, 보고, 풍문, 사진 및 기타 출처로부터 나온 모든 평가되지 않은 기록자료로서 이것을 평가분석하여 정보를 생산함.

첩보위성[Spy Satellite]

상대국의 활동을 정찰하기 위하여 쏘아 올린 인공위성으로서 스파이 위성 또는 군사정찰위성이라고 칭함.

초월전진[Leep-Frog Jumps]

1. 적과 대치하고 있는 아군부대를 초월해서 전진하는 것.
2. 우군부대가 점령 또는 잠적하고 있는 선을 통과하여 후방부대가 전방부대와 교대하여 전진하는 것.

총동원[Total Mobilization]

동원의 구분시 동원범위에 의한 구분으로서 사전 계획된 국가의 유형, 무형의 제반자원을 단계적으로 모두 동원하는 것을 말함.

총력전[Total War]

국가 각 분야의 총체적인 힘을 기울여 수행하는 전쟁.

최대유효사거리[Maximum Effective Range]

한 무기로 원하는 파괴를 가하기 위하여 명시된 정확성을 갖고 파괴용 사출탄을 도달시킬 수 있는 최대거리.

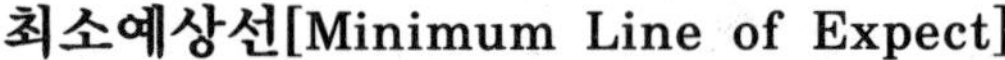

최소예상선[Minimum Line of Expect]

적의 입장에서 아군이 공격하지 않으리라고 생각하는 지점 또는 지역을 아군이 판단하는 곳으로서 손자병법의 "出其不意"를 리델하트가 간접접근 전략에 적용한 것으로서 심리적인 면이 강조된 용어임.

최소저항선[Minimum Resistance Line]

적의 입장에서 아군이 공격하지 않으리라고 생각하여 군사적인 대비책을 강구하지 않은 지점 또는 지역으로 손자병법의 "攻其無備를 리델하트가 간접접근 전략에 적용한 것으로서 물리적인 면이 강조된 용어임.

최후방어사격[Final Defensive Fire]

여하한 시도조건하에서도 전투진지에 대한 적의 돌격을 최후적으로 저지 격멸하기 위하여 계획된 방어사격.

최후저지선[Final Protective Line]

적의 돌격이 모든 가용한 화기의 교차사격에 의해 저지되도록 선정된 선. 이 선은 진지전면과 평행될 수도 있고 교차될 수 있음.

추격[Pursuit]

도주하는 적 부대를 격멸하여 결정적인 승리로 전투를 종결하기 위하여 실시하는 공격작전을 말하며, 통상 전과확대에 이어서 실시되므로 한시라도 공격으로 전환할 수 있도록 사전에 준비해야 함. 추격의 목적은 방어능력을 상실하고 도주를 시도하는 적 부대를 직접 압박하고 퇴로를 차단하여 협력함으로써 적 주력을 격멸하는 데 있음.

축성[Fortification]

어느 지역의 자연적인 방어력을 증강하고 적의 행동으로부터 인원과 물자를 보호하고 적군의 행동을 제한하고 아군의 병력 절약을 위하여 그 지형에 적합한 군사시설을 구축하는 것.

축차공격[Piecemeal Attack]

부대가 가용하게 되는 대로 축차적으로 투입하여 공격하는 것.

출발점[Starting Point]

1. 각종 소대형이 계속적으로 도착하여 이루게 되는 종대 또는 단위대가 이동을 명령한지휘관의 통제하에 들어가는 지정된 장소.
2. 시각 또는 전자장치로 분명하고 용이하게 식별할 수 있으며 표적에 대한 포격의 개시 점으로 사용되는 점.
3. 항공기가 침로를 정하는 표시로 사용하는 비행점검점(departure point).

충무계획(忠武計劃 : Chung-Mu Plan)

전시 또는 국가비상사태 시에 국가가 능동적으로 대처하기 위하여 평시에 준비하는 범국가적인 비상대비계획을 말하며, 동원계획의 기초가 되고, 정부자원관리 주관부처별로 소관자원의 운영과 기능수행을 위한 계획을 수립함.

측위[Flank Guard]

능력 범위내에서 적을 격파, 격멸, 지연함으로써 적의 지상관측 직사화기 및 기습적인 공격으로부터 이동중이거나 정지하고 있는 부대를 방호하기 위하여 그 부대의 측방에서 작전하는 경계부대.

치장[Store]

장비 및 물자의 사용통제와 치장방침에 의거 평시 운영량(운용수준) 초과분, 인가초과분 및 전시 긴요물자·장비 등에 대하여 사용을 완전 통제함으로써 전시 소요를 충당하기 위하여 장소에 저장하는 것을 말함.

치장장비[Stored Equipment]

장비 사용통제와 치장방침에 의거 전시 동원소요를 평시에 비축하기 위하여 인가된 장비라 하더라도 전량 사용하지 않고 작전 및 교육수행 등 필수 소요에 국한하여 운용하고 기타 장비는 치장해 둠으로써 수명을 연장함과 동시에 운영유지비를 절약하기 위하여 치장해 둔 장비를 말함.

치중대[Train]

군수지원을 제공하는 제반 전투근무지원 부대의 집단을 말함.

이는 지상부대에 의한 보급, 후송 및 근무를 제공하는 차량과 그의 운영 요원으로 구성됨.

치중대에는 각종 분배소, 수집소, 취사장, 정비반, 차량반 및 수용소, 급수장, 통신, 총포 및 차량정비반, 후송반, 영현반과 지원 배속부대 및 예하대의 일부치중대가 치중대 부근에서 운용되며, 이는 전투치중대와 야전치중대로 구분함.

침투[Infiltration]

적이 특정임무를 수행하기 위하여 대한민국(상대국)의 영역을 침범한 상태.

침투로[Infiltration Lane]

침투부대가 사용하도록 규정한 통로로서 이는 침투시 침투부대의 일반적인 방향을 제시하고 화력과 기동을 협조하여 침투부대의 안전을 도모할 목적으로 운용함.

타격작전[Striking Operations]

목표물에 피해를 입히거나 점령, 파괴하기 위한 의도로 공격하는 작전활동을 말함.

탄도유도탄[Ballistic Missile ; BM]

로켓을 동력으로 하고 그 안의 추진체가 연소되면서 탄환처럼 탄도를 그리며 원거리를 비행하는 유도탄.

탄도탄 요격미사일[Anti-Ballistic Missile ; ABM]

탄도탄을 요격하는 미사일로서 주로 지상발사식이며 낙하해 오는 적의 미사일 탄두를 요격하는 미사일. ABM의 핵탄두를 폭발시켜 적 미사일의 핵탄두를 무력화시키는 방법과 ABM의 선두부가 적 미사일에 명중하여 파괴하는 운동에너지형이 있음.

탐색 및 구조[Search and Rescue ; SAR]

로켓을 동력으로 하고 그 안의 추진체가 연소되면서 탄환처럼 탄도를 그리며 원거리를 비행하는 유도탄.

탐색 및 구조작전[Search and Rescue Operation ; SARO]

가능한 수단을 효과적으로 이용하여 조난당한 인원 및 자원을 탐색하여 구조하는 작전으로서 구조활동, 조난자에 대한 적절한 조치, 조난시의 비상 통신절차, 및 비행통제 등이 포함됨.

템포[Tampo]

군사행동의 속도율로서 전장에서 수행되는 일련의 군사활동의 속도와 리듬을 의미함. 템포는 단순히 속도만을 의미하는 것이 아니라, 전투상황과 적의 탐지 및 대응능력 평가에 따라 작전을 조정하는 능력을 말하며, 주도권 장악이 필수요소로써 작전상황에 따라 빠를 수도 있고 느릴 수도 있으며, 속도와 집중을 적절히 통합함으로써 달성됨.

통수권[The Prerogative of Supreme Command]

군대를 지휘통솔하는 헌법적인 최고지휘권을 의미함.

통신기만[Communication Deception]

통신망이나 항법시스템의 사용자를 혼란시키거나 오도시킬 목적으로 사용되는 기술로서 통신의 지연, 송신, 재송신 및 변경 등으로 기만하는 것이며 모방통신 기만과 조작통신기만이 있음.

통신보안[Communication Security ; COMSEC]

통신내용을 비인가자 또는 적에게 노출시키지 않기 위하여 보안 대책을 강구하는 것으로서 다음과 같은 분야가 있음.

1. **암호보안**(Crytosecurity)

   암호체계 및 그의 적절한 사용어에 대한 통신보안분야.

2. **송신보안**(Transmission Security)

   비인가자의 암호분석 이외의 수단에 의한 도청 및 불법사용으로부터 송신을 도청, 교 신 분석 및 가장, 기만으로부터 송신을 보호하도록 하기 위해 고안된 모든 대책의 결과로 이뤄지는 통신보안의 일분야.

3. 방사보안(Emission Security)

비인가자에게 암호장비 및 자동통신계통으로부터의 송신을 도청 및 누설하기 쉬운 가 치 있는 첩보를 거부하기 위하여 취해지는 모든 대책의 결과로 이루어지는 통신보안의 일분야.

4. 물적보안(Physical Security)

비밀장비, 물자 및 문서를 비인가자의 관찰과 접근으로부터 보호하는데 필요한 모든 물리적 방책에 의한 통신보안분야.

통제[Control]

지휘관이 예하부대 또는 타 편성체에 대하여 행사하는 권한으로 지휘보다는 제한된 권한을 의미함

통제방책[Control Measures]

작전임무 수행을 위해서 작전명령이나 계획상에서 서식 혹은 도식으로 명시되는 필수적인 통제책.

통제선[Phase Line; PL]

작전을 통제, 협조시키기 위하여 통상 공격지대를 횡단하는 지형지물을 이용하여 선정된 선.

통합군[Unified Command]

미군에서 합동참모본부의 조언과 보좌로써 국방부장관을 경유 대통령이 설치하는 부대로서 2개 이상의 군에서 차출된 주요부대로 구성되며, 단일지휘관 아래 광범위 하고 계속적인 임무를 수행하는 부대.

통합군수지원[Integrated Logistic Support]

합동, 공통, 또는 상호지원 단일기관이나 군에 의하여 2개 또는 그 이상의 군 또는 그의 구성부대에 대하여 군수지원을 제공하는 것을 말함.

통합방위사태(統合防衛事態)

적의 침투 · 도발이나 그 위협에 대응하여 갑종사태, 을종사태, 병종사태를 선포하는 단계별 사태.

- **갑종사태**(甲種事態 : **Class Kab Situation**) : 일정한 조직체계를 갖춘 적의 대규모 병력 침투 또는 대량살상무기 공격 등의 도발로 인한 비상사태로서 통합방위본부장 또는 지역군사령관의 지휘·통제하에 통합방위작전을 수행하여야 할 사태.
- **을종사태**(乙種事態 : **Class UL Situation**) : 일부 또는 수개 지역에서 적의 침투 · 도발로 인하여 단기간 내에 치안회복이 어려워 지역군사령관의 지휘 · 통제 하에 통합방위작전을 수행하여야 할 사태.
- **병종사태**(丙種事態 : **Class Byong Situation**) : 적의 침투도발 위협이 예상되거나 소규모 적이 침투하였을 때 지방경찰청장, 지역군사령관 또는 함대사령관의 지휘 · 통제 하에 통합방위작전을 수행하여 단기간 내에 치안이 회복될 수 있는 사태.

통합전력[Unified Force, Unified Strength]

단일 지휘하에 제반 전력요소(군종간, 병과간, 기능소요시간)를 협조, 조화시켜 공동의 군사목표(작전목표)를 달성하기 위하여 발휘되는 전력.

투입부대[Committed Unit]

아군부대에 대하여 대치하고 있는 적의 지상부대. 그들의 직접적인 예비대 및 그들을 지원하는 지상화력부대.

특공작전[Commando Opertaion]

전문적인 지식과 기술을 요하는 특수훈련을 받은 요원들(특공여단, 특공연대, 수색대)로 하여금 선정된 작전 및 전술적 특정목표를 계획에 의거 공격하는 군사작전.

특별참모[Special Staff]

한 사령부에서 근무하며 일반(조정) 참모단이나 개인 참모단에 포함 되지 않는 참모. 특별참모요원은 특수한 기술 전문가와 병과의 선임장교 등이 포함됨. 예참모단에 들면 병참장교, 방공장교, 수송장교 등임.

특수임무부대[Task Force]

특정임무 또는 작전을 수행할 목적으로 단일 지휘관하에 잠정으로 구성된 부대.

특수전[Special Warfare; SW]

전·평시를 막론하고 비상사태나 전략적 우발사태 발생시 국가목표를 달성하거나 안정을 유지하기 위하여 특별히 훈련된 군사요원 또는 준군사요원이 수행하는 제반활동으로 비정규전과 특수작전을 말함.

특화점[Pillbox]

1. 자동화기 및 대전차 무기호를 구성하고 있는 소규모이고 얕은 축적물.
2. 토치카(tochika)를 뜻하는 미 육군 속어로서 통상 콘크리트, 강철 또는 마대로 구축함.

티오티[Time on Target/Time Over Target; TOT]

1. 포 지원사격시 목표물에 대한 사격개시기간(Time on Target). 티오티 사격은 화력을 한 표적에 대하여 동시 탄착되도록 실시하는 사격방법.
2. 공중공격 임무항공기의 목표물 공격시간. 정찰항공기는 목표물 상공도착시간(Time on Target).

파견부대[Detached Unit]

편제부대로부터 떨어져서 근무하고 있는 단위부대로서 파견기간 동안에도 원소속부대에 예속된 부대임. 이 부대는 독립부대로서 기능을 발휘할 수도 있으며, 또는 타 부대에 배속되거나 타 부대와 함께 또는 타 부대 밑에서 근무할 수도 있음.

파쇄공격[Spoiling Attack]

적이 공격을 위해서 대형을 갖추거나 집결중에 있을 때 적의 공격을 현저히 방해하기 위해서 운영되는 전술적인 기동. 적의 공격준비단계에 방자가 적 부대의 일부를 분쇄하고 적 부대의 균형을 와해시키며 적 공격의 발판이 될 지형을 일시적으로 탈취하여 방어지역에 대한 적의 지상관측과 감시를 거부하기 위하여 방어지역 전방에 있는 적 부대에 대하여 감행하는 방어시 공세작전의 일종.

편성[Organization]

집단의 공동목표를 달성하기 우하여 필요한 인원, 물자, 시설, 예산 등을 유기적으로 결합하고 조화시키는 과정. 즉 목적달성을 위하여 소정의 편제를 취하는 것.

편성 및 장비표[Table of Organization and Equipment]

군 단위부대의 정상임무, 편제기구, 인원 및 장비수량을 규정하고, 군부대 또는 해당 예하부대에서 사용하는 인사배치에 관한 지시에 따라 각기 소요수의 인원을 신청 및 제공하는 근거가 되며, 군 본부로부터 별도 지시가 없는 한 각기 이에 규정된 일체장비를 청구 및 지급할 때의 근거가 되는 표.

편제[Organization]

부대 또는 기관의 임무수행에 적합하도록 하부조직에 대하여 임무 및 기능을 부여하고 부서 또는 부대를 편성하며 정원 및 장비의 책정과 지휘관계 등을 정하는 것으로서 평시편제와 전시편제로 구분됨. 평시편제는 평시부대 임무 수행에 필요한 인원과 장비로서 규정된 상비군 체제로서 유사시 전시편제 전환을 위한 근간이 됨. 전시편제는 인력, 물자, 재정 및 가상적국의 군사상황 등 자국의 전쟁지속능력과 전술상황을 고려한 전시대비 편제.

편제장비[Organic Equipment]

편성부대가 기본임무를 수행하는 데 필수적으로 소요되는 장비로서 장비인가표에 인가된 장비.

편조[Task Organization]

지휘관이 전투편성을 실시함에 있어서 한 특정 임무 또는 과업을 달성하기 위하여 특수하게 계획된 부대의 구성.

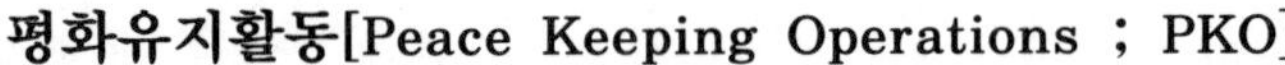

평화유지활동[Peace Keeping Operations ; PKO]

분쟁이 약화되어 당사자간의 자체 해결이 곤란한 지역에서 각국이 자발적으로 파견한 군사 및 민간요원에 의하여 비강제적인 수단으로 국제평화 및 안전의 유지와 질서회복을 돕기 위한 유엔 주도의 평화적인 분쟁 해결을 위한 활동.

포위[Envelopment]

적의 주방어진지를 피하여 적의 공격 가능한 측익을 통과하거나 공중으로 기동하여 적의 퇴로, 증원 및 병참지원을 차단하고 진지내에서 적을 격멸할 수 있는 적 후방의 목표를 확보하는 기동형태임.

포장[褒章]

훈장 다음가는 훈격으로 그 공적이 훈장을 받을만한 공적에는 미치지 못할 때 수여하는 명예의 표지

표창[表彰]

일반의 의표가 될 만한 행위 또는 직무를 수행하는데 있어서 현저한 공적이 있는 자에게 수여

표적[Target]

1. 사격으로 공격할 수 있는 모든 인원, 물자, 지형지물, 참조점등을 말하며 화력계획 작 성에 사용되는 가장 기본적인 술어임. 표적에는 임기표적과 계획표적이 있음.
2. 연습 또 실제 전투에서 화력이 지향되는 특정한 지점, 지역, 물체, 물체군.
3. 능률을 향상시키기 위하여 수량, 질 및 방편으로 표현되는 목표.
4. 레이더로 추적되고 있는 물체로서 무전파를 반사하고 있는 특정물체.
5. 정보작전을 지향하는 국가, 지역, 시설, 기관 또는 인원.
6. 함포지원에 있어서 표적에 명중한 탄착의 폭발.

표적군[Group of Target]

동시사격이 요청되는 2개 또는 그 이상의 표적을 한데 묶은 것. 이는 사단표병연대 및 군단포병여단에서 할당된 문자를 사용함.

표적대[Series of Targets]

수개의 표적과 표적군으로 구성된 것으로 공격작전시에는 기동부대의 기동단계를 지원하기 위하여, 방어시에는 집중화력을 운용하기 위하여 계획함. 표적대를 계획하는 최하급제대는 직접지원 포병대대이며 표적대의 명칭은 작전부대예규에 의거, 음어화하거나 암호화하여 부여됨.

표적목록표[Table of Target]

작전지원을 위한 계획표적의 제원을 기술한 것으로 전방관측장교, 화력통제장교 및 포병제대 사격지휘소에서 작성함.

표적분석[Target Analysis]

군사적 중요성, 공격을 위한 우선순위, 원하는 파괴 또는 손상의 정도획득에 필요로 하는 무기를 결정하기 위하여 잠재적 표적을 검토하는 것.

표적우선순위[Target Priority]

지시된 공격의 순위를 표시한 표적집단.

표적정보[Target Intelligence]

표적 또는 표적집단을 묘사하고 위치를 확인하며 취약성과 상대적인 중요성을 표하는 정보.

표적할당[Target Assignment]

적성 항적을 분석하여 최적 방공무기에 방공임무를 부여하는 방공작전 수행상태를 말하며, 방공포병무기의 자동작전 통제시 자동할당, 반자동할당 및 수동할당 방법이 있으며, 음성통제시 음성할당방법이 있음. 또한 표적할당의 통제수준은 집권화, 분권화, 자율작전으로 분류하며 기타 세부절차는 부대예규에 포함됨.

프로그미사일[Frog Missile]

소련제 지대지 전술미사일. 1950년대 중반에 도입하기 시작하여 1~7형까지 있음. 핵과 재래식 탄두를 겸용. 차량탑재형으로 관성유도식이며 현재 소련, 동유럽 여러 나라, 중동, 북한에서 사용중임.

플루토늄[Plutonium]

원자번호 94의 원소. 천연에는 존재하지 않음. 시보그는 핵반응으로 1941년에 플루토늄 283을, 1942년에는 플루토늄 239를 만들었음. 플루토늄 239는 핵분열을 일으킨다는 것을 알고 맨하탄 계획에서는 대형의 플루토늄 생산로를 사용해서 대량을 만들었음. 나가사끼에 투하된 원자폭탄은 플루토늄 239를 사용한 것으로 현재의 핵탄두는 거의 이것을 이용하고 있음.

피아식별[Identification Friend or Foe ; IFF]

전자발신을 사용하여 우군이 장치한 장비가 자동적으로 응답하게 하는 체제. 예를 들면 전파를 발사함으로써 적 부대와 아 부대를 구별함. 전자 탐지장비와 피아식별기를 사용하는 항공기나 함선 또는 지상군에 의하여 항공기와 선박의 피아특성을 구별하는 방법.

한 · 미군사위원회[Military Committee Meeting (ROK/US) ; MCM]

1978년 제11차 한 · 미 안보협의회에서 합의된 군사위원회 및 한 · 미 연합군사령부 권한위임사항에 따라 설치됨. 대한민국 방위를 위하여 한 · 미 양국 합참에서 상호 발전시킨 전략지시 및 작전지침을 연합사령관에게 제공함. 대한민국과 미 합중국의 국가통수 및 군사지휘기구, 한·미 안보협의회는 전략지침과 지시를 군사위원회에 제공함.

한 · 미상호방위조약[Mutual Defense Treaty Between The United States and Republic of korea]

1953. 10. 1. 정식으로 체결된 한·미간의 상호방위조약으로서 한국대표 변영태 외무장관과 미 대표 죤 포스터 덜레스 간에 합의 서명되었으며, 공동의 결의를 정식으로 선언한 것임.

한 · 미안보협의회의[Korea-U.S Security Consultative Meeting]

한국의 방위를 위하여 한국과 미국 간 안보에 관련된 공통관심사를 토의 및 협의하기 위한 연례회의로서 양국의 국방부장관과 합참의장이 참가하여 매년 1회 윤번제로 한·미 양국에서 개최함. 한·미안보협의회의 직전에 한·미 군사위원회(military committee meeting)

합동[Joint]

1. 동일국가의 2개군 이상의 단위부대가 동일목적으로 참가하는 작전활동, 작전편성을 지칭함.
2. 어떠한 용어의 선행어로 사용될 때는 그 말의 정의가 육군, 해군, 공군 및 해병대를 포괄하는 뜻으로 해석됨.

합동교리[Joint Doctrine]

2개군 이상의 부대가 공동목표를 달성을 위해 협조된 행동을 수행하는데 지침이 되는 기본원칙으로서 권위가 있어야 하며 적용시에는 판단이 요구됨.

합동교범[Joint Publication]

합동교리를 담아 발간하는 간행물로서 여기에는 군사운용방침, 전술 전기 및 절차, 교육훈련에 따른 지시사항 등이 포함될 수 있음.

합동군[부대][Joint Force]

동일 국가의 육·해·공군 중에서 2개군 이상의 군에서 차출되어 상당수(규모)로 구성된 군대로서 단일지휘관의 작전지휘나 작전통제하에 합동작전을 수행하는 부대를 말함.

합동군[부대]사령관[Joint Force Commander]

1. 합동군(부대)을 작전지휘(지휘권) 혹은 작전통제를 하는 권한이 부여된 지휘관에게 적용되는 일반적인 용어.
2. 합동작전부대를 통합지휘 통제하는 지휘관을 통상 합동군사령관이라 함.

합동기동부대[Joint Task Force ; JTF]

국방부장관에 의하여 설치되고 명령될 수 있으며, 1개군 또는 예·배속된 육군, 해군 또는 해병대, 공군부대로 구성되거나 별도로 2개군 이상에서 차출된 부대로 구성되는 전투부대로서 단기간에 제한목표를 가진 임무를 수행하기 위하여 설치됨.

합동부대[Joint Forces]

일반적으로 용어상의 의미는 육·해(해병) 및 공군 또는 그중 2개 이상의 군으로 구성된 부대로서 통합지휘를 행사할 권한을 가진 단일지휘관에 의하여 작전하는 부대.

합동작전Joint Operation]

육 · 해 · 공군 중 2개군 이상이 합동으로 실시하는 작전으로, 각군의 전력을 통합 운용함으로써 전투력 상승효과를 창출하여 전력운용의 통합성과 효율성을 극대화하기 위하여 실시함.

합동참모[Joint Staff]

합동참모본부 또는 합동부대의 참모를 말하며 각군에서 선발된 요원으로 구성됨.

합동참모회의[Joint Chiefs of Staff Council]

국방부장관의 군사자문기관으로 합참의장과 각군 참모총장으로 구성되며, 이를 합동참모본부가 주관하게 되며 합동참모회의는 국방부장관의 최고 군사고문 역할을 하게 됨.

합동훈련[Joint Training]

합동작전능력을 향상시키기 위하여 2개군 이상의 부대가 함께 참가하여 실시하는 훈련을 말함.

항공력[Air Power]

일반적으로 항공력은 공군력의 의미로 쓰이기도 하지만 항공력은 한국가의 현존 및 잠재적인 항공관계의 힘을 포함한 모든 능력을 통칭함.

항공모함[Aircraft Carrier ; CV]

전투기를 탑재, 발전 및 착함시킬 수 있는 능력을 갖춤으로써 해군기동부대의 중심세력으로서의 역할을 수행하는 함정. 항공모함은 보이지 않는 먼 거리에서 신속히 적에게 접근, 항공기를 발진하여 공격하고 착함시켜 위치를 노출함이 없이 퇴각할 수 있다는 장점을 지님. 항공모함의 4가지 특징은 고속(30노트 이상으로 항해가능), 장기작전 능력 및 내해성, 항공기 탑재능력 및 단독 정비능력 등이며, 항공모함의 방어적 특성보다는 공격적 특성이 강조됨에 따라 항공기 작전능력을 극대화시키기 위한 규모의 대형화 추세를 보이고 있음(2차대전 당시 3만톤 규모, 현재 10만톤 규모).

항공우주[Aerospace]

1. 지구를 둘러싸고 있는 대기 및 그 상층부인 우주의 총칭. 비행체의 발사, 유도 및 통제 활동을 수행하는 곳으로서 단일영역으로 인정되는 2개의 독립된 실체.
2. 지구를 둘러싸고 있는 대기 및 그 상층부인 우주의 총칭. 비행체의 발사, 유도 및 통제 활동을 수행하는 곳으로서 단일영역으로 인정되는 2개의 독립된 실체.

항공우주군[Aerospace Forces]

대기권 우주상공에서 임무수행이 가능한 부대로서, 위성체계와 전략 탄도탄을 운용하는 부대를 포함.

항공정찰[Air Reconnaissance]

항공기를 이용하여 지형, 기상, 적군의 배치, 구성, 이동, 시설, 병참선, 전자 및 통신 등에 관한 첩보를 획득하기 위한 공중정찰 활동. 포병 및 함포사격의 수정과 조직적이며 임의적인 전투지역 표적 또는 공중구역을 관측하는 것을 포함함.

항공지원[Air Support]

공군이 지상 또는 해상부대에 제공하는 모든 형태의 지원.

항공차단작전[Air Interdiction Operation; AIO]

적의 군사잠재력이 우군의 지·해상군에 대하여 효과적으로 사용되기 전에 이를 교란, 지연, 파괴하거나 우군의 지상군에 대하여 단기간에 효력발휘가 가능한 위치에 있는 적을 공격하여 적 전력의 증원, 재보급 및 기동성 제한함으로써 전투지역내의 적을 고립케 하는 항공 작전.

해독제[Detoxicants]

독성 화생방작용제가 피부에 묻거나 호흡기로 침투하여 작용하거나 또는 먹는 음식이나 약에 중독되었을 때 독을 해독하여 땀으로 배출하거나 중화시키는 데 쓰이는 약재(예 : 신경해독주사)

해리[Nautical Mile]

해면상의 길이 또는 항해상 이정의 단위로서, 1해리는 1,852미터이다.

해안두보[Beach Head]

탈취 확보함으로써 부대 및 물자의 계속적인 상륙을 보장하며, 지상 작전에 필요한 기동공간을 제공해 주는 적 해안상에 지정된 지역으로서 상륙작전의 목표 지역이 되며 해두보라고 약칭하기도 함.

해양력[Sea Power]

국가이익을 증진시키고 국가목표를 달성하여, 국가정책을 수행하기 위하여 해양을 통제하고 사용할 수 있는 국가의 능력을 말함. 해양력은 해군력 이상의 것으로 해운, 자원, 기지 및 기관을 포함하여 국가의 정치력, 경제력 및 군사력으로 전환되는 국력의 일부분임.

핵배낭[Nuclear Pack]

공식 명칭은 특수원자파괴탄. 전쟁이 일어났을 때 특공대원이 등에 짊어지고 적의 후방에 침투, 공군기지나 댐 등의 요새를 폭파하게끔 만들어진 소형 핵무기. 무게는 30kg에 불과하나 그 위력은 TNT 10톤에서 1킬로톤에 달함.

핵전[Nuclear Warfare]

핵무기의 사용을 포함하는 전쟁형태.

핵전략[Nuclear Strategy]

핵무기가 갖는 초파괴력과 방사능의 위력을 배경으로 해서 전쟁의 발생을 억제하고 억제에 실패해서 핵공격을 받을 경우 이에 대처하기위한 전략.

핵확산금지조약[Non-Proliferation Treaty; NPT]

1970년 3월 3일 발효된 핵무기 확산에 관한 조약. 핵무기 보유국은 핵무기, 기폭장치 및 그 관리를 제3자에게 이양할 수 없고, 비핵보유국은 이러한 무기를 수정하거나 개발할 수 없으며 원자력 시설에 대한 국제사찰을 인정해야 한다는 내용의 조약.

행군[March]

작전상의 목적과 요구에 따라 도보 또는 차량으로 이동하는 부대이동.

행정명령[Administrative Order]

작전과 무관하거나 또는 작전에 직접 영향을 주지 않는 통상적인 행정운용에 관한 명령으로 행정명령에는 일반명령, 인사명령, 일일명령, 각서, 회보, 회장, 규정, 군사법원명령 등이 포함됨.

행정손실[Administrative Loss]

전투손실, 비전투손실, 이외의 행정적 손실. 여기에는 전역, 타부대로의 전속, 도망, 무단이탈, 복형, 입창 및 교대로 인한 손실이 포함됨.

행정이동[Administrative Movement]

공중으로부터 방해를 제회하고 적의 방해가 없을 것으로 예상될 때에 인원과 차량을 잘 배열하여 이동을 신속히 하고 시간과 노력을 절약 하도록 하는 이동.

행정협정[Executive Agreement]

대통령 지시에 의하여 외국과 체결하는 협정으로 의회에 제출하여 비준을 받을 필요 없이 대통령 서명과 동시에 효력이 발생됨. 군사협정도 행정협정의 하나임.

혁명전쟁[War of Revolution]

1. 혁명전쟁이란 비합법적 수단으로 기존정권을 뒤집어엎어 새로운 정권을 세우기 위한투쟁.
2. 북괴의 혁명전쟁은 3대 혁명역량을 강화하기 위해 남한내 인민봉기를 지원하는 형식의 무력남침에 의한 적화통일로 유리한 국제정세 조정, 북한내 혁명기지 강화, 남한내 동조세력 역량구축을 통하여 혁명역량을 성숙시켜 적화통일하는 것을 말함.

혈액작용제[Blood Agent]

인체에 침입하면 혈액 내의 헤모글로빈의 기능을 마비시킴으로써 단시간 내에 산소가 부족하여 사망하게 되는 화학작용제임.

협동[Cooperation]

어떤 특정한 공통목적을 달성하기 위하여 지휘관계가 없는 2개 이상의 부대가 상호협력하는 것을 말함.

협동작전[Cooperative Operation]

공동의 목표달성을 위하여 보병, 포병, 기갑 등의 전투병과가 각각 그들의 특성을 살리고 상호 취약점을 보완할 수 있도록 2개 이상의 병과가 협동하면서 실시하는 작전.

협조점[Coordinating Point]

인접부대간 혹은 대형간 통제 및 협조 목적상 필히 접촉해야 할 지점.

호송선단[Convoy]

통산 군함이나 항공기를 호송하는 여러 척의 상선이나 해군 보조함 또는 이들의 혼성체, 또는 동시항해의 목적으로 집결 및 편성되어 해상 호송을 받는 상선 또는 해군보조함.

호위구축함[Frigate; FF]

대잠작전을 주로 하며 상륙부대, 해상보급부대 및 상선 선단을 호위함을 기본임무로 하는 구축함과 유사한 수사전투함의 일종

혼성부대[Commodity Loading]

상이한 수종의 병과를 포함하는 군부대.

화공작전[Operation of Attacking With Fire]

자연 또는 인위적인 수단을 활용, 불을 이용하여 적을 공격하는 작전으로서, 재래식 방법과 현대 첨단무기를 적절히 결합하여 운용하면 보다 큰 작전의 성과 달성이 가능하며 열, 연기, 불티 등을 수반하는 산화 현상으로 살상 및 소이, 조명, 연막, 심리적 효과 등의 달성이 가능함.

화력[Fire Power]

부대 또는 무기체계에 의해 발사되는 사격량이나 사격능력.

화력계획[Fire Plan]

화력지원계획을 실행하기 위하여 작성되며 화력지원 방법에 있어서 작전부대가 요구하는 바가 무엇이며 이를 어떻게 준비하고 계획할 것인가 하는 기술을 말하며, 화력지원을 어떻게 제공할 것인가를 비교적 상세하게 작성한 계획으로 이는 가용한 모든 화력의 협조 및 운용을 위한 전술적 계획임.

화력수색[Reconnaissance by Fire]

적 진지로 의심되는 곳에 사격을 지향하여 적으로 하여금 이동하거나 또는 응사하게 함으로써 적 소재를 폭로케 하는 수색방법.

화력역습[Fire Counter Attack]

기동부대를 투입할 시간적 여유가 없거나, 기동부대에 의한 효과적인 저

지 곤란시, 책임지역내 동시다발 돌파구 형성시, 개활한 지형에서 적이 노출되어 기동시 실시하며 상급부대 화력자산을 포함하여 신속하고 압도적인 화력이 집중될 수 있도록 함.

화력제한지역[Restrictive Fire Area]

설치부대의 사전허가 없이는 어떠한 무기도 사격할 수 없는 지역으로 설치목적은 표적지역 내의 사격을 제한하기 위한 것임. 이는 통상대대(독립중대) 또는 그 이상 제대에서 설치함.

화력증원[Reinforcing]

한 포병 부대가 타 포병부대의 화력을 보강하기 위한 전술 임무.

화력지원[Fire Support]

박격포, 야전포병, 근접항공지원, 함포사격 등 전투(기동)계획을 지원하기 위하여 운용하는 지원화력의 특징.

화력지원계획[Fire Support Plan]

특정 임무수행에 있어서 전투를 수행하는 기동부대를 지원하기 위하여 실시해야 할 가용한 모든 화력운영에 대한 상세한 지원계획.

화력지원협조선[Fire Support Coordination line ; FSCL]

하나의 화력협조수단으로써 지상군 또는 상륙군 사령관이 전투지경선 내에서 상급, 예하, 지원 및 관련부대 지휘관과 협의하여 설정하며, 이 선은 협조수단 밖에 지상임기표적을 신속하게 공격하는 것을 용이하게 하나 표적 공격시에는 모든 관련부대에 충분한 시간을 두고 통보하여 아군피해가 없도록 해야 함.

화력터널[Fire Tunnel]

공격시 주요기동부대의 신속한 기동과 측방방호를 보장하기 위해 기동축선을 따리 기동부대의 전방, 측방 및 공중에 화력으로 터널을 형성 하는 화력운용 개념.

화력협조선[Fire Coordination Line]]

헬리콥터 공수 또는 공정부대와 연결부대 간에 그리고 한 지점에 집중하는 우군부대간의 화력을 협조하기 위하여 설정되는 선.

화망[Fire Net]

대공포의 조준사격의 효과를 기대할 수 없을 경우, 취약지역 상공이나 예상접근로 상공에 미래표적 위치를 고려하여 대공포의 유효사거리내에 화력을 집중, 사격하는 공중의 일정한 지점이나 공역.

화망사격[Fire of Fire Net]

계획된 화망에 계획된 사격제원으로 화력을 집중시키는 방법.

화생방경부[NBC Warning]

적 화생방 공격시 피해가 예상되는 모든 인원에게 전파하기 위하여 발생하는 경보.

화생방작전[NBC-Operation]

부여된 임무수행을 위해 화학작용제와 생물학작용제, 핵무기를 계획적으로 운용하고 적의 사용에 대비하는 공·방 양면작전을 말함.

화생방전[NBC Warfare]

적을 살상하거나 지역 및 전투장비의 사용을 제한시키기 위해 화생방작용제를 전쟁수단으로 운용하는 일반적 의미의 화학전, 생물학전, 핵 및 방사전을 총칭함.

화학무기[Chemical Weapon]

유독성 화학작용제 및 이를 충전한 포탄, 폭탄 등을 말함.

화학작용제[Chemical Agent]

화학적 성질에 의하여 인원을 살상, 무능화 또는 심한 피해를 입히기 위해 운용되는 화합물로서 주로 독성 화학제를 말함. 이는 무능화 작용제, 폭동진압 작용제, 살초제 등이 있으며 연막 및 화염은 독성화학 작용제에서 제외됨. 또는 전술적 용도를 기술하기 위해 작용제 지속시간에 따라 지속성 작용제와 비지속성 작용제로 구분함.

화학전[Chemical Warfare]

사람을 살상하며 군사적 이점을 획득하고 그리고 이러한 행위로부터 방어하기 위하여 화학적 물질을 사용하는 것.

확대전장[Extended Battlefield]

적을 원거리에서 미리 감시하고 이를 종심지역에서 차단공격함으로써 승리하고자 하는 개념으로서 적의 제2제대 부대 등을 차단하기 위하여 통합전장을 적의 종심으로 확대하는 것을 말함. 차단작전을 실시하는 종심은 각급 부대의 기능에 따라 다르지만 아군의 전선으로부터 각급제대의 영향지역까지 확대함.

활강포[Smoothbore Gun]

탄도의 안정성을 탄의 회전에 의존치 않고, 탄에 부착된 안정날개에 의해서 이루어지는 포를 말함.

회랑[Terrain Corridor]

넓은 공간 중에서 제한된 폭과 길이, 고도로 한정된 좁은 공간.

회전익 항공기[Rotor Craft]

회전하는 날개에 의하여 비행에 필요한 양력의 전부 또는 일부를 발생케 하는 항공기, 통상 헬리콥터를 지칭함.

횡격실[Cross Compartment]

부대이동방향에 대하여 능선의 장축이 직각 또는 사각을 이루고 있는 지형의 격실.

후방지역작전[Rear Area Operations]

군 · 경 · 민 · 예비군 등 전 작전요소를 동원할 수 있는 지역에서의 모든 작전으로서 후방지역경계, 국지도발대비작전, 대유격작전, 대상륙작전, 대공정작전, 소요진압작전 등이 포함됨.

후퇴이동[Retrograde Movement]

부대가 후방으로 이동하거나 또는 적으로 이탈하기 위하여 계획적으로 이동하는 작전으로 적의 압력에 의하거나 혹은 자의에 의해 실시되며 이와 같은 후퇴이송은 철수, 철퇴 및 지연전의 형태로 구분할 수 있음.

훈령[Letter of Instruction; LOI]

군 사령부 이상 부대장이 발행하며 작전에 관한 지침 또는 작전통제 목적의 내용을 수록한 문서로서 예하부대장에게 적용하며 발행연도별 일련번호를 부여함.

훈장[勳章]

국가나 사회에 대하여 큰 공로를 세운 자에게 수여하는 명예의 표지

휴전[Armistice]

군사행동의 일시적 중지를 말하며 부분적으로 휴전 및 일반적 휴전으로 구분되며, 부분적 휴전이란 특정지역에서 전투행위가 일시적으로 중지되는 것을 말하며, 일반 휴전이란 전투를 전면적으로 중지하는 것을 말함.

휴직[休職]

장교(준사관), 부사관에 대하여 그 신분은 보유하나 직무수행을 일시적으로 해제하는 행위

향토예비군(鄕土豫備軍 : HRD ; Homeland Reserve Defense Force)

향토란 지역개념으로 '내 고장은 내가 지킨다'는 정신하의 지역예비군을 뜻했으나, 현재는 예비군이라는 용어로 일반적으로 사용함.

- **예비군**(豫備軍 : RC ; Reserve Components) : 평시에는 일반 사회인

으로서 각자의 생업에 종사하다가 유사시 동원되어 현역 군부대의 확장이나 향토방위 등 국방의 의무를 수행하기 위해 조직된 부대 또는 개인을 말함.

- **동원예비군**(動員豫備軍) : 부대 증·창설 및 손실보충요원 등으로 동원 지정된 예비군.
- **향방예비군**(鄕防豫備軍) : 동원 지정되지 않은 잔여 예비군으로서 향방작전에 투입되는 예비군
- **지역예비군**(地域豫備軍 : **The Local Reserve Forces**) : 예비군 편성 대상자와 지원자에 의하여 직장예비군이 아닌 자로 편성된 예비군을 말하며, 행정구역단위로 편성함을 원칙으로 함.
- **직장예비군**(職場豫備軍 : **Workshop Reserve Forces**) : 직장 자체방어를 위하여 직장을 단위로 직장 소속원 중 예비군편성 대상자와 지원자로 편성된 예비군을 말하며, 소속예비군 자원수에 따라 분대로부터 여단까지 편성하고, 지역과 직장의 특수성에 따라 일반직장예비군, 국가기관 직장예비군, 국가·군사중요시설 직장예비군, 대학직장예비군, 어민예비군, 선박예비군 등으로 구분 편성함.

✐ 참고문헌

박찬석, 『부사관 정예화 방향에 대한』 국회박찬석의원실, 2006

『전투력 강화를 위한 부사관 제도 개선방안』, 국회박찬석의원실, 2005

이봉식, 『육군부사관 우수자원 확보방안에 관한 연구』, 영남대학교 석사학위 논문, 2008

조종덕, 『육군 부사관제도의 개선방향 연구』 한남대학교 석사학위 논문, 2003

정명복, 『우수부사관 획득을 위한 부사관 발전방향』, 영남이공대학, 논문, 2008

정길호, 『정예부사관 인력관리 정책 발전방향』, 국방연구원, 2008

저/자/소/개

■ 정재극

학군 28기 임관(예, 중령)
건국대학교 대학원 졸업(행정학 석사)
한남대학교 대학원 졸업(법학 박사)

육군본부 감찰실 감찰장교
육 · 해 · 공군 합동민원실 민원실장
(現) 수성대학교 군사학과 학과장

■ 이진영

3사 25기 임관(예, 소령)
경희대학교 대학원 졸업(MBA)

3사관학교 전술학 교관
(現) 한국관광대학교 군사과 교수